国家级一流本科专业建设成果教材

高等院校智能制造应用型人才培养系列教材

机械自动化装配技术

第二版

陈继文　杨 蕊　杨红娟　等 编著

Mechanical Assembly Automation Technology

Second Edition

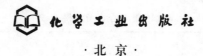
化学工业出版社

·北 京·

内 容 简 介

《机械自动化装配技术（第二版）》系统地介绍了机械自动化装配技术的基础知识、自动化装配系统的组成以及典型机构、机器人在自动化装配技术中的应用。全书内容主要包括：自动化装配技术基础，装配物料输送系统结构及典型的输送系统及装置，装配机器人，间歇送料装置，工件的分隔与换向，工件的定位与夹紧，装配流水线节拍与工序设计，面向各类装配过程和机器人装配的产品设计原则等。

本书详述了机械自动化装配系统分析、设计方法以及面向装配的产品设计原则，所选实例丰富、具有代表性，对实例内容的分析具体、透彻。本书在内容编排上按照循序渐进、模块化的思路，各章内容既相互独立又相互衔接。同时，本书内容的阐述深入浅出，非常适合初学者循序渐进地学习，而且有利于在学习过程中根据实际情况对学习内容进行取舍和侧重。

本书可作为智能制造工程、机器人工程、机械工程、机械设计制造及其自动化、机械电子工程以及相关专业的教材，也可供相关专业技术人员参考使用。

图书在版编目（CIP）数据

机械自动化装配技术/陈继文等编著.—2 版.—北京：
化学工业出版社，2023.10
高等院校智能制造应用型人才培养系列教材
ISBN 978-7-122-43858-4

Ⅰ．①机…　Ⅱ．①陈…　Ⅲ．①机械制造-自动化技术
-装配（机械）-高等学校-教材　Ⅳ．①TH164

中国国家版本馆 CIP 数据核字（2023）第 136965 号

责任编辑：张海丽　张兴辉　　　　　　　　　装帧设计：韩　飞
责任校对：李雨函

出版发行：化学工业出版社（北京市东城区青年湖南街 13 号　邮政编码 100011）
印　　装：三河市延风印装有限公司
787mm×1092mm　1/16　印张 17$\frac{1}{4}$　字数 414 千字　2024 年 1 月北京第 2 版第 1 次印刷

购书咨询：010-64518888　　　　　　　　售后服务：010-64518899
网　　址：http://www.cip.com.cn
凡购买本书，如有缺损质量问题，本社销售中心负责调换。

定　　价：68.00 元　　　　　　　　　　　　　　版权所有　违者必究

高等院校智能制造应用型人才培养系列教材
建设委员会

主任委员：

罗学科　　郑清春　　李康举　　郎红旗

委员（按姓氏笔画排序）：

门玉琢　　王进峰　　王志军　　王丽君　　田　禾
朱加雷　　刘　东　　刘峰斌　　杜艳平　　杨建伟
张　毅　　张东升　　张烈平　　张峻霞　　陈继文
罗文翠　　郑　刚　　赵　元　　赵　亮　　赵卫兵
胡光忠　　袁夫彩　　黄　民　　曹建树　　戚厚军
韩伟娜

教材建设单位（按笔画排序）：

上海应用技术大学机械工程学院	北京信息科技大学机电学院
山东交通学院工程机械学院	四川轻化工大学机械工程学院
山东建筑大学机电工程学院	兰州工业学院机电工程学院
天津科技大学机械工程学院	辽宁科技学院机械工程学院
天津理工大学机械工程学院	西京学院机械工程学院
天津职业技术师范大学机械工程学院	华北水利水电大学机械学院
长春工程学院汽车工程学院	华北电力大学（保定）机械系
北方工业大学机械与材料工程学院	华北理工大学机械工程学院
北华航天工业学院机电工程学院	安阳工学院机械工程学院
北京石油化工学院工程师学院	沈阳工学院机械工程与自动化学院
北京石油化工学院机械工程学院	沈阳建筑大学机械工程学院
北京印刷学院机电工程学院	河南工业大学机电工程学院
北京建筑大学机电与车辆工程学院	桂林理工大学机械与控制工程学院

序

党的二十大报告指出，要建设现代化产业体系，坚持把发展经济的着力点放在实体经济上，推进新型工业化，加快建设制造强国、质量强国、航天强国、交通强国、网络强国、数字中国。实施产业基础再造工程和重大技术装备攻关工程，支持专精特新企业发展，推动制造业高端化、智能化、绿色化发展。推动战略性新兴产业融合集群发展，构建新一代信息技术、人工智能、生物技术、新能源、新材料、高端装备、绿色环保等一批新的增长引擎。其中，制造强国、高端装备等重点工作都与智能制造相关，可以说，智能制造是我国从制造大国转向制造强国、构建中国制造业全球优势的主要路径。

制造业是一个国家的立国之本、强国之基，历来是世界各主要工业国高度重视和发展的重要领域。改革开放以来，我国综合国力得到稳步提升，到 2011 年中国工业总产值全球第一，分别是美国、德国、日本的 120%、346% 和 235%。党的十八大以来，我国进入了新时代，发展的格局更为宏大，"一带一路"倡议和制造强国战略使我国工业正在实现从大到强的转变。我国不但建立了全球最为齐全的工业体系，而且在许多重大装备领域取得突破，特别是在三代核电、特高压输电、特大型水电站、大型炼化工、油气长输管线、大型矿山采掘与炼矿综采重点工程建设项目、重大成套装备、高端装备、航空航天等领域取得了丰硕成果，补齐了短板，打破了国外垄断，解决了许多"卡脖子"难题，为推动重大技术装备高质量发展，实现我国高水平科技自立自强奠定了坚实基础。进入新时代的十年，制造业增加值从 2012 年的 16.98 万亿元增加到 2021 年的 31.4 万亿元，占全球比重从 20% 左右提高到近 30%；500 种主要工业产品中，我国有四成以上产量位居世界第一；建成全球规模最大、技术领先的网络基础设施……一个个亮眼的数据，一项项提气的成就，勾勒出十年间大国制造的非凡足迹，标志着我国迎来从"制造大国""网络大国"向"制造强国""网络强国"的历史性跨越。

最早提出智能制造概念的是美国人 P.K.Wright，他在其 1988 年出版的专著 *Manufacturing Intelligence*（《制造智能》）中，把智能制造定义为"通过集成知识工程、制造软件系统、机器人视觉和机器人控制来对制造技工们的技能与专家知识进行建模，以使智能机器能够在没有人工干预的情况下进行小批量生产"。当然，因为智能制造仍处在发展阶段，各种定义层出不穷，国内外有不同专家给出了不同的定义，但智能机器、智能传感、智能算法、智能设计、解决制造过程中不确定问题的智能方法、智能维护是智能制造的核心关键词。

从人才培养的角度而言，实现智能制造还任重道远，人才紧缺的局面很难在短时间内扭转，相关高校师资力量也不足。据不完全统计，近五年来，全国有 300 多所高校开办了智能制造专业，其中既有双一流高校，也有许多地方院校和民办高校，人才培养定位、课程体系、教材建设、实践环节都面临一系列问题，严重制约着我国智能制造业未来的长远发展。在此情况下，如何培养出适应不同行业、不同岗位要求的智能制造专业人才，是许多开设该专业的高校面临的首要任务。

智能制造的特点决定了其人才培养模式区别于其他传统工科：首先，智能制造是跨专业的，其所涉及的知识几乎与所有工科门类有关；其次，智能制造是跨行业的，其核心技术不仅覆盖所有制造行业，也适用于某些非制造行业。因此，智能制造人才培养既要考虑本校专业特色，又不能脱离社会对智能制造人才的需求，既要遵循教育的基本规律，又要创新教育体系和教学方法。在课程设置中要充分考虑以下因素：

- 考虑不同类型学校的定位和特色；
- 考虑学生已有知识基础和结构；
- 考虑适应某些行业需求，如流程制造，离散制造，混合制造等；
- 考虑适应不同生产模式，如多品种、小批量生产、大批量生产等；
- 考虑让学生了解智能制造相关前沿技术；
- 考虑兼顾应用型、技能型、研究型岗位需求等。

改革开放 40 多年来，我国的高等教育突飞猛进，高等教育的毛入学率从 1978 年的 1.55% 提高到 2021 年的 57.8%，进入了普及化教育阶段，这就意味着高等教育担负的历史使命、受教育的对象都发生了深刻的变化。面对地方应用型高校生源差异化大，因材施教，做好智能制造应用型人才培养，解决高校智能制造应用型人才培养的教材需求就是本系列教材的使命和定位。

要解决好这个问题，首先要有一个好的定位，有一个明确的认识，这套教材定位于智能制造应用人才培养需求，就是要解决应用型人才培养的知识体系如何构造，智能制造应用型人才的课程内容如何搭建。我们知道，应用型高校学生培养的主要目的是为应用型学科专业的学生打牢一定的理论功底，为培养德才兼备、五育并举的应用型人才服务，因此在课程体系、基础课程、专业教育、实践能力培养上与传统综合性大学和"双一流"学校比较应有不同的侧重，应更着眼于学生的实用性需求，应培养满足社会对应用技术人才的需求，满足社会实际生产和社会实际发展的需求，更要考虑这些学校学生的实际，也就是要面向社会发展需求，为社会各行各业培养"适销对路"的专业人才。因此，在人才培养的过程中，对实践环节的要求更高，要非常注重理论和实践相结合。据此，在应用型人才培养模式的构建上，从培养方案、课程体系、教学内容、教学方式、教材建设上都应注重应用型人才培养的规律，这正是我们编写这套应用型高校智能制造相关专业教材的目的。

这套教材的突出特色有以下几点：

① 定位于应用型。这套教材不仅有适应智能制造应用型人才培养的专业主干课程和选修课程教材，还有基于机械类专业向智能制造转型的专业基础课教材，专业基础课教材的编写中以应用为导

向，突出理论的应用价值。在编写中引入现代教学方法和手段，结合教学软件和工业仿真软件，使理论教学更为生动化、具象化，努力实现理论课程通向专业教学的桥梁作用。例如，在制图课程中较多地使用工业界成熟设计软件，使学生掌握比较扎实的软件设计能力；在工程力学教学中引入有限元软件，实现设计计算的有限元化；在机械设计中引入模块化设计的概念；在控制工程中引入MATLAB仿真和计算机编程内容，实现基础教学内容的更新和对专业教育的支撑，凸显应用型人才培养模式的特点。

② 专业教材突出实用性、模块化、柔性化。智能制造技术是利用先进的制造技术，以及数字化、网络化、智能化等知识和控制理论来解决制造过程中不确定和非固定模式的问题，使得制造过程具有智能的技术，它的特点是综合性和知识内涵的丰富性以及知识本身的创新性。因此，在教材建设上与以前传统的知识技术技能模式应有大的区别，更应注重对学生理念、意识、认知、思维方式和系统解决问题能力的培养。同时考虑到各行业、各地和各校发展阶段和实际办学水平的不同，希望这套教材尽可能为各校合理选择教学内容提供一个模块化、积木式结构，并在实际编写中尽量提供项目化案例，以便学校根据具体情况做柔性化选择。

③ 本系列教材注重数字资源建设，更多地采用多媒体的互动方式，如配套课件、教学视频、测试题等，使教材呈现形式多样化，数字内容更为丰富。

由于编写时间紧张，智能制造技术日新月异，编写人员专业水平有限，书中难免有不当之处，敬请读者及时批评指正。

高等院校智能制造应用型人才培养系列教材建设委员会

第二版前言

中国是制造大国，制造业增加值全球占比超过 20%，为世界提供了大量高性价比的商品和装备。近年来，智能制造在中国迅速兴起，是实现中国经济腾飞和提升国防实力的重要基础，并成为中国制造的主攻方向。随着新一代信息通信技术与先进制造技术的深度融合，全球兴起以智能制造为代表的新一轮产业变革。在这个充满挑战的关键节点上，我们在实现自身高质量发展的同时，引领零部件工业持续向高精尖转型升级，企业要在产品开发、生产技术、设计与管理创新上来完成产品的升级换代。

我们要建设现代化产业体系，推进新型工业化，加快建设制造强国和质量强国，离不开自动化技术。自动化装配技术以机器人为装配机械，同时需要柔性的外围设备，是智能制造的重要组成部分。我国智能制造、供给侧结构性改革的推动，对自动化、智能化的发展需求与日俱增，实现装配自动化是生产过程自动化或工厂自动化的主要标志，机械自动化装配技术成为从事智能制造领域工程技术人员需要掌握的一门重要技术。

本教材自第一版出版以来，由于紧密结合工程实际，深受普通高校及高职院校学生、企业读者的喜爱，并获得高度评价。考虑到保持原有教材的风格及作为教材应有的稳定性，作者对教材中的内容进行了严格审查，更正了第一版中的文字错误，修改了部分图例。为更好地满足应用型人才培养的需求，本次修订注重学生对基础知识、基本理论、基本技能的掌握，每章开篇会明确给出本章内容的学习目标，绘制一张思维导图，并以实例或问题的方式导入每个模块要学习的内容；同时，教材中编写的内容较新颖，能与国内外前沿技术接轨，在编写过程中融入丰富且具有代表性的实例，并提供演示的动画或视频（读者可扫描封底或每章首的二维码观看），对实例内容进行具体、透彻分析，对所涵盖内容的阐述深入浅出，便于自学和实践；最后，在每章末尾增加课后思考题，作为学生本章内容学习的巩固和延伸。

全书共分 10 章。第 1 章介绍了装配自动化的作用及基本概况；第 2 章介绍了自动化装配技术基础，包括自动化装配的工作流程、结构组成、分类、连续方法、组织形式与装配流程及工艺过程的确定；第 3 章介绍了装配物料输送系统，包括带式输送系统、链式输送系统、步伐式传送带、辊子输送系统、悬挂输送系统及有轨导向小车等；第 4 章和第 5 章介绍了自动上下料装置（振盘及装配机器人）；第 6 章介绍了自动机械中的典型间歇送料装置，包括间歇送料装置的功能与应用、槽轮机构及凸轮分度器的原理与应用；第 7 章与第 8 章分别介绍了自动机械中的分隔与换向、定位与夹紧等辅助机构；第 9 章介绍了手工装配流水线与自动化装配生产线的节拍与工序设计；第 10 章介绍了面向装配的产品设计准则。

　　本书由陈继文、杨蕊、杨红娟、于复生、姬帅、闫柯、杨发展、石运序、付秀丽、张政梅、牛文欢、赵彦华、王琛、魏文胜等编写。在本书编写过程中，参阅了大量相关书籍和文献资料，在此向相关作者一并表示感谢。

　　由于作者经验不足，水平有限，书中难免有不妥和疏漏之处，恳切希望读者批评、指正。

编著者

2023 年 5 月

扫码获取本书配套资源

目 录

第6章 间歇送料装置   135

第7章 工件的分隔与换向   151

第1章

绪 论

本章思维导图

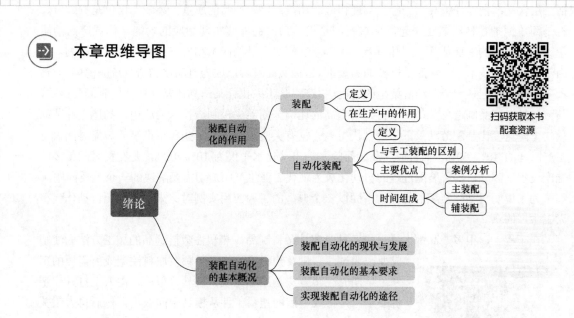

扫码获取本书
配套资源

学习目标

（1）了解自动化装配的概念、作用及发展概况；

（2）明确本课程主要的研究对象和内容；

（3）了解机械装配自动化生产的优点。

随着科技的发展和人们生活水平的不断提高，汽车慢慢也成为生活的必需品。当你享受着

汽车带来的便利时,有没有想过一个问题:汽车是如何制造出来的呢?和其他产品一样,汽车的制造过程按工艺性质可以分为机械加工、装配、检测、包装等各种工序,因此,制造自动化又包括机械加工自动化、装配自动化、包装自动化等各种门类。

实际上,许多产品的制造过程包括了加工、装配、检测、包装等多种工序,只是在不同的行业中上述工序各有侧重而已,并且实际上上述各种工序是互相联系的。其中,装配自动化是整个制造自动化的核心内容,它是其他自动化制造过程的重要基础,只要熟悉了装配自动化,熟悉其他自动化制造过程也就比较容易了。因此,本教材在内容上主要以装配自动化为基础进行介绍。

1.1 装配自动化的作用

装配是指把多个零件组装成产品,使产品能够实现相应的功能并体现产品的质量。装配包括三层含义:把零件组装在一起;实现相应的功能;体现产品的质量。装配不仅仅是拧螺钉,不是简单地把零件组装在一起,更重要的是组装后产品能够实现相应的功能,体现产品的质量。产品包含的零件从几个到几百万个不等。装配对产品的成本和生产效率有着重要影响,但由于机械装配技术一直落后于机械加工技术,机械装配过程已成为自动化制造系统的薄弱环节。人工操作的装配是一个劳动密集型的过程,生产率是工人执行某一具体操作所花费时间的函数,其劳动量在产品制造总劳动量中占有相当高的比例。随着先进制造技术的应用,制造零件劳动量的下降速度比装配劳动量下降速度快得多。据有关资料统计,一些典型产品的装配时间占总生产时间的 40%~60%,而目前产品装配的平均自动化水平仅为 10%~15%,是花费时间最多的生产过程。因此,实现装配过程的自动化成为现代工业生产中迫切需要解决的一个重要问题。

为了说明自动化装配的优点,下面以一个典型的工程应用实例对比来阐述装配自动化代替人工生产的意义。

在工程上,很多产品都大量采用各种热塑性塑料制品,热塑性塑料制品的加工方法为注塑成型,通过注塑机及塑料模具将塑料颗粒原料注塑成所需要的工件。早期的注塑方法是注塑完成、模具分型后,由人工打开注塑机安全门,将成型后的塑料工件从模具中间取出,然后再人工关上机器安全门,机器开始第二次注塑循环,如图 1-1 所示。目前,国内大部分企业仍然采用这种简单的人工操作生产方式。

图1-1 塑料注塑机人工取料

扫描封底二维码观看
动画

另一种更先进的生产方式为自动化生产:在注塑机上方配套安装专门的自动取料机械手,注塑完成、模具分型后,由机械手自动将塑料件从模具中间取出,然后开始第二次注塑循环,安全门也不需要打开,自动取料机械手的动作与注塑机的注塑循环通过控制系统连接为一个整体,如图 1-2 所示。

上述两种方式有哪些区别呢?

通过对比,可以得出自动化装配的主要优点如下:

① 装配自动化可以提高生产率、降低成本,保证机械产品的装配质量和稳定性。尤其是(当前机械加工自动化程度的不断提高,装配效率的提高对于提高产品生产效率具有更加重要的意义。

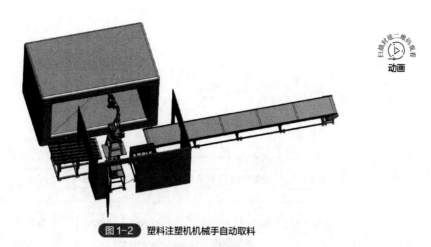

图1-2 塑料注塑机机械手自动取料

② 自动装配过程一般在流水线上进行，采用各种机械化装置来完成劳动量最大和最繁重的工作，大大减轻或取代了特殊条件下的人工装配劳动，降低劳动强度，保证操作安全。

③ 不会因工人疲劳、疏忽、情绪、技术不熟练等因素的影响而造成产品质量缺陷或不稳定。

④ 自动化装配所占用的生产面积比手工装配完成同样生产任务的工作面积要小得多。

⑤ 在电子、化学、航空、航天、国防等行业中，许多装配操作需要在特殊环境下进行，人类难以进入或进入后会非常危险，只有自动化装配才能保障生产安全。

装配机械是一种特殊的机械，它区别于通常用于加工的各种机床；装配机械是为特定的产品而设计制造的，具有较高的开发成本，而在使用中只有很少或完全不具有柔性，所以最初的装配机械只是为大批量生产而设计的。自动化的装配系统用于中小批量生产还是近几年的事。这种装配系统一般由可以自由编程的机器人作为装配机械。此外，还要有具有柔性的外围设备，如零件储仓、可调的输送设备、连接工具库、抓钳及它们的更换系统。柔性是指一种能够适应生产变化的系统特性。对于装配系统来说，就是要在同一套设备上同时或者先后装配不同的产品（产品柔性）。柔性装配系统的效率不如高度专用化的装配机械。往复式装配机械可以达到每分钟 10~60 拍（大多数的节拍时间为 2.5~4s）；转盘式装配机械最高可以达到每分钟 2000 拍。当然，所装配的产品很简单，如链条等；所执行的装配动作也很简单，如铆接、充填等。对于大批量生产（年产量 100 万以上）来说，专用的装配机械是合算的。工件长度可以大于 100mm，质量可以超过 50g。典型的装配对象如电器产品、开关、钟表、圆珠笔、打印机墨盒、剃须刀、刷子等，它们需要各种不同的装配过程。图 1-3 中列出了最重要的装配方法以及它们之间的关系。

从创造产品价值的角度来考虑，装配过程按时间分为两部分：主装配和辅装配。连接本身作为主装配只占 35%~55% 的时间。所有其他功能，如给料，均属于辅装配。设计装配方案必须尽可能压缩这部分时间。在连接方法中，螺纹连接占最大比例，约为 68%；铆接、压接、销接、弹性涨入、粘接、其他所占比例分别为 16.5%、10.5%、1.6%、1%~3%、1%、1.1%。以上是机械制造和车辆制造行业的平均值。不同行业采用的各种连接方法的比例不尽相同。装配机械的各种不同的结构形式都是针对一定的装配范围设计的。它们的定位精度、装配速度和抗干扰性受到格外重视。物流通道对于工件参数波动的"免疫力"起到非常重要的作用。在自动化装配过程中，大多数故障是由工件流的干扰引起的。

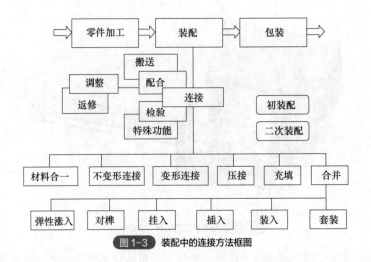

图1-3 装配中的连接方法框图

自动化装配机械，尤其是经济的和具有一定柔性的自动化装配机械，一般被称为高技术产品。按其不同的结构方式常被称为"柔性特种机械"或"柔性节拍通道"。圆形回转台式自动化装配机，由于其较高的运转速度和可控的加速度而备受青睐。环台式装配机械，无论是环内操作还是环外操作，或二者兼备的结构，都是很实用的结构方式。现代技术的发展使得人们能够为复杂的装配功能找到解决的方法。尽管如此，全自动化的装配至今仍然只是在有限的范围内是现实的和经济的。由于装配机械比零件制造机械具有更强的针对性，因而装配机械的采用更需要深思熟虑，要做大量的准备工作，不能简单片面地追求自动化，而应本着实用可靠而又能适应产品的发展的原则，采用适当的自动化程度，应用现代的计划方法和控制手段。

1.2 装配自动化的基本概况

1.2.1 装配自动化的现状与发展

装配自动化技术大致经历了三个发展阶段：采用传统的机械开环控制单元的装配自动化技术；利用半柔性控制方法构建自动装配系统的装配自动化技术；具有柔性控制能力的装配自动化技术。

目前，一些发达国家基于其自身机械制造业的领先优势，较早地开展了自动装配技术的研究工作，开发出了许多高效的自动装配系统，可以将一些产品、部件的装配过程从人工操作逐渐转向自动化以及使用高效的柔性装配系统完成。我国在装配自动化技术方面的研究起步较晚，陆续自行设计、建立和引进了一些半自动、自动装配线及装配工序半自动装置，但国内设计的半自动和自动装配线的自动化程度不高，装配速度和生产率较低，因此，装配自动化技术在我国具有很大的开发和应用潜力。未来一段时间内，装配自动化技术主要向以下两方面发展。

（1）与近代基础技术互相结合、渗透，提高自动装配装置的性能

近代基础技术，特别是控制技术和网络通信技术的迅速发展，为提高自动装配装置的性能打下了良好的基础。装配装置可以引入新型、模块化、标准化的控制软件，发展新型软件开发工具；应用新的设计方法，提高控制单元的性能；应用人工智能技术，发展、研制具有各种不同结构能力和智能化程度的装配机器人，并采用网络通信技术将机器人与自动加工设备相连以得到最高生产率。

（2）进一步提高装配的柔性，大力发展柔性装配系统

在机械制造业中，数控车床（CNC）、柔性制造单元（FMC）、柔性制造系统（FMS）逐步取代了传统的制造设备，大大提高了加工的柔性。计算机集成制造系统（CIMS）的发展，使制造过程成为用计算机和信息技术把经营决策、设计、制造、检测、装配以及售后服务等过程综合协调为一体的闭环系统。但如果只有加工技术的自动化，没有装配技术的自动化，FMS、CIMS 就不能充分发挥作用。装配机器人的研制成功、FMS 的应用以及 CIMS 的实施，为自动装配技术的开发创造了条件；产品更新周期的缩短，要求自动装配系统具有柔性响应能力，需要发展柔性装配系统来使装配过程通过自动监控、传感技术与装配机器人结合，实现无人操作。

1.2.2 装配自动化的基本要求

（1）生产纲领稳定

年产量大、批量大，零部件的标准化、通用化程度较高及生产纲领稳定是装配自动化的必要条件。目前，自动装配设备基本上还属于专用设备，生产纲领改变，原先设计制造的自动装配设备就不适用了，即使调整后能加以使用，也将造成设备费用增加，耽误时间，在技术上和经济上不合理；年产量大、批量大，有利于提高自动装配设备的负荷率；零部件的标准化、通用化程度高，可以缩短设计、制造周期，降低生产成本，有利于获得较好的技术经济效果。与生产纲领相关的其他因素，如装配件的数量、装配件的加工精度及加工难易程度、装配复杂程度和装配过程劳动强度、产量增加的可能性等，也会对装配自动化的实现产生一定的影响。现以小型精密产品（或部件）为例，说明实现装配自动化必须具备的一般条件，见表 1-1。

表1-1 小型精密产品（或部件）实现装配自动化的一般条件

与生产纲领有关的一般条件	实现自动化装配的适合程度		
	很适合	比较适合	不适合
生产纲领	>500 套/h	200~500 套/h	<200 套/h
生产纲领稳定性	5 年内品种不变	3 年内品种不变	2~3 年内有可能变化
产量增加的可能性	大	较大	不增加
装配件数量[①]	4~7	8~15	>15
装配件的加工精度	高	一般	低
装配复杂程度	简单	一般	复杂
要求装配工人的熟练程度	低	一般	高
手工装配劳动强度	大	一般	低
装配过程中的危险性	有	有	无

① 相同规格的零件按一件计算。

（2）产品具有较好的自动装配工艺性

尽量做到设备结构简单，装配零件数量少；装配基准面和主要配合面形状规则，定位精度易于保证；运动副易于分选，便于达到配合精度；主要零件形状规则、对称，易于实现自动定向等。

（3）实现装配自动化后，经济上合理，生产成本降低

装配自动化包括零部件的自动给料、自动传送及自动装配等内容，它们之间相互联系紧密。其中，自动给料包括装配件的上料、定向、隔料、传送和卸料的自动化；自动传送包括装配零件由给料口自动传送至装配工位，以及装配工位与装配工位之间的自动传送；自动装配包括自动清洗、自动平衡、自动装入、自动过盈连接、自动螺纹连接、自动粘接和焊接、自动检测和控制、自动试验等。所有这些工作都应在相应的控制下，按照预定方案和路线进行。实现给料、传送、装配自动化以后，就可以提高装配质量和生产率，使产品合格率提高、劳动条件改善、生产成本降低。

1.2.3 实现装配自动化的途径

（1）借助先进技术，改进产品设计

自动装配系统的最大柔性主要来自被制造的零件族的合理设计。工业发达国家已广泛推行便于装配的设计准则，主要有两方面内容：一是尽量减少产品中单个零件的数量；二是改善产品零件的结构工艺性。基于该准则的计算机辅助产品设计软件也已开发成功。可以在这些先进技术的基础上，进行便于装配的产品设计，提高装配效率、降低装配成本。

（2）研究和开发新的装配工艺和方法

在当前的生产技术条件下，应根据我国国情开发自动化程度不一的各种装配方法。例如，针对某些产品，研究利用机器人、刚性自动装配设备与人工结合等方法，而不能盲目地追求全盘自动化，这有利于取得最佳经济效益。此外，还应加强基础研究，如研究合理配合间隙或过盈量的确定及控制方法、装配生产的组织与管理等，以开发新的装配工艺和技术。

（3）尽快实现自动装配设备与柔性装配系统（Flexible Assembly System，FAS）的国产化

根据国情加大开发自动装配技术的力度，在引进外来技术的基础上，实现自动装配设备的国产化，逐步形成系列型谱以及实现模块化和通用化。装配机器人是未来柔性自动装配的重要工具，集中优势跟踪这方面高技术的发展非常必要。我国已建立装配机器人研究中心，并取得了很大进展。大力发展成本较低的装配机器人，将是今后相当长时间内我国发展装配自动化的基本国策。

 思考题与习题

1-1 什么是装配自动化？

1-2　手工装配生产存在哪些不足?

1-3　机器自动化装配生产有哪些优点?

1-4　简述目前国内装配自动化的发展概况。

1-5　实现装配自动化的途径有哪些?

1-6　简述装配自动化的未来发展趋势。

1-7　我国劳动力资源丰富,为什么还要实现装配自动化?

第 2 章

自动化装配技术基础

本章思维导图

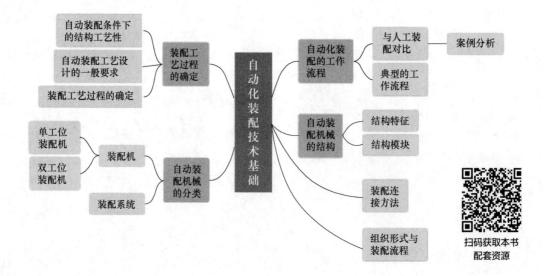

扫码获取本书
配套资源

学习目标

（1）了解自动化装配的任务及应用范围；

（2）熟悉自动装配机械的工作流程；

（3）掌握自动装配机械的结构特征和结构模块；

（4）掌握自动装配的主要组织形式和连接方法；

（5）了解装配设备的分类及基本功能的子系统；

（6）掌握单工位和多工位装配机的分类及结构形式；

（7）掌握装配工艺过程的确定原则和要求。

从右图中可以看出，齿轮箱主要由箱体和箱盖、轴、齿轮轴和齿轮、滚动轴承、轴承端盖、螺栓和螺母等部件组成。当各零部件加工完成后，需要将其装配到一起才能实现其功能。那么，在手工装配过程中，应该采用什么样的装配方法？各零部件的装配顺序怎么确定？如果采用自动化装配，整个装配过程又会发生什么变化呢？

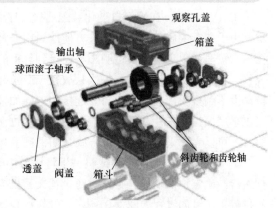

观察孔盖
箱盖
输出轴
球面滚子轴承
斜齿轮和齿轮轴
透盖
阀盖
箱斗

2.1 自动化装配的工作流程

（1）机器自动化装配与手工装配对比

通过对各种自动化装配设备进行分析总结，可以发现机器自动化装配很大程度上模仿了手工装配的方式。为能使读者更好地理解装配自动化过程是如何模仿手工装配过程的，下面以一个最简单的装配工序——螺钉连接装配为例，说明手工装配操作及机器自动化装配操作的过程。

1）手工装配操作过程

① 取料过程。操作者将需要连接的两个或多个零件、螺钉分别由人工从周围放置零件的容器中取出。

② 装配过程。将需要连接的零件及螺钉放入待装配的位置（通常都设计有供零件定位的定位夹具），左手将工件按紧，然后右手用工具（如手动螺丝批）转动螺钉将螺钉拧紧。在手工装配流水线上，工人通常用右手握紧电动螺丝批或气动螺丝批，在批头压紧螺钉的同时按下开关，由工具自动拧紧螺钉。

③ 卸料过程。将连接好的零件从定位夹具中取下，放入周围专门的容器或位置，完成一个操作循环。在上述操作过程中，操作者靠的是双手、眼睛及辅助装配工具（定位夹具、手动螺丝批、电动或气动螺丝批），如图2-1所示。

图2-1 人工进行螺钉连接装配操作

图2-2 微型螺钉自动送料器辅助人工操作

当螺钉尺寸很小时,人工从螺钉盒中的大堆螺钉中拿取一个螺钉是非常费力的。为了提高手工装配的效率,可以采用一种微型螺钉自动送料器,它能够将微小的螺钉自动排列后通过一个输料槽送出,装配时工人用气动螺丝批的批头在输料槽的末端自动吸取一个螺钉后再装配,这样就使装配更快捷、更省力,其中就已经包含了部分自动化的功能,如图2-2所示。

2)机器自动化装配过程

① 送料过程。在螺钉自动化装配连接工序中,需要连接的工件及螺钉通常采用自动送料装置。由于螺钉的质量较小,能够方便地采用一种称为振盘的自动送料装置进行自动输送,只要在振盘输料槽出口用一根透明塑料连接到气批的批头部位即可,同时在振盘的出口设置一次只放行一只螺钉的分料机构,每次只放行一个螺钉,这样螺钉就会在重力作用下通过透明塑料管自动滑落到批头部位。其他需要连接的工件如果尺寸及质量较小,如冲压件、五金件,通常也可以采用振盘将工件分别自动输送到装配定位夹具中。如果零件的质量较大,难以采用振盘送料时,可以考虑采用其他送料方式(如机械手)将工件送入装配位置或定位夹具中。

② 装配过程。采用振盘或机械手将待连接的工件移送到定位夹具上后,定位夹具具有对工件进行准确定位的功能,必要时还设置夹紧机构对工件自动进行夹紧。螺钉自动送料及气动螺丝批旋入螺钉的过程如图2-3所示。螺钉的自动装配过程完全模仿手工操作的方法,螺钉的旋入方法也是采用自上而下的装配方向,装配的工具通常也是采用气动螺丝批。螺钉2通过透明塑料管1自动滑下,滑落到螺钉供料器4的末端后被阻挡机构挡住,然后气缸驱动气动螺丝批向下运动,气动螺丝批批头3将螺钉从螺钉供料器4中推出并压紧到工件的螺纹孔口,然后批头自动旋转,将螺钉旋入工件的螺纹孔中,最后气缸驱动气动螺丝批向上运动,返回到初始位置,准备下一个循环。与手工装配一样,气动螺丝批的旋紧力矩是可以调节控制的。

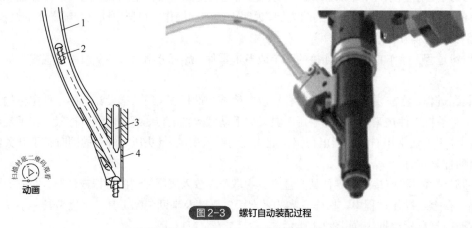

图2-3 螺钉自动装配过程

1—透明塑料管;2—螺钉;3—气动螺丝批批头;4—螺钉供料器

③ 卸料过程。完成螺钉连接的工件需要从定位夹具中卸下,以便进行下一个工作循环,在手工装配操作中通过人工直接将完成装配的工件取出,放入附件的中转箱中。在自动化装配中则采用专门的卸料机构,对于质量较轻的零件一般采用简单的气动机构,直接将工件从装配位置推出,工件通过倾斜的料道滑落到中转箱中;质量较大的工件则可以通过机械手将其从定位夹具中取下,放入中转箱中或输送线上。

3)手工装配操作与机器自动化装配操作的共同特征

机器自动化装配过程与手工装配过程有许多相似之处,它们都包括以下几个基本步骤:上料、定位、装配、卸料。与手工装配过程相比,在机器自动化装配过程中,工件的上料、定位、夹紧、装配、卸料都尽可能采用自动机构来完成,而且更多地考虑了以下几个环节:如何快速及自动地上料、卸料;如何对工件快速定位与夹紧;如何快速、精确地装配;通过传感器与控制系统使上述各个动作按固定的程序进行循环运行。

(2)自动化装配的典型工作流程

① 输送与自动上料。输送与自动上料操作就是在具体的工艺操作之前,将需要被工序操作的对象(零件、部件、半成品)从其他地方移送到进行工序操作的位置。上述被工序操作的对象通常统称为工件,进行工序操作的位置通常都有相应的定位夹具对工件进行准确的定位。输送通常用于自动化生产线,组成自动化生产线的各种专机按一定的工艺流程各自完成特定的工序操作,工件必须在各台专机之间顺序流动,一台专机完成工序操作后要将半成品自动传送到下一台相邻的专机进行新的工序操作。

② 分隔与换向。分隔与换向属于一种辅助操作。通常一个工作循环只装配一套工件,而在工件各自的输送装置中工件经常是连续排列的,为了实现每次只放行一个工件到装配位置,需要将连续排列的工件进行分隔,因此,经常需要用到分料机构,如采用振盘自动送料的螺钉就需要这样处理。换向也是在某些情况下需要的辅助操作,某些换向动作是在工序操作之前进行,某些则在工序操作之后进行,而某些情况下则与工序操作同时进行。例如,当在同一台专机上需要在工件的多个方向重复进行工序操作时,就需要每完成一处操作再通过定位夹具对工件进行一次换向。当需要在工件圆周方向进行连续工序操作时,就需要边进行工序操作边通过定位夹具对工件进行连续回转,例如回转类工件沿圆周方向的环缝焊接就需要这样处理。

③ 定位与夹紧。为了使工件在每一次工序操作过程中都具有确定的、准确的位置,保证操作的精度,定位夹具可以保证每次操作时工件位置的一致性。实际上通常是将工件最后移送到定位夹具内实现对工件的定位。在某些工序操作过程中可能产生一定的附加力作用在工件上,这种附加力有可能改变工件的位置和状态,所以在工序操作之前必须对工件进行自动夹紧,保证工件在固定状态下进行操作。因此,在很多情况下都需要在定位夹具附近设计专门的自动夹紧机构,在工序操作之前先对工件进行可靠的夹紧。

④ 工序操作。工序操作是完成自动化专机的核心功能,前面提到的所有辅助环节都是为工序操作进行的准备工作,都是为具体的工序操作服务而设计的。工序操作的内容非常广泛,仅装配的工艺方法就有许多,如螺钉螺母连接、焊接、铆接、粘接、弹性连接等。这些工序操作都是采用特定的工艺方法、工具、材料,每一种类型的工艺操作也对应着一种特定的结构模块。

⑤ 卸料。完成工序操作后,必须将工件移出定位夹具,以便进行下一个工作循环。卸料的方法多种多样,例如:在一些小型工件的装配中,经常采用气缸将完成工序操作后的工件推入一个倾斜的滑槽,让工件在重力的作用下滑落;对于一些不允许相互碰撞的工件,经常采用机械手将工件取下;还有一些工序操作直接在输送线上进行,通过输送线直接将工件往前输送。

2.2 自动装配机械的结构

熟练掌握自动装配机械是学习自动机械装配的重要基础,那么自动装配机械是由哪些基本的结构部分组成的?在结构上又有哪些规律与特征?下面详细介绍这两个问题。

2.2.1 自动装配机械的结构特征

（1）结构模块化

自动化专机最大的特点就是结构模块化，它是由各种专用的功能模块组合而成，如输送装置、自动上料装置、定位夹紧机构、导向部件、电动机与传动部件、各种执行机构等。这些模块在不同的设备或生产线上具有很强的相似性，只要将所需要的各种模块组合在一起，即可组成自动化专机的主要部分，不仅使设计制造简单化，而且能降低设备的制造成本。

（2）部件专业化、标准化

许多制造商长期从事专业研究与生产制造上述各种结构，如气动元件、电动机、导轨等导向部件、传动部件、自动送料装置、输送线、分度器、铝型材等，不仅形成了相当的规模，而且实现了快速供货，缩短了制造周期，达到了相当高的质量水平。学习自动装配机械的重要内容之一，就是掌握上述各种部件的选型标准、装配方法及调试要领。

2.2.2 自动装配机械的结构模块

在学习自动化装配的具体结构模块之前，首先要对自动装配机械的整体结构框架有一个基本的认识，然后再熟悉局部的结构模块，在熟悉结构模块设计的基础上再进一步熟悉整机的集成方法。

通过前面螺钉自动化装配的实例分析，我们可以基本了解自动装配机械的整体结构框架。用于其他工序操作的自动机械与自动装配机械类似，通常都是由以下基本结构模块根据需要搭配组合而成的。

（1）工件的输送及自动上下料系统

工件或产品的移送处理是自动化装配的第一个环节，包括自动输送、自动上料、自动卸料动作，用来替代手工装配场合的搬运及人工上下料动作。其中，自动输送通常应用在生产线上，用于实现各专机之间物料的自动传送。

① 自动输送系统。

在自动装配系统中，通常需要通过传送设备在装配工位之间、装配工位与料仓和中转站之间传送工件托盘、基础件和其他零件，再在装配工位上将各种装配件装配到装配基础件上，完成一个部件或一台产品的装配。没有输送线，自动化生产也就无法实现。

自动装配输送系统包括小型的输送装置及大型的输送线。其中，小型的输送装置一般用于自动化专机，大型的输送线则用于自动化生产线，在手工装配流水线上也大量应用了各种输送系统。根据结构类型的区别，最基本的输送线有：皮带输送线、链条输送线、滚筒输送线等；根据输送线运行方式的区别，输送线可以按连续输送、断续输送、定速输送、变速输送等不同的方式运行。结构形式一经确定，传送运动的方式也就基本确定了。

② 自动上下料系统。

它是指自动化专机在工序操作前与工序操作后专门用于自动上料、自动卸料的机构。在自动化专机上，要完成整个工序动作，首先必须将工件移送到操作位置或定位夹具上，待工序操作完成后，还需要将完成工序操作后的工件或产品卸下来，准备进行下一个工作循环。

自动机械中典型的上料机构主要有：机械手、利用工件自重的上料装置（如料仓送料装置、料斗式送料装置）、振盘、步进送料装置、输送线（如皮带输送线、链条输送线、滚筒输送线等）。

卸料机构通常比上料机构更简单，常用的卸料机构或方法主要有：机械手、气动推料机构、压缩空气喷嘴。气动推料机构就是采用气缸将完成工序操作后的工件推出固定夹具，使工件在重力作用下直接落入或通过倾斜的滑槽自动滑入下方的物料筐内。对于质量特别小的工件，经常采用压缩空气喷嘴直接将工件吹落，掉入下方的物料筐内。

（2）辅助机构

在装配自动化的操作过程中，除自动上下料机构外，还经常需要其他一些结构或装置。

① 定位机构。基础件、配合件和连接件等必须停止在精确的位置才能顺利地完成装配工作，这就需要通过定位机构来保证准确定位。对定位机构的要求非常高，它要能够承受很大的力量和精确地工作。

② 夹紧机构。在加工或装配过程中工件会受到各种操作附加力的作用，为了使工件的状态保持固定，需要对工件进行可靠的夹紧，因此，需要各种自动夹紧机构。

③ 换向机构。由于工件的姿态方向经常需要在自动化生产线上的不同专机之间进行改变，因此，需要设计专门的换向机构，在工序操作之前改变工件的姿态方向。

④ 分料机构。机械手在抓取工件时必须为机械手末端的气动手指留出足够的空间，以方便机械手的抓取动作。如果工件（如矩形工件）在输送线上连续紧密排列，机械手可能因为没有足够的空间而无法抓取，因此，需要将连续排列的工件逐件分隔开来。又例如前面所述的螺钉自动化装配机构中，每次只能放行一个螺钉，因此，需要采用实现上述分隔功能的各种分料机构。

上述机构分别完成工件的定位、夹紧、换向、分料等辅助操作，这部分机构一般不属于自动机械的核心机构，通常将其统称为辅助机构。

（3）执行机构

任何自动机械都是为完成特定的加工、装配、检测等生产工序而设计的，机器的核心功能也就是按具体的工艺参数完成上述生产工序。通常将完成机器上述核心功能的机构统称为执行机构，它们通常是自动机械的核心部分。例如，螺钉自动装配设备中的气动螺丝刀、自动机床上的刀具、自动焊接设备上的焊枪、自动铆接设备中的铆接刀具、自动涂胶设备中的胶枪等，都属于机器的执行机构。这些执行机构都用于特定的工艺场合，掌握这些执行机构的选型方法离不开对相关工艺知识的了解，这需要设计人员既熟悉各种自动机构，还具有丰富的制造工艺方面的经验。例如，装入自动化和螺纹连接自动化的主要内容包括：

① 装入自动化。装入自动化要求装入工件经定向和传送到达装入工位后，通过装入机构在装配基础件上对准、装入。常用的装入方式有重力装入、机械推入和机动夹入三种。重力装入一般不需要控制装入位置的机构，不需要外加动力，常用机械挡块、定位杆调节支架等进行定位，适用于钢球、套圈、弹簧等的装入。机械推入用曲柄连杆、凸轮和气缸、液压缸直接连接的往复运动机构等控制装入位置，需外加动力装入，适用于小型电动机装配线上的端盖、轴承

以及套件、垫圈、柱销等的装入。机动夹入用机械式、真空式、电磁式等夹持机构的机械手将零件装入，装入动作宜保持直线运动，适用于手表齿轮、盘状零件、轴类零件、轻型零件、薄壁零件等。压配件装入时，一般应设置导向套，并缓慢进给。当装配线的节拍时间很短时，压配件装入可分配在几个装配工位上进行，并注意采用间歇式传送，选用的压入动力要便于准确控制装入行程。

② 螺纹连接自动化。螺纹连接自动化包括螺母、螺钉等的自动传送、对准、拧入和拧紧。此外，根据工艺需要拧松、拧出已经连接的螺纹连接件也属于这一范围，但拧松时无须进行螺纹连接件的传送、对准，拧出时可快速操作，不过需考虑取下和排出问题。螺纹连接中劳动强度较大的是拧紧工作，也是实现自动化首要考虑的问题。自动对准和拧入的难度较大，确定螺纹连接自动化程度时，应注意技术上先进与经济上合理，在某些场合，用手工操作往往在经济上是合理的。另外，在自动化设计时以少用螺纹连接为宜。

（4）驱动及传动部件

① 驱动部件。任何自动机械最终都需要通过一定机构的运动来完成要求的功能，不管是自动上下料机构还是执行机构，都需要驱动部件并消耗能量。常用的驱动部件为：由压缩空气驱动的气动执行元件（气缸、气动马达、气动手指、真空吸盘等）、由液压系统驱动的液压缸、各种执行电动机（普通感应电动机、步进电动机、变频电动机、伺服电动机、直线电动机等）。其中，气动执行元件是最简单的驱动方式，它具有成本低廉、使用维护简单等特点。在电子制造、轻工、食品、医药、电器、仪表、五金等行业中，主要采用气动驱动方式。液压系统主要用于需要输出力较大、工作平稳的行业，如建筑机械、矿山设备、铸造设备、注塑机、机床等行业。除气动元件外，电动机也是重要的驱动部件，大量应用于各种行业，在自动机械中广泛应用于如输送线、间隙回转分度器、连续回转工作台、电动缸、各种精密调整机构、伺服驱动机械手、精密 X-Y 工作台、机器人、数控机床等的进给系统。

② 传动部件。气缸、液压缸可以直接驱动负载进行直线运动或摆动，但在电动机驱动的场合一般需要相应的传动系统来实现电动机转矩的传递。自动机械中除采用传统的齿轮传动外，大量采用同步带传动和链传动，因为同步带传动与链传动具有价格低廉、采购方便、装配调整方便、互换性强等优势，目前已经是各种自动机械中普遍采用的传动结构，如输送系统、提升装置、机器人、机械手等。

（5）装配中的自动检测与控制

① 自动检测。

为使装配工作正常进行并保证装配质量，在大部分装配工位后一般均设置自动检测工位，将检测结果转换为信号输出，经放大或直接驱动控制装置，使必要的装配动作实现联锁保护，以保证装配过程安全可靠。自动检测项目与所装配的产品或部件的结构和主要技术要求有关，一般自动检测项目可分为 10 类：装配过程的缺件、装入零件的方向、装入零件的位置、装配过程的夹持误差、零件的分选质量、装配过程的异物混入、装配后密封件的误差、螺纹连接件的装配质量、装配零件间的配合间隙、装配后运动部件的灵活性和其他性能。

装配过程中检测自动化的内容繁多，要注意自动检测机构不宜过分复杂，所以在某些情况下采用手工检测往往在经济上和技术上都是合理的。装配过程中的自动检测，按作用分为主动检测和被动检测两类。主动检测是参与装配过程、影响装配质量和效率的自动检测，能预防产生废品；被动检测则是仅供判断和确定装配质量的自动检测。主动检测通常用于成批生产，特别是多应用在装配生产线上，且往往在线上占据一个或几个工位，布置工作头，通过测量信号的反馈能力实现控制，这是在线检测；如用自动分选机，则多半为不设在生产线上的离线检测。

② 自动控制。

自动装配控制系统的基本设计要求如下：控制装配基础件的传送和准确定位；控制完成包括装配件的给料装置、上料过程的全部工作循环在内的装配作业过程；控制关键性的装配工序和自动装配装置的安全保护、联锁和报警；控制经自动检测后发出的各种信号及其相应的安全保护、联锁和报警；应能实现自动、半自动和人工调整三种状态的控制；要求控制系统所选用的控制器元件惯性小、灵敏度高；控制系统应保证自动装配系统的给料、传送装配作业相互协调、同步和联锁。

控制系统的选择受多种因素影响，其中主要有工艺设计、自动化程度和管理方式，具体可概括为以下几项主要因素：装配节拍和装配工作循环时间的分配；装配基础件的传送方式（间歇传送、连续传送、同步传送、非同步传送），装配基础件在各个工位上的定位精度要求；装配件的给料自动化程度及主要装配件的装配精度要求；装配线上的检测工位数，特别是自动检测后对不合格件采用的处理方式（是紧急停止还是将不合格件排出，是重复动作还是修正动作，等等）；易出故障的装配工位上的故障频率及处理方式；自动装配线与车间内前后生产工序的联系，如储存方式、生产管理方式等。考虑上述各项主要因素后，目前主要采用顺序控制系统，在自动检测中有少部分采用线性反馈控制系统中的定值调节控制方式。

根据设备的控制原理，目前自动机械的控制系统主要有以下类型：

a. 纯气动/纯机械式控制系统。在大量采用气动元件的自动机械中，少数情况下控制气缸换向的各种方向控制阀全部采用气动控制阀，这就是纯气动控制系统。还有一些场合各种机构的运动是通过纯机械的方式来控制的，如凸轮机构，这些则属于纯机械式控制系统。

b. 电气控制系统。电气控制系统是指控制气缸运动方向的电磁换向阀由继电器或 PLC 来控制，目前 PLC 已经成为各种自动化专机及自动化生产线最基本的控制系统，结合各种传感器，通过 PLC 控制器使各种机构的动作按特定的工艺要求及动作流程进行循环工作，电气控制系统与机械结构系统是自动机械设计及制造过程中两个密切相关的部分，需要连接成一个有机的系统。

在电气控制系统中，除控制元件外，还需要配套使用各种开关及传感器。在自动机械的许多位置都需要对工件的有无、工件的类别、执行机构的位置与状态等进行检测确认，这些检测确认信号是控制系统向相关执行机构发出操作指令的条件，当传感器确认上述条件不具备时，机构就不会进行下一步动作。需要采用传感器的场合有：气缸活塞位置的确认、工件暂存位置确认是否存在工件、机械手抓取机构上工件的确认、装配位置定位夹具内工件的确认。

2.3　自动装配机械的分类

2.3.1　装配机与装配系统

装配机是一种按一定时间节拍工作的机械化装配设备，有时也需要手工装配与之配合。装配机所完成的任务是把配合件往基础件上安装，并把完成的部件或产品取下来。区别装配机的主要标志是它的生产能力、相互连接的可能性和方法。随着自动化的发展，装配工作（包括至今为止仍然靠手工完成的工作）可以利用机器来实现，产生了一种自动化的装配机械，即实现了装配自动化（按照规定这还只是一种单用途的装配机）。在装配设备上部分手工、部分机器，或者完全由机器来完成装配工作。这种工作是有节奏地循环往复地进行的，设备是与料仓相连接的。为了解决中小批量生产中的装配问题，出现了可编程的自动装配机，即装配机器人。它不再是只能严格地适用一种产品的装配，而是能够通过调整完成相似的装配任务，这就是柔性自动化装配。在单独的手工装配工位和柔性自动装配系统之间有许多中间形式。

如果在某些装配工位和装配设备中仍保留手工操作，按表 2-1 划分的种类，它们属于装配机或装配系统。多用途装配设备的最高等级是装配系统。装配机是与确定的装配任务相联系的装配设备，它执行某种被迫的运动，其输入和输出都是确定的。装配系统则是按照某种关系连接在一起的多台设备的集合，以此来完成某种预先计划的工作过程。一台装配机可以是一个系统的组成部分，也可以看作一个系统。自动装配机是一种特殊的机器，它能够适应当前的装配任务，从而找出一种最佳的解决问题的方法。自动装配机一般是不能实现柔性的。虽然装配机是为特定的装配任务而设计的，但其中的基础功能部件、主要功能部件和辅助功能部件等作为一台装配机的组成单元都是可以购买到的。

表 2-1　装配设备的分类

机械化的装配设备						
专用装配设备						
		单工位装配机	多工位装配机			
自动化、非柔性的装配机	非节拍式		节拍式			
	转盘式自动装配机	纵向自动装配机	转盘节拍式自动装配机			纵向节拍式自动装配机
特种装配机	转子式装配机	纵向移动式装配机	圆台式自动装配机	环台式自动装配机	鼓形装配机	纵向节拍式自动装配机	直角节拍式自动装配机
通用（多用途）装配设备						
装配工位		装配间		装配中心		装配系统
使用装配机器人的自动化装配工位		使用装配机器人的一个或几个装配工位		用传送设备把装配间与自动化仓库连接到一起		把装配工位、装配间、装配中心连接到一起

组成单元是由几个部件构成的装置，可以根据它的功能特点、特征参数和连接尺寸连接在一起共同来自动化地完成一种装配任务。根据它们的功能，组成单元可以分为 4 种：基础单元、主要单元、辅助单元和附加单元。基础单元是各种架、板、柱，工作单元和驱动部分安装在基础单元上。基础单元必须具备足够的静态和动态刚度。主要单元是指直接实现一定工艺过程的部分，它包括运动模块和装配操作模块，其工作方式（如螺纹连接、压入、焊接等）完全取决于所执行的装配任务。辅助单元和附加单元是指以下功能模块：控制、分类、检验、监控及其他功能。功能载体的量由需要实现的功能的多少来决定。装配过程包含以下功能：配合、连接对象的准备；配合、连接对象的传送；连接操作和结果检查。由此构成表 2-2 中列举的几个子系统。

表 2-2　基本功能的子系统

准备					准备系统
基础件	配合件	辅助材料	工件托盘		
供给	供给	供给			基础件和配合件的准
分离	分离	配量	供给		备设备传送链、仓储
定向	定向		存储		系统
传递（交）	定位				

传送					传送系统
基础件	配合件	辅助材料	工件托盘		
定位	抓取	定位	分配		抓钳
夹紧	定心		制动		传送链、传送带
传递	定向		向前输送		工业机器人
	定位		托盘返回		

连接					连接系统
基础件	配合件	辅助材料	工件托盘		
	修正错误				连接设备
修正错误	补偿误差		定位		传感器
补偿误差	连接	配量	夹紧		连接工件
		检查			精密定位系统

检验					检验系统
基础件	配合件	辅助材料	工件托盘		
检验	测量	测量	计数		传感器
	检验	检验	测量		测量工具设备
			信息存储		信息处理系统

2.3.2　单工位装配机

自动装配机主要分为单工位和多工位两种类型，可根据装配产品复杂程度和生产率的要求而定。

单工位装配机是指所有装配操作都可以在一个位置上完成，只有单一的工位，只有一种或几种装配操作。单工位装配机在一个工位上执行一种或几种操作，没有传送工具的介入，没有基础件的传送。其优点是结构简单，可以装配最多由 6 个零件组成的部件。这种装配机的工作效率可达到每小时 30～12000 个装配动作。单工位装配机比较适合在基础件的上方定位并进行装配操作，即基础件布置好后，另一个零件的进料和装配也在同一台设备上完成。这种装配机多用于只由几个零件组成而且不要求有复杂装配动作的简单部件，其典型应用范围是电子工业和精密工具行业，如接触器的装配。这种装配机用于螺钉旋入、压入连接的例子如图 2-4 所示。

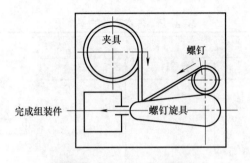

图2-4　单工位装配机布置简图

图 2-4 所示为单工位装配机的布置简图。单工位装配机由通用设备组成，包括振动料斗、螺钉自动拧入装置等。单工位装配机的设计布置和操作顺序如图 2-5 所示，它需要与随行夹具配合使用。图 2-5（a）所示是装配位置，图 2-5（b）表示已完成装配的零件的顶出。操作原理如下：由振动料斗排列好的零件通过出料轨道 1 送到夹具的正确位置上，零件在滑板 2 的作用下被分离出来并移到挡块 3 的装螺钉位置，螺钉插入零件中后，装配件完成操作并由推板（起出器）4 顶出，同时滑板 2 返回起始位置，然后进料装置的闭锁打开，放入另一个基础件。

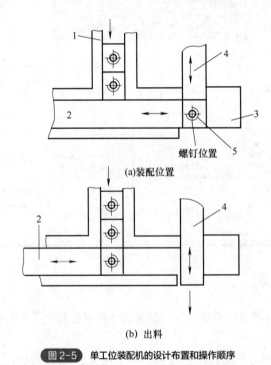

图2-5　单工位装配机的设计布置和操作顺序

1—出料轨道；2—滑板；3—挡块；4—起出器；5—工件

也可以同时使用几个振动送料器为单工位装配机供料。这种布置方式如图 2-6 所示，所有要求的零件先在振动送料器里整理、排列，然后输送到装配位置。基础件 2 经整理之后落入一个托盘，它保留在那里直至装配完毕。滚子 3 和套 4 被作为子部件先装配，然后送入基础件 2 的缺口中，同时螺栓 8 和螺母 7 从下面连接。装配机器人有能力在基础件被夹紧的情况下完成一个部件的全部装配工作。

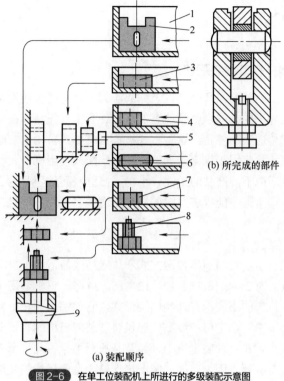

(a) 装配顺序

图 2-6　在单工位装配机上所进行的多级装配示意图

1—供料；2—基础件；3—滚子；4—套；5—压头；

6—销了；7—螺母；8—螺栓；9—旋入器头部

图 2-7 作为一个例子示出了有两个机械臂的传递设备，这种结构称为装配间。装配间的特点是装配时基础件的位置不变。

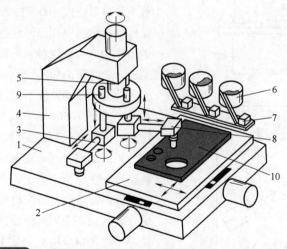

图 2-7　使用专门的传递设备在两坐标移动的工作台上进行装配的装配间

1—底盒；2—两坐标工作台；3—装有抓钳的送料臂；4—立柱；5—回转轴；6—振动送料器；

7—配合件的配料器；8—装配机械手；9—滑杆；10—基础件

2.3.3 双工位装配机

（1）时间上同步的多工位装配机

一个部件或一个产品的装配在几个工位上完成，工位之间用传送设备连接，工件传递可以是时间上同步或时间上异步的。同步就是所有的基础件和工件托盘都在同一瞬间移动，当它们到达下一个工位时这种传送运动停止。这种方式被称为节拍式自动化。时间同步传送也可以连续进行。这种传送方式往往应用于纵向传送的自动化装配或使用机器人的自动化装配。时间同步方式的多工位装配机适应不同产品的柔性较小，只能适应相互区别不大的同一类工件的装配。其装配工位的数量因结构所限不能很多。时间同步传送的多工位装配机在多数情况下其传送方式是环形的或纵向的。

1）圆形回转台式装配机

圆形回转台式装配机由于它的圆形传送方式和传送精度而适用于自动化装配。通常的工位数（被装配零件的数量）为2、4、6、8、10、12、16、24个。该机适用于很多轻小型零件的装配。为适应供料和装配机构的不同，有几种结构形式，它们都只需在上料工位将工件进行一次定位夹紧，结构紧凑、节拍短、定位精度高。但供料和装配机构的布置受地点和空间的限制，可安排的工位数目也较少。在这种装配机上，经常是检验工位占几乎所有工位的一半。这对于装配工作的顺利进行非常必要。因为前面的装配错误就会造成后续的装配工作无法进行。圆形回转台式装配机是一种多工位和集中控制（经常是凸轮控制）的装配机械，其核心部分是回转台，围绕回转台设有连接、检验和上下料设备。其节拍是由一套步进驱动系统来实现的。

由图2-8可以看出圆形回转台式装配机的结构原理。这台装配机能够完成最多由8个零件组成的部件的装配。基础件的质量允许1~1000g，每小时可以完成100～12000个部件的装配任务。在标准的情况下圆形回转台式装配机每分钟可以走10～100步。这种装配机在大多数情况下都是通过一个盘形凸轮实现机械控制的。凸轮控制的机械的最大运动速度不超过300mm/s，如果是气动可以达到1000mm/s或更高。除了工作台驱动以外，还需要上料和连接运动。这些运动可以通过分离的驱动方式来实现或从步进驱动系统的轴再经过一个凸轮来实现。

圆形回转台式装配机可以作为单步机或双步机，其区别在于同时操作的装配单元数是一个还是两个。在单步机上，每个节拍只向前进给一个装配单元；在双步机上，每个节拍向前进给两个装配单元，即在每一时刻都有两个装配单元平行工作。其工作原理如图2-9所示。双步机每拍转过的角度是单步机的2倍，即一下走两步。

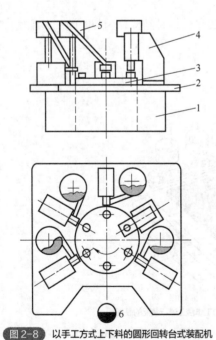

图2-8 以手工方式上下料的圆形回转台式装配机

1—机架；2—工作台；3—回转台；4—连接工位；
5—上料工位；6—操作人员

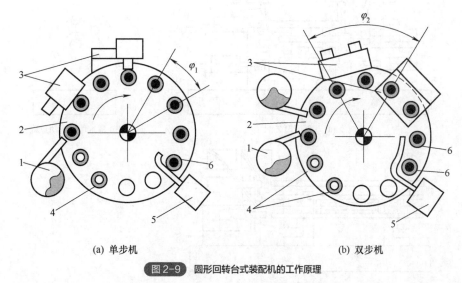

(a) 单步机　　　　　　　　　　　　　(b) 双步机

图 2-9　圆形回转台式装配机的工作原理

1—上料单元；2—圆形回转台；3—连接操作单元；4—基础件上料；5—输出单元；6—完成的部件

装配机的系统设计还涉及装配工位的串行和并行两种排列方式。并行排列意味着较高的生产效率。此外，双工位装配比单工位装配生产成本也低，因为它们的驱动部件可以公用。这一原理对于纵向传送的装配机也是适用的。

圆形回转台上所装备的工作单元根据装配工艺来确定，同时必须考虑到监控和维修的方便，还要保留一定的空位。图 2-10 所示为一种装配方案的实际例子。

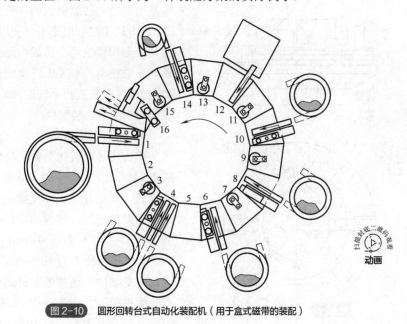

扫描封底二维码观看
动画

图 2-10　圆形回转台式自动化装配机（用于盒式磁带的装配）

2）鼓形装配机

大多数装配操作都是垂直进行的，但当基础件长度比较大时，适合采用鼓形装配机进行装配工作（图 2-11）。

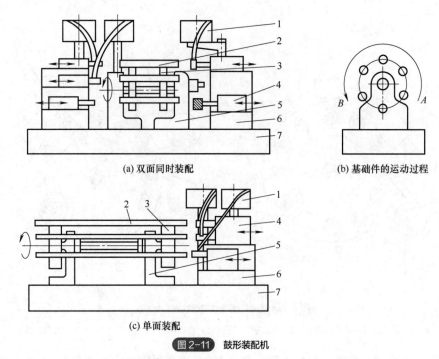

(a) 双面同时装配　　(b) 基础件的运动过程

(c) 单面装配

图 2-11　鼓形装配机

1—振动送料器；2—基础件；3—带有夹紧位置的盘；4—滑动单元；5—鼓的支架及传动系统；6—滑台座；7—装配机底座；

A—基础件上料工位；B—取下装配好的部件

　　鼓形装配机的工件托架绕水平轴按节拍回转，基础件在回转过程中必须牢固地夹紧在架子上。作为可分度的回转鼓绝不是实心的，大多数是由两个回转盘组成的；夹具安装在回转盘上；下方的工位一般是不好使用的；鼓形装配机由几个结构模块组合构成；连接设备可以很容易地安放在滑动单元上，实现向左或向右的运动；鼓形装配机支撑回转鼓，或盘的轴承的布置要不同于圆台形装配机。

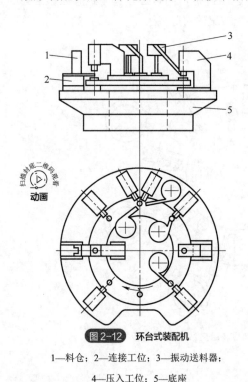

动画

图 2-12　环台式装配机

1—料仓；2—连接工位；3—振动送料器；

4—压入工位；5—底座

　　3）环台式装配机

　　环台式装配机比圆台式装配机需要更高的成本，其应用的例子不多。这种形式的装配机的特点是，基础件或工件托盘在一个环形的传送链上间歇地运动，环内和环外都可以安排一定的工位，总的工位数就可以多一些。环外的面积也可以采用如图 2-12 所示的结构，使整台机器看起来更紧凑。这种装配机的节拍时间与圆台式装配机相似，每个工作单元都有单独的驱动，因为从空间上来看，集中的凸轮驱动对于这种装配机是不合适的。

　　在环台式装配机上，基础件或工件托盘的

运动可以有两种不同的方式：第一种是所有的基础件或工件托盘都必须同时向前移动；第二种属于一种松弛的连接，当一个工位上的操作完成以后，基础件或工件托盘才能继续往前运动。环台表面向前的运动则是连续不断的。各个装配工位的任务必须尽可能均匀地分配，以使它们的操作时间大体上一致。图 2-13 就示出了这样的装配机，工件托盘载着基础件做环形运动，环台内部的面积可以安放几台机器人。

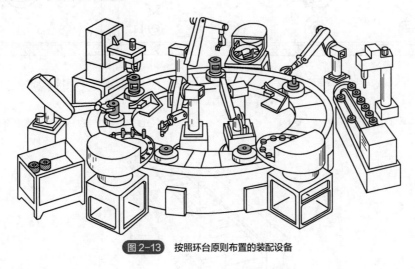

图 2-13　按照环台原则布置的装配设备

4）纵向节拍式装配机

圆形回转台式装配机所能利用的工位数有限，对此可以有两种办法来解决：一种是把几台圆形回转台式装配机连在一起；另一种是改变配置的原则，把各工位按直线排列，就产生了纵向节拍式装配机。纵向节拍式装配机就是把各工位按直线排列，并通过一个连接系统连接各工位，工件流往往是从一端开始，在另一端结束。如果在装配过程中使用托盘输送，还有一个托盘返回的问题有待解决，这是这种结构方式的缺点。纵向节拍式装配机提供了一种空间上的优点，使得整理设备、准备设备、定位机构等的排列更为方便。相比于圆形回转台式装配机，车间生产面积的利用更趋合理，如果需要的话，还可以纵向延长。纵向节拍式装配机可以容纳 40 个工位。它的可延长性和节拍效率受移动物体质量的限制，质量越大，启动或停止时的惯性力就越大，启动和制动也就越困难。

从制造成本来看，纵向节拍式装配机比圆形回转台式装配机成本更高。但是纵向节拍式装配机的可到达性、可通过性均好，而且再增加新的工位也比较容易，有缺陷的部件也容易分离出来。由于纵向节拍式装配机长度较大，难以对基础件准确定位，因此就需要特殊的定位装置。要实现准确定位，往往需要把工件或工件托盘从传送链上移动到一个特定的位置。图 2-14 示出了一个这样的变种，只有在位置 P 才能可靠地装配。例如，在一管状基础件的侧面压入一配合件（因为这要求精确的定位），位于节拍传送链上的基础件，由于步距误差、链误差、支撑件的磨损等，可能造成很大的基础件位置误差。

纵向节拍式装配机的传送机构不一定是直线形的，有一定角度的、直角的和椭圆形状的也都可以划入此类。典型的纵向节拍式装配机的运动结构方式有履带式、侧面循环式和顶面循环式。履带式装配机如图 2-15 所示。履带式装配机是用与工作台平行设置的水平履带形传送链承载工件托盘，在传送链侧面设置连接单元的装配机。已完成装配的部件从终点返回起点也是可以实现的。如果把履带绕水平坐标轴回转 90°，就成为如图 2-16 所示的侧面循环式装配机。这

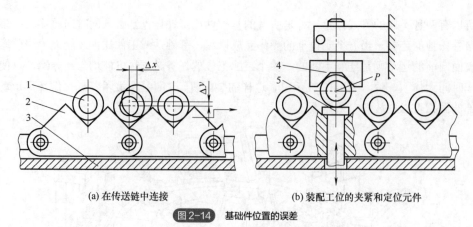

(a) 在传送链中连接   (b) 装配工位的夹紧和定位元件

图 2-14 基础件位置的误差

1—基础件；2—链环节；3—链导轨；4—夹块；5—支撑块；P—连接单元的轴心；Δx，Δy—位置误差

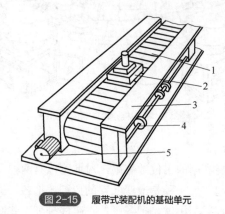

图 2-15 履带式装配机的基础单元

1—钢带或履带；2—工件托盘；3—装配单元和辅助单元的安装平面；

4—装有盘形凸轮的控制轴；5—能实现间歇运动的传动系统

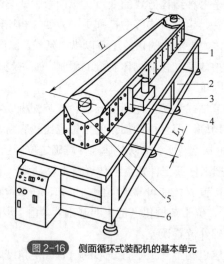

图 2-16 侧面循环式装配机的基本单元

1—工作台（上设装配单元）；2—机架；3—基础件；4—工件托盘；5—支撑盘；6—电控箱

类装配机的标准长度 L 可以是 1524mm、2286mm、3048mm 和 3810mm，传送链的节距可以是 127mm、254mm 或它们的整数倍。这种装配机由于其敞开式的工作空间，适合装配那些长度-直径比较大的部件。

在侧面循环式装配机上，垂直固定在传送链上的工件托盘是绕着机架的侧面运动的，所以要装配的配合件可以从三面到达基础件。装配单元与传送链面对面固定在工作台上，借助于附加的支架，装配单元可以从上方垂直地装配工件。

顶面循环式装配机上的传送链是在水平面上运动的，这种结构形式适合装配中等质量的部件，对于质量达到 100kg 的部件的装配也能够胜任。图 2-17（a）所示的传送链是集中驱动的，图 2-17（b）所示的传送链是分散驱动的。

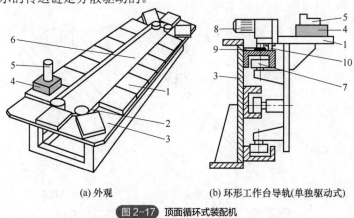

(a) 外观　　　　　　　(b) 环形工作台导轨(单独驱动式)

图 2-17　顶面循环式装配机

1—环形工作台；2—拖动工具（如链）；3—机架；4—基础件；5—配合件；6—装配单元的安置位置；7—导向滚子；

8—电动机与传动机构；9—导轨；10—传递运动的摩擦辊

分散驱动即每一个单独绕轨道运行的小工作台都需要各自的驱动设备。这种结构要求轨道的耐磨性要好，因为轨道的磨损直接形成工件的定位误差。在顶面循环式装配机上，工件托盘与一平板形的小工作台以各自的节拍或共同的节拍在一个封闭的系统里环行。装配单元设置在这一环形系统的内部。

5）转子式装配机

转子式装配机是专为小型简单而批量较大的部件装配设计的。图 2-18 所示为一条转子式装配线的局部。一定数量的工作转子通过传送转子连在一起，并有专门的上料转子负责上料。基础件的质量在 1~50g 之间，每小时装配 600~6000 件。转子式装配机是具有连续旋转的传输运动的装配机，所有的操作都是由凸轮控制的。几台工作转子连在一起可以构成一条固定连接的装配线。一般是每一台转子只装配一种零件，几个工位使用相同的工具同步地运转。一台转子式装配机可以看作

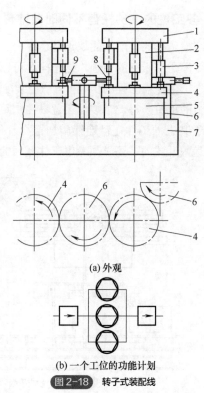

(a) 外观

(b) 一个工位的功能计划

图 2-18　转子式装配线

1—控制凸轮的空间；2—滑台支架；3—工具滑台；4—转子工作台；

5—转子的轴承结构；6—传送转子；7—支架；8—抓钳；9—抓钳臂

几个平行的工位，一条转子式装配线可以看作串联-并联的结构。

6）纵向移动式装配机

在纵向移动式装配机上，装配工作是在连续不断地移动中执行的。如同在转子式装配机上一样没有间歇时间，没有节拍，也就没有因启动和停止引起的惯性力。装配工位的同步移动可以通过平行同步移动的链或装配工位上的插销实现。完成装配后，插销缩回，装配单元在 *B* 点返回（图 2-19）。

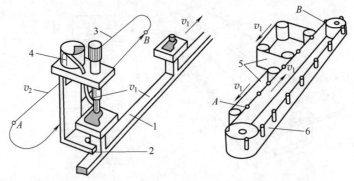

(a) 与工件托盘同步移动的装配工位(装配单元)　　　　(b) 链式运动系统

图 2-19　使用连续纵向移动系统的装配机的工作原理

1—传送设备；2—带有插销的装配单元；3—装配单元的返回轨道；4—上料设备；5—上面装备连接工具的链；6—传送带；

A—装配工作开始点；*B*—装配工作结束点

（2）各工位的工件托盘不同时向前传送的装配机

固定节拍传送的装配机的缺点是当在一个工位上发生故障时，将引起所有工位的停顿。这对于生产效率是个敏感的问题，这个问题可以通过异步传送得到解决。异步传送的装配机在工作时不发生工件托盘的强制传送，每一个装配工位前面都有一个等待位置（缓冲区），这样就产生一种松弛的连接。每一个装配工位只控制距它最近的工件托盘的进出，传送介质（传送带）必须在位于其上的工件托盘连续施加推力。传送带的结构可以是敞开式的，也可以是封闭式的。如果是敞开式的，还必须考虑工件返回的问题。

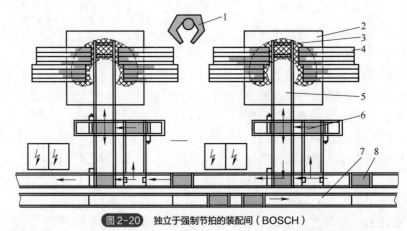

图 2-20　独立于强制节拍的装配间（BOSCH）

1—装配工人；2—装配工位；3—一台 SCARA 机器人的工作空间；4—配合件料仓；5—传送系统；

6—横向传送段；7—返回通道；8—工件托盘或基础件

对于柔性装配设备，有另外一种传送系统，称为外部传送链，即工件托盘并不是从主传送链直接到达装配工位，而是先到分支传送链，再到装配工位。这种耦合方式称为"旁路"。图2-20 示出了这样一个例子。采用这种结构的主要目的是提高生产效率，可以同时在几个工位平行地进行相同的装配工序，当一个工位发生故障时不会引起整个装配线的停顿。

图 2-21 所示为一种采用椭圆形通道传送工件托盘异步进给的装配系统。全部装配工作由 4台机器人完成。另外有一台专用设备用来检出没有真正完成装配的部件，并将其放入一个专门的箱子里等待返修，把成品放上传送带输出。

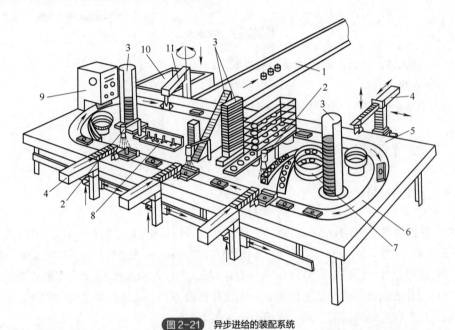

图 2-21　异步进给的装配系统

1—装成品件的送出带；2—灯光系统；3—配合件料仓；4—装配机器人；5—工作台；6—异步传送系统；7—振动送料器；

8—抓钳和装配工具的仓库；9—检测站；10—需返修的部件的收集箱；11—用来分类与输出的设备

2.4　装配连接方法

设计人员设计产品时就确定了连接方式。由于可以采用的连接结构很多，所以连接方式也是多样的。对于那些结构复杂的产品，越来越多的连接方法被采用。各种不同的连接方法还可以结合使用，如点焊+粘接、贯穿+粘接。贯穿又包括各种不同的方法变种，如贯穿连接、扭接等，适用于那些容易变形的连接材料以及覆盖板料等，当然板料的厚度必须限定在一定的范围内。

各种连接方法的使用因行业而异。机械制造和车辆制造行业比精密仪表行业更多地使用螺纹连接。螺纹连接是一种通过压紧实现的连接，因为被连接件是通过螺钉紧紧地压在一起的，如图 2-22 所示，由此产生一对摩擦副。为了能够从数量上精确地控制连接力，必须对有关的因素加以控制。螺纹连接也存在各种不同的形式，按螺钉头部形状的不同可以分为 4 种：

① 螺钉拧入被连接件，靠螺钉头部压紧。

② 螺钉一端栽入被连接件。

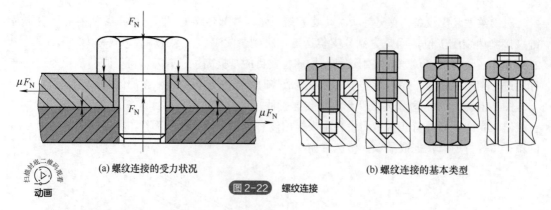

(a) 螺纹连接的受力状况　　　　　　　　　　(b) 螺纹连接的基本类型

图 2-22　螺纹连接

③ 螺钉插入被连接件，螺母在另一端拧紧。

④ 螺母连接。

紧固力矩必须控制在一个严格的公差范围：

$$M_v = M_{vnenn} \pm T_v$$

其下限由必需的预紧力确定：

$$M_{vmin} = f(F_v)$$

其上限受螺钉材料的强度限制：

$$M_{vmax} = f(\sigma_b)$$

式中，F_v 为必需的预紧力，N；M_{vnenn} 为名义紧固力矩，N·cm；M_{vmin} 为最小紧固力矩，N·cm；M_{vmax} 为最大紧固力矩，N·cm；T_v 为紧固力矩的公差，N·cm；σ_b 为螺钉材料的抗拉强度，N/cm²。

除螺钉连接以外，最常用的当数并接（套装、插入、推入和挂接）。所要求的连接动作取决于两个被连接件的偶合面的形状和位置。对于这种连接方式，被连接件之间的接触力起着重要作用，因为它们在连接的瞬间形成一定的力矩（图 2-23）。

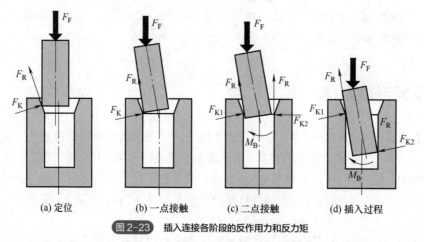

(a) 定位　　　　(b) 一点接触　　　　(c) 二点接触　　　　(d) 插入过程

图 2-23　插入连接各阶段的反作用力和反力矩

F_F—连接力；F_K—接触力；F_R—摩擦力；M_B—力矩

因为两个被连接件的中心和轴角完全对准是不可能的，必须事先考虑到一定的补偿环节。连接过程所需施加外力 F_F 的大小由接触部分的摩擦因数来确定。各种连接方式使用情况的粗略统计见表 2-3（涂黑部分面积大小代表使用频率的高低）。

表 2-3　各种连接方式被使用的频繁程度

插入时的转角	连接操作分组			
	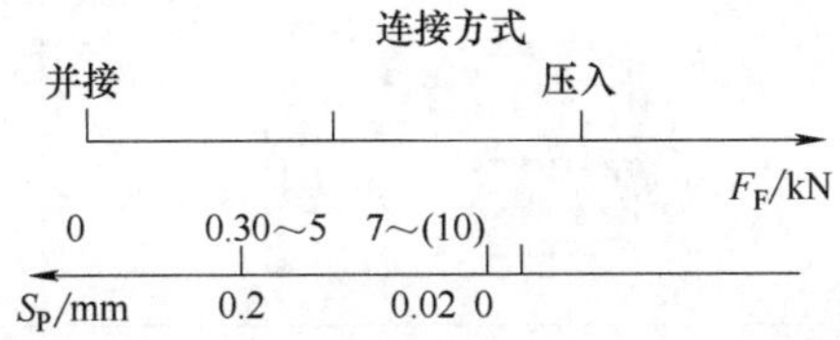连接方式 并接 压入 F_F/kN 0 0.30～5 7～(10) S_P/mm 0.2 0.02 0			
	间隙		过盈	
	大	小	小	大
无	◕	●	●	◑
小（0°~45°）	○	◕	◕	○
大（45°~360°）	○	◑	◔	○
数倍（*n*×360°）	○	螺纹连接●		—

注：●—最经常使用；○—很少使用。

对装配过程进行研究发现，下列的连接副是经常遇到的：连接副之间有 0.02～0.20mm 的小间隙；连接副之间有小过盈，装配压力最大为 7kN；连接副之间有小间隙或小过盈，需要旋入，但旋转角较小（<45°），在旋入的同时还要施加一定的压力，最大为 7kN。对配合件施加一定压力，经常是轴向压力。70%的压入装配需要压力不超过 5kN。其余的装配方法，如槽连接、通过涂敷密封材料和粘接材料连接、弹簧卡圈的涨入、齿轮副的装配、楔连接、压缩连接以及旋入等，只占很小的比例。表 2-4 中列举了几种连接方法并对它们的原理做了解释。

扫描封底二维码观看 动画

表 2-4　连接方法

连接方法	原理	说明
拆边	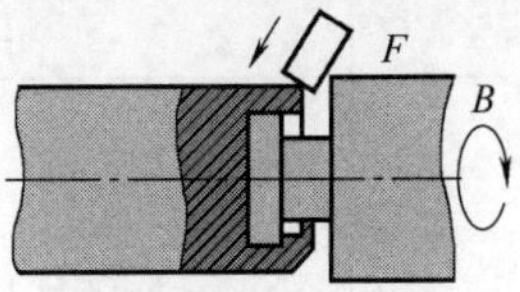F B	形状耦合连接，把管状零件的边缘折弯
镶嵌，插入	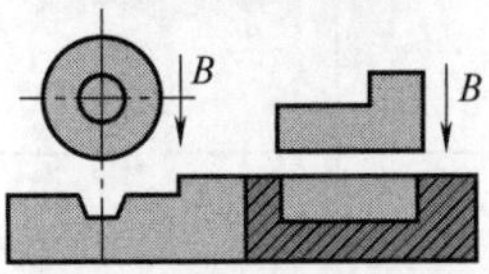B B	把小零件嵌入大零件
熔入	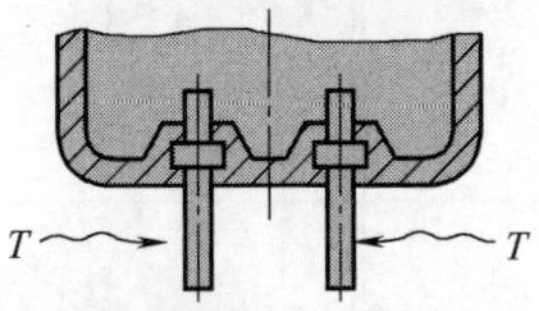T T	铸造大零件时植入小零件
涨入	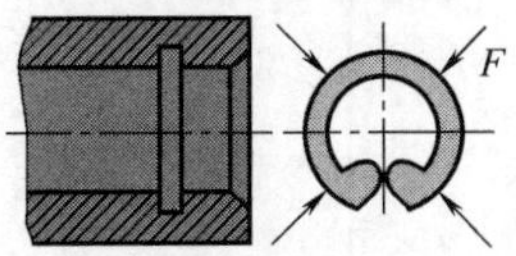F	通过预先的变形嵌入

续表

连接方法	原理	说明
翻边，咬接		通过板材的边缘变形形成的连接
填充，倾注		注入流体或固体材料
开槽		配合件插入基础件，挤压露出的配合件端部向外翻
钉夹		用扒钉穿透两个物体并折弯，形成牢固连接
粘接		用粘接剂黏合在一起，有些需要加热
压入		通过端部施加压力把一个零件插入另一个零件
凸缘连接		使一个零件的凸缘插入另一个零件并折弯
铆钉		用铆钉连接

续表

连接方法	原理	说明
螺纹连接	(a) (b)	用螺钉、螺母或其他螺纹连接件连接
焊接		有压焊、熔焊、超声波焊等
合缝，铆合		使薄壁材料变形挤入实心材料的槽形成连接
铰接		把两种材料铰合在一起形成连接

注：B—运动；F—力；P—压力；T—温度。

　　除了传统的连接方法以外，新型的工艺不断出现。有一种 Clipp-off 方法，其连接副就是通过真空吸到一起的，完成连接动作以后真空解除。使用这种方法，大量的紧固件、连接件和垫片都可以快速地连接。可以采用超声波把螺钉埋入塑料件。用新型的粘接剂可以获得超乎寻常的粘接力。自钻螺钉和自攻螺栓更简化了装配的准备工作。每一种连接方法都显示出它们独有的特点，如表 2-5（涂黑部分面积的大小表示该连接方法相应技术经济特性中的合适程度）所示，人们可以据此选择适当的方法。区别它们的标志是：连接的作用（刚性的-可动的，可拆卸的-不可拆卸的）；连接结构（对接、搭接、并接、角接）；连接位置的剖面形状（板件-实心件、板件-板件等）；结合的种类（力结合、形状结合、材料结合）；制造和连接公差；可连接性（材料结合）；连接的要求（负荷）及实现的程度；连接方向与受力方向；实现自动化的可能性；可检验性及质量参数的保证率。各种连接方法按照容易实现自动化程度由高至低排列，依次为压接、翻边、搭接、收缩、焊接、铆接、螺纹连接、对荏接、挂接、咬边、钎焊、粘接。

表 2-5　各种连接方法的技术经济特性

项目	力	装配成品	外形	可靠性	可视性检验	可维修性	定心误差	适合小件	适合大件
螺纹连接	●	○	○	●	●	●	◐	○	●
电阻焊	●	●	◐	○	○	○	●	●	●
电弧焊	●	◐	◐	●	◐	◐	●	●	●
硬钎焊	●	○	●	●	◐	◐	◐	●	●
铆接	●	◐	◐	●	●	●	◐	○	●

项目	力	装配成品	外形	可靠性	可视性检验	可维修性	定心误差	适合小件	适合大件
开槽	●	◑	○	◑	●	●	●	◑	○
搭接	◑	●	●	●	●	●	●	●	○
粘接	○	◑	●	◑	○	○	○	●	◑
特殊连接	◑	○	○	●	●	●	◑	○	●

注：●—适合；○—不适合。

　　装配过程中的装配动作以及连接力和传输力的分布是开发装配机械和装配单元非常重要的依据，因为装配动作过程决定了装配机械的运动模式。几种典型的连接动作要求见表2-6。

表2-6　典型的连接动作要求

名称	原理	运动	说明
插入（简单连接）		↓	有间隙连接，靠形状定心
插入并旋转		↓↻	属形状耦合连接
适配		↘↓↙	为寻找正确的位置精密地补偿
插入并锁住		↓ ←	顺序进行两次简单连接
旋入		↻	两种运动的复合，一边旋转一边按螺距往里钻
压入		⇐	过盈连接

续表

名称	原理	运动	说明
取走		↑	从零件储备仓取走零件
运动		↻	零件位置和方向的变化
变形连接			通过方向相对的压力来连接
通过材料流连接			钎焊、熔焊等
临时连接		← →	为搬送做准备

2.5　组织形式与装配流程

（1）组织形式

组织形式也就是为装配工作规定工艺方面的组织条件。与零件制造不同，装配有其特殊性，在一个零件被装配时还可能进行与此平行的加工。装配工作可以是手工的、机械化的和自动进行的。由于工艺的因素和出于对成本的考虑，某些产品采取混合装配方式，如装配机械（特别是机器人）和装配工人同在一条装配线上配合工作。对于变种批量生产，人具有更大的灵活性，如初装配采用自动化方式，终装配由于根据用户的特定要求有不同的变种，因而更适合采用人工方式。这种对于那些原来完全是手工装配，后来逐步实现自动化的装配作业来说是一种典型的组织形式。组织形式是如何在工艺方面组织实施一种装配作业的种类和方式，其可以具体化为空间排列、物流之间的时间关系、工作分工的范围和种类、在装配过程中装配对象的运动状态。据此，典型的装配组织形式可分为下列几类。

①　单工位装配：全部装配工作都在一个固定的工位完成，可以执行一种或几种操作，基础件和配合件均不需要传输。

②　固定工位顺序装配：将装配工作分为几个装配单元，将它们的位置固定并相邻布置，在每个工位上都完成全部装配工作。这样，即使某个工位出现故障也不会影响整个装配工作。

③　固定工位流水装配：这种装配方式与固定工位顺序装配的区别在于装配过程没有时间间

隔，但装配单元的位置不发生变化。

④ 装配车间：将装配工作集中于一个车间进行，只适用于特殊的装配方法，如焊接、压接等。

⑤ 巢式装配：几个装配单位沿圆周设置，没有确定的装配顺序，装配流程的方向也可能发生变化。

⑥ 非时间联系的顺序装配：几个装配单位按工艺流程设置，在装配过程中相互之间不存在固定的时间联系。

⑦ 移动的顺序装配：装配工位按照装配工艺流程设置，装配过程中相互之间既可以没有固定的时间联系，也可以存在一定的时间联系，但可以有时间间隔。

⑧ 移动的流水装配：装配工位按装配操作的顺序设置，它们之间有确定的时间联系且没有时间间隔。此时，装配单元的传输需要由适当的链式传输机构完成。

如果要求较高的装配效率或因产品比较复杂单工位难以实现，就需要施行流水装配，装配任务被分配给几个相互连接的装配工位。典型的方式是圆形回转台式装配机和节拍式装配通道。在自动化生产的计划阶段，就应该选定产品的装配组织方式。流水作业概念已经于1924年由经济制造专业委员会定义为"在局部范围内按照一定的时间顺序不间断地向前移动的作业过程"。后来又基于工艺方面的考虑做了如下补充："在生产过程中人既不是持续不断地也不是被迫地随着工艺流程工作的"。此外，从空间的角度来考虑，也就是各个装配工位如何相互耦合。最常用的是一种线式结构，当然也存在其他的可能性。其中，开式结构装配线的起点和终点是分开的。闭式结构则相反，而且闭式结构所能容纳的装配工位数也是有限的。根据装配工艺的需要也可以采取一种混合结构（图2-24）。

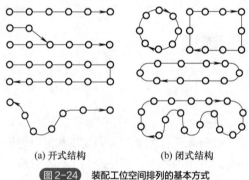

(a) 开式结构　　　　　　　　(b) 闭式结构

图2-24　装配工位空间排列的基本方式

随着装配机器人的发展，出现了一些新的组织方式。原先的一些只能由熟练装配工实施的装配工作现在完全可以由机器人来实现，如由移动式机器人所执行的固定工位装配。装配工人和装配机器人共同工作的装配线发挥了强大的威力，由此而产生的具有柔性的装配系统在中批量生产中也得以使用（图2-25）。

（2）装配流程

为了装配一个产品，必须首先说明其安装顺序，规定哪些装配工作之间可以串联，哪些之间可以并联。装配过程中所出现的连接方法的种类和数量对装配过程有一定影响，装配过程越宽（相并联的工序多）越难以组织。对于复杂的产品，经常是先装配子部件，即装配过程是多阶段进行的。根据包含部件的情况，装配过程按原理可以划分为如图2-26所示的几种。

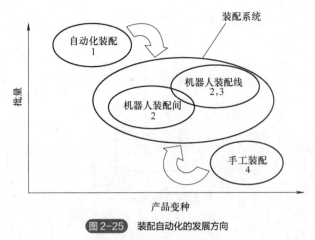

图 2-25 装配自动化的发展方向

1—专用化的自动装配机械；2—有一定柔性的装配系统（可以动的多用机器人）；3—使用若干台机器人的装配线；

4—高度柔性的装配系统

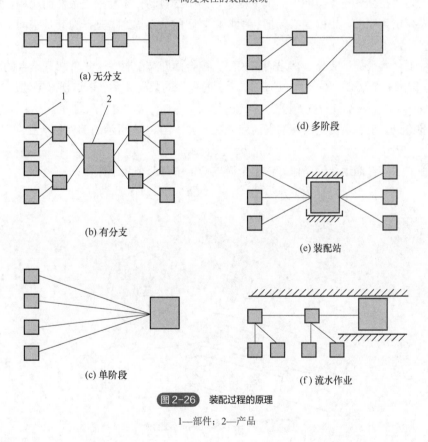

(a) 无分支

(b) 有分支

(c) 单阶段

(d) 多阶段

(e) 装配站

(f) 流水作业

图 2-26 装配过程的原理

1—部件；2—产品

按照时间和地点关系，装配过程可以划分为以下几种：串联装配；时间上平行的装配；在时间上和地点上都相互独立的装配；在时间上独立，地点相互联系的装配。装配顺序在生产计划和流程图中都有说明。流程图是一个网形的计划图，其结构可以是有分支的也可以是没有分支的，它重现了装配过程。零件的移动方向通过网结，相互关系通过连接线来表示。其排列方式总是由最早的步骤开始。从图 2-27 中可以知道，哪些装配工作（1）可以先于其他步骤（3～5）开始，在此步骤中哪些零件被装配到一起；一种装配操作（如 2）最早可以在什么时间开始，什么步骤（如 3、4）可以与此平行地进行；在哪个装配步骤（如 5）中另一零件（D）的前装配必须事先完成。

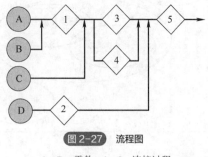

图 2-27　流程图

A~D—零件；1~5—连接过程

这样一个流程图对于结构复杂的产品绝对是必要的，并且为装配时间的确定带来极大的方便；同时也为"在哪里设置缓冲"提供了依据。为了给自动化装配找出最佳的流程，应该借助计算机首先找出可能性，也就是必须把装配零件之间的关系描述清楚，尤其是空间坐标关系，否则有可能在技术上难以实现。

可以用配合面来描述装配零件之间的关系。配合面即装配时各个零件相互结合的面。每一对配合面 f 构成一个配合 e。一个如图 2-28 所示的部件的装配关系可以这样来描述：

$$(e_1[f_1, f_3]) \qquad (e_2[f_2, f_5]) \qquad (e_3[f_4, f_6])$$

可以看出，从功能上两次出现的表面就是配合面。图 2-28 所示的部件包括三个配合，即

$$(bg_1[e_1, e_2, e_3])$$

用这种方法容易描述装配操作。在这个简单例子中有两个装配操作：

$$(OP_1[f_1, f_3]) \qquad (OP_2[f_2, f_4, f_5, f_6])$$

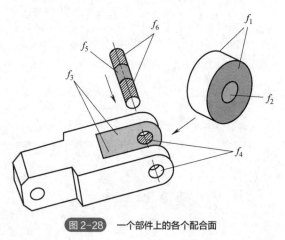

图 2-28　一个部件上的各个配合面

下面介绍几种不同的考虑方法。

① 考虑配合面：也就是注意失去了哪些配合面。所谓失去，是指被占用或者被封闭。

② 考虑任务：如把一个产品适当地分解成可传输的部件。当一个 O 形圈装入槽内，槽就构成一个部件。

③ 考虑对象：如把带有许多配合面、质量最大、形状复杂的零件视为基础件。特别敏感的

零件应该在最后装配。

除了上述几种方法外，还存在一些变种，通过它们也可以找出最佳的装配顺序（流程）。

下面再介绍另外几种考虑方法。

① 考虑操作（工艺过程）：如操作简单的步骤（如弹性涨入）应该先于那些操作复杂的步骤（如旋入）进行。

② 考虑功能：各种零件在产品中实现不同的价值。表 2-7 对于配合过程和技术功能的优先

表 2-7　在确定最佳装配顺序时优先权的导出

(a) 配合过程的优先权		
连接方法	特点	
弹性涨入	弹性变形	常规连接
套装 插入 推入	配合公差	被动连接
电焊 钎焊 粘接	材料结合	不可拆卸的连接
压入铆接	形状结合	主动连接
螺纹连接、夹紧	力结合	可拆卸的连接

(b) 从技术功能考虑的优先权		
功能	说明	例子
准备支点	构成几何布局	
定位	确定连接之前的相对位置	
固定紧固	零件位置被固定	

权加以说明。

③ 考虑组织：在大批量生产时，在部件的装配过程中，如在使用装配机器人进行装配时，要尽量避免频繁地更换工具。优先权的说明和装配流程的精确描述通常是一个重要前提。这些工作都可以借助计算机来完成。

在考虑装配流程时，这种流程是否能实现自动化的问题并没有同时解决，对此还必须单独进行研究。必须通过研究才能弄清在多大程度上可以实现自动化。在讨论该问题时，下列因素是重要的：

① 配合、连接过程的复杂性。

② 配合、连接位置的可达到性。

③ 配合件的装备情况。

④ 完成装配后的部件的稳定性。

⑤ 配合件、连接件和基础件的可传输性。

⑥ 装配流程的方向。

⑦ 部件的可检验性。

由于技术上、质量上或经济上的原因，某种装配操作不能实现自动化，就必须考虑自动化装配与手工装配混合的方法。这种混合方式的装配系统（图 2-29）有其突出的优点。

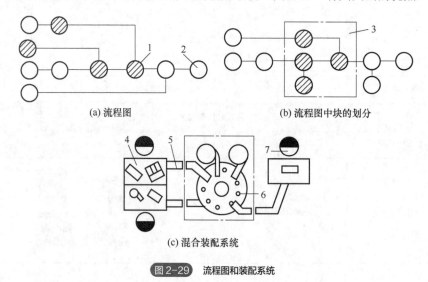

(a) 流程图   (b) 流程图中块的划分

(c) 混合装配系统

图 2-29   流程图和装配系统

1—混合装配系统；2—非自动化装配；3—自动化装配段；4—手工装配工位；5—中间料仓和传送链；

6—自动化装配机；7—工人

2.6   装配工艺过程的确定

2.6.1   自动装配条件下的结构工艺性

自动装配工艺性好的产品结构能使自动装配过程简化，易于实现自动定向和自我检测，简化自动装配设备，保证装配质量，降低生产成本。反之，如果装配工艺性不好，则自动装配质量问题就可能长期难以解决。可靠的解决途径是在产品结构设计时加强工艺性审查，使产品结构最大限度地具有自动装配工艺性。在自动装配条件下，零件的结构工艺性应符合以下三项原则。

（1）便于自动给料

为使零件有利于自动给料，产品的零部件结构应符合以下要求：

① 零件的几何形状力求对称，便于定向处理。

② 如果零件由于产品本身结构要求不能对称，则应使其不对称程度合理扩大，以便自动定向时能利用其不对称性，如重量、外形、尺寸等的不对称性。

③ 将零件的一端做成圆弧形，这样易于导向。

④ 某些零件自动给料时，必须防止其缠在一起。例如，有通槽的零件，宜将槽的位置错开；具有相同内、外锥度表面时，应使内、外锥度不等，以防套入卡死。

（2）有利于零件的自动传送

零件的自动传送，包括从给料装置至装配工位的传送和装配工位之间的传送，其具体要求如下：

① 零件除具有装配基准面外，还需考虑具有装夹基准面，供传送装置装夹和支撑。

② 零部件的结构应带有加工好的面和孔，供传送中定位。

③ 零件应外形简单、规则，尺寸小，重量轻。

（3）有利于自动装配作业

① 零件数量应尽可能少，同时应减少紧固件的数量。

② 零件的尺寸公差及表面几何特征应能保证按完全互换的方法进行装配。

③ 尽量减少螺纹连接，以适应自动装配，如用粘接、过盈连接、焊接等方式代替。

④ 零件上尽可能采用定位凸缘，以减少自动装配中的测量工作，如将压配合的光轴用阶梯轴代替等。

⑤ 零件的材料若为易碎材料，宜用塑料代替。

⑥ 产品的结构应能以最简单的运动把零件安装到基准零件上去，最好是能使零件按同一个方向安装，这样可避免改变基础件的方向，从而减少安装工作量。

⑦ 对于装配时必须调整位置的配合副，在结构上要尽可能考虑有相对移动的条件，如轴在套筒中沿滑动键直接移动，则可采用开槽的方式使轴和套筒相连接。

⑧ 应最大限度地采用标准件和通用件，以便减少机械加工量，加大装配工艺的重复性。

改进零部件装配工艺性的示例见表2-8。为获得较好的技术经济效果，首先要确定合理的指标，经济上可行，技术上先进，再根据零件的结构工艺性，合理地确定装配作业的自动化程度。

表 2-8 改进零部件装配工艺性示例

序号	改进结构的目的、内容	零件结构改进前后对比	
		改进前	改进后
1	有利于自动给料。零件原来的不对称部分改为对称		
2	有利于自动给料。为避免镶嵌，带有通槽的零件，宜将槽的位置错开，或使槽的宽度小于工件的壁厚		
3	有利于自动给料。为防止发生镶嵌，带有内、外锥度的零件，应使内、外锥度不等，以免发生卡死		
4	有利于自动传送。将零件的端面改为球面，使其在传动中易于定向		
5	有利于自动传送。将圆柱形零件的一端加工出装夹面		
6	有利于自动装配作业中的识别。在小孔径处切槽		
7	有利于自动装配作业。将轴一端的定位平面改为环形槽，以简化装配		

序号	改进结构的目的、内容	零件结构改进前后对比	
		改进前	改进后
8	有利于自动装配作业。简化装配，将轴的一端滚花，做成静配合，比光轴装入再用紧固螺钉好		
9	减少工件翻转，尽量统一装配方向		

2.6.2 自动装配工艺设计的一般要求

自动装配的工艺要求比手工装配的工艺要求复杂得多。为使自动装配工艺设计先进可靠、经济合理，在设计中应满足以下要求。

（1）保证装配工作循环的节拍同步

在自动装配设备中，多工位刚性传送系统多采用同步方式，故总是有多个装配工位同时进行装配作业。为使各工位工作协调，并提高装配工位和生产场地的利用率，要求各个装配工位的工作同时开始和同时结束，即要求装配工作的节拍同步。装配工序应力求可分，对于装配工作周期较长的装配工序，可同时占用相邻几个装配工位，使装配工作在相邻几个装配工位上逐渐完成来平衡各个装配工位的工作时间，从而使装配工作循环的节拍同步。

（2）除正常传送外，宜避免或减少装配基础件的位置变动

自动装配过程是将装配件按规定顺序和方向装到装配基础件上。通常装配基础件需要在传送装置上自动传送，并要求在每个装配工位上准确定位。故在装配过程中，应尽量避免或减少装配基础件的翻身、转位、升降等位置变动，以免影响装配过程中的定位精度，并可简化传动装置的结构。

（3）合理选择装配基准面

装配基准面通常应是精加工面或面积大的配合面，同时应考虑装配夹具所必需的装夹面和导向面。只有合理选择装配基准面，才能保证装配定位精度。

（4）对装配件要进行分类

为提高装配自动化程度，必须对装配件进行分类。大多数装配件是一些形状比较规则、容

易分类分组的零件，按几何特性可分为轴类、套类、平板类和小杂件类，每类按尺寸比例又可分为长件、短件、匀称件三组，每组零件又可分为 4 种稳定状态。经分类分组后，采用相应的料斗装置，即可实现多数装配件的自动给料。

（5）关键件和复杂件的自动定向

多数形状规则的装配件可以实现自动给料和自动定向，但少数关键件和复杂件往往不能实现自动给料和自动定向，并且很可能成为自动装配失败的一个原因。为实现这类少数零件的自动定向，一般可参照以下方法。

① 概率法：零件自由落下呈各种位置，将其送到分类口，分类口按零件的几何形状设计，凡能通过分类口的零件即能定向排列。

② 极化法：利用零件的极化，即零件形状和质量的明显差异性，达到定向排列的目的。

③ 测定法：按零件的形状，转化为电气量、气动量或机械量，来确定定向排列。

对于自动定向十分困难的关键件和复杂件，为不使自动定向结构过于复杂，有时以手工定向代替自动定向逐个装入可能更为可靠和经济合理。

（6）易缠绕零件要能进行定向隔离

装配件中的螺旋弹簧、纸箔垫片等都是易缠绕粘连的零件，在装配过程中，要实现对它们的定向隔离，主要方法有以下两种：

① 采用弹射器将绕簧机和装配线衔接，其具体特征为：经上料装置将弹簧排列在斜槽上，再用弹射器将其一个一个地弹射出来，将绕簧机与装配线衔接，由绕簧机绕制出一个弹簧后，用弹射器弹射出来，传送至装配线，不使弹簧相互接触而缠绕。

② 改进弹簧结构的具体的做法是在螺旋弹簧的两端各加两圈紧密相接的簧圈，以防止它们在纵向上相互缠绕。

（7）精密配合副要进行分组选配

自动装配中精密配合副的装配由选配来保证。根据配合副的配合要求，如配合尺寸、重量、转动惯量确定分组选配组数，一般可分 3~20 组。分组越多，配合精度越高，但选配、分组、储料的机构越复杂，占用车间的面积和空间尺寸也越大。因此，除机械式手表因部件多、装配分组也较多外（15~20 组），一般不宜分组过多。

（8）合理确定装配的自动化程度

装配自动化程度的确定是一项十分重要的设计原则，需要根据工艺的成熟程度和实际经济效益确定，具体如下：

① 在螺纹连接工序中，由于多轴工作头对螺纹孔位置偏差的限制较严，往往要求检测和控制拧紧力矩，导致自动装配机构十分复杂。因此，多用单轴工作头，且检测拧紧力矩多用手工操作。

② 形状规则、对称且数量多的装配件易于实现自动给料，故其给料自动化程度较高；复杂件和关键件往往不易自动定向，故自动化程度较低。

③ 装配质量检测和不合格件的调整、剔除等工作的自动化程度较低，可用手工操作，以免自动检测头的机构过分复杂。

④ 品种单一的装配线自动化程度较高，多品种装配线的自动化程度则较低，但随着装配工作头的标准化、通用化程度日益提高，多品种装配的自动化程度也可以提高。

⑤ 对于尚不成熟的工艺，除采用半自动化外，需要考虑手动的可能性；对于采用自动或半自动装配而实际经济效益不显著的工序，可同时采用人工监视或手工操作。

⑥ 在自动装配线上，下列装配工作一般应优先达到较高的自动化程度：

a. 装配基础件的工序间传送，包括升降、摆转、翻身等改变位置的传送。

b. 装配夹具的传送、定位和返回。

c. 形状规则且数量多的装配件的供料和传送。

d. 清洗、平衡、过盈连接、密封检测等工序。

（9）可不断提高装配自动化水平

设计的自动装配线要可扩展，以便于改进完善；设计时要根据具体情况，注意吸收先进技术，如向自动化程度较高的数控装配机或装配中心发展，应用具有触觉和视觉的智能装配机器人等，不断提高装配自动化程度。

2.6.3　装配工艺过程的确定

这个过程需要在不同的水平上分几步进行，是工艺工程师的一项复杂工作。

（1）最高层面上的确定

首先要决定该产品是否适合自动化装配，是专用自动化还是柔性自动化。必须对此作具体分析，甚至要对产品的设计作装配工艺性方面的改进，然后再确定装配过程。这对产品的批量和生产周期起着重要作用。

（2）第二层面上的确定

确定装配工艺过程，其具体任务是确定装配操作的顺序，可以借助于流程图来进行。把各种不同的基本组织形式和装配工艺过程的排列顺序（装配工位）作出图来就产生出装配设备结构的不同变种。

（3）最低层面上的确定

从所要求的功能出发，把装配工艺过程分解到各个实际的组成部分。可以把装配划分为以下 4 个功能范围：

① 前装配辅助功能。属于这一功能范围的有整理、分离、上料、检验，为真正的装配工作装备基础件和配合件。这项工作也包括更换料仓或者把电子元件从传送带或胶黏带上分离出来。

② 装配功能。装配功能涉及几个具体的功能，如抓取、移动、连接（压接、旋入、铆接等），其作用是把两个或多个零件先定位配合然后连接到一起。

③ 后装配功能。已经完成装配的部件或产品必须从装配设备上取走,空的料仓也必须更换。在开始新的装配动作之前往往还要做功能检查。

④ 监控功能。此项功能包括整个装配系统的监测、坐标控制,装配过程控制以及与前仓库和后仓库的信息交换。为了实现这些功能,物流、信息流、能量流是必需的。传输功能完成配合件的供应,送走装配好的部件,这就是物流;物体(零件)在空间的位置和方向信息(信息流),对被装配物体的定位和配合过程是必不可少的。当然,配合和连接过程都离不开力,这就是能量流。

思考题与习题

2-1　简述机器自动化装配与手工装配的异同点。

2-2　自动化装配的典型工作流程有哪些?

2-3　自动装配机械的结构特征有哪些?

2-4　简述自动装配机械的机构组成。

2-5　什么叫自动装配机械的辅助机构? 自动装配机械通常具有哪些辅助机构?

2-6　在自动装配机械中通常采用哪些驱动部件和传动部件?

2-7　在自动装配机械中通常有哪些典型的自动上下料机构?

2-8　在自动装配机械中通常有哪些典型的输送系统?

2-9　装配过程中的自动检测,按作用可以分为哪几类?

2-10　装配自动化生产线中的连接方式有哪些? 并将各种连接方法按照容易实现自动化程度由高到低进行排列。

第3章

装配物料输送系统

本章思维导图

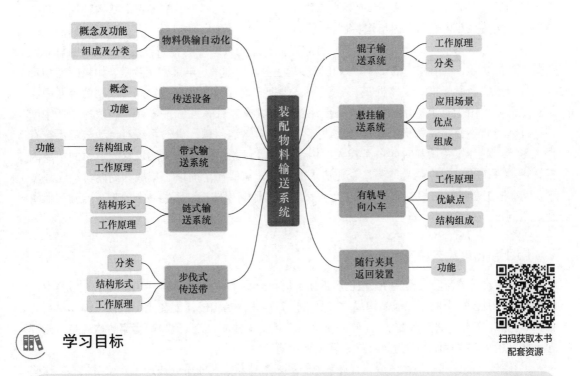

扫码获取本书
配套资源

学习目标

（1）了解物料系统及其功用；

（2）了解物料系统的组成及分类；

（3）了解装配物料输送系统传送设备的概念和功能；

（4）掌握典型的物料输送系统分类；

（5）掌握各物料输送系统的工作原理；

（6）了解各物料输送系统的组成。

传统的手工生产方式中，人工送料效率低、成本高、劳动强度高、危险性大，是国内制造类企业技术改造中的一大难题。为实现从落后的手工生产方式向自动化生产方式的转变，首先就要解决工件的送料问题。有什么方式能提高工件的送料速度吗？

3.1　物料供输自动化

装配工艺的自动化、柔性化，在很大程度上取决于一个好的供料系统。尽管各种上料装置是相对独立的，但它只是整个系统的一部分。因为自动装配要求有较高的生产率，各种装配零件从散装状态到待装状态必须经过一个处理过程，即能在正确的位置、准确的时刻，以正确的空间状态从行列中分离出来，移置到装配机相应工位上。供料系统包括上料装置、输料装置、操纵机构等，对装配零件进行定向整理与规则运动。供料过程与装配零件的结构特性和状态特性有直接关系。装配零件的结构特性指几何形状、尺寸数据、物理特性等；装配零件的状态特性包括静止状态下的稳定性、安全性、可布置性和运动状态下的方向稳定性。供料的可靠性还受零件的质量、清洁程度的影响，如几何形状超差，切削液、电镀残余物等，如果附着物带入供料装置中会引起损坏或停机。对易变形件，须把它们存放在具有一定尺寸限制的容器中，防止底部零件由于自重作用而变形。还要注意解决大公差件、互锁性零件、高敏件、低刚度件、几何形状不稳定及特殊物理化学性质零件的定向输送问题。供料系统对自动装配系统有很大影响，其开发费用和时间占有较大比例，其可靠性是影响自动装配过程故障率的主要因素。供料系统的自动化是当前制造企业追求的目标，需要在全面信息集成和高度自动化环境下，以制造工艺过程的相关知识为依据，高效、合理地利用储运装置将物料准时、准确和保质地运送到位。

（1）物料供输系统及其功用

物流是物料的流动过程。物流按物料性质不同可分为工件流、工具流和配套流三种。其中，工件流由原材料、半成品和成品构成；工具流由刀具和夹具构成；配套流由托盘、辅助材料和备件等构成。在自动化制造系统中，物料供输系统是指工件流、工具流和配套流的移动与存储，它主要完成物料的存储、输送、装卸、管理等功能。

① 存储功能。在制造系统中，有许多物料处于等待状态，即不处在加工和使用状态，这些物料需要存储和缓存。

② 输送功能。完成物料在各工作地点之间的传输，满足制造工艺过程和处理顺序的需求。

③ 装卸功能。实现加工设备及辅助设备上下料的自动化，以提高劳动生产率。

④ 管理功能。物料在输送过程中是不断变化的，因此需要对物料进行有效的识别和管理。

（2）物料供输系统的组成及分类

物料供输系统的组成及分类如图 3-1 所示。

① 单机自动供料装置。完成单机自动上下料任务，由储料器、隔料器、上料器、输料槽、定位装置等组成。

② 自动线输送系统。完成自动线上的物料输送任务，由各种输送系统、通用悬挂小车、有轨导向小车及随行夹具返回装置等组成。

③ FMS 物流系统。完成 FMS 物料的传输，由自动导向小车、积放式悬挂小车、积放式有轨导向小车、搬运机器人、自动化仓库等组成。

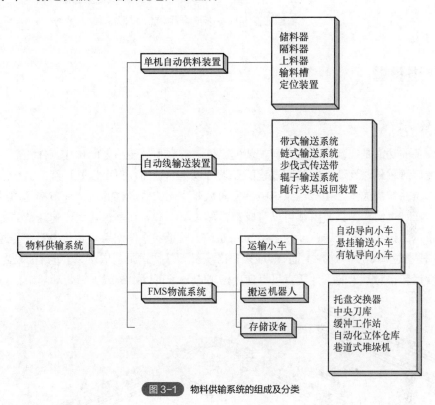

图 3-1　物料供输系统的组成及分类

（3）物料供输的生产能力

可以用以下几个标准来说明。

① 零件方面：零件整理的程度、运动特性等。

② 空间方面：到连接位置的可通过性等。

③ 运动方面：运动的数量和方向等。

④ 操作方面：连接表面的数量、操作力等。

⑤ 数量方面：给料的数量和节奏，如图 3-2 所示。

（4）物料供输系统应满足的要求

① 应实现可靠、无损伤和快速的物料流动。

② 应具有一定的柔性，即灵活性、可变性和可重组性。

③ 能够实现"零库存"生产目标。

④ 采用有效的计算机管理，提高物料供输系统的效率，减少建设投资。

⑤ 应具有可扩展性、人性化和智能化。

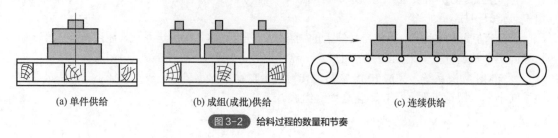

(a) 单件供给　　　　(b) 成组(成批)供给　　　　(c) 连续供给

图 3-2　给料过程的数量和节奏

3.2　传送设备

（1）传送设备

传送设备的功能是在装配工位之间、装配工位与料仓和中转站之间传送工件托盘、基础件和其他零件。这种传送运动根据装配过程的要求可以是间歇的，也可以是连续的。传送设备的集中程度影响系统的成本。在传送系统中，方向需要变化的传送链的每个环节都是通过万向接头连接的，在水平面和垂直面内都可以弯成圆弧形（图 3-3）。在垂直传送时传送链的某些环节上装有携带爪。传送链的传送速度为 5~60m/min。小质量的零件使用双带传送系统传送是很可靠的。工件托盘位于两股传送带上面，装配操作时一般要从传送带上取下来。负荷极限为 30kg，传送带连续运转。对于大的工件托盘可以使用滚道，辊子可以由链或平带带动。

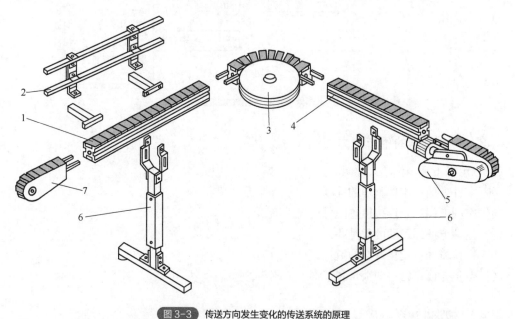

图 3-3　传送方向发生变化的传送系统的原理

1—聚缩醛塑料制成的链节；2—传送平带或工件托盘的导轨；3—圆弧导轮；4—传送链的成型导轨；

5—电动机、蜗杆蜗轮传动单元；6—支架；7—换向单元

连接设备的安置可以根据装配系统的具体要求采用顶置式、下置式或通过式传送系统。结构形式一经确定，传送运动的方式也就基本确定了。

（2）传递设备

把仓库、传送系统和装配机械连接起来需要一定的设备，该类设备用来自动地传送工件、工件托盘和部件，称为传递设备。传递过程的主要功能有：换位、传递，在某些情况下还包括临时储存。换位就是指物体的运动，与耦合对象脱开。传递就是在传送系统内部从一段变换到另外一段。为了使工件托盘与原来的传送段分离就需要一个传递单元，传递单元从一个传送段接收工件托盘并把它遣送到另一个横向运动的传送段，工件托盘从那里获取能量沿横向继续运动。

在选择传递设备时必须说明在质量和数量方面的要求：

① 连接单元的参数，如尺寸，外形，质量，体积，工件的可叠性、敏感性和包装密度。

② 地点和路径参数，如来源地，目的地，两地之间的高度差和距离，最小路径宽度，可使用的能量。

③ 功率参数，如传递效率、运动速度、每分钟件数等。

（3）辅助系统

辅助系统是具有补充功能的设备，它们可以保证物料系统的畅通。回转单元、转向单元和往复运动单元也都属于辅助系统。转向单元或用在一条装配线中间，使一直压在下面的面翻到上面来，或用在装配线末以包装产品。对于较大的平面型产品，适宜采用吸盘来抓取。如果是敏感的表面（易损坏），还可以在吸盘和工件表面之间衬一层柔软透气的织物。

3.3 带式输送系统

带式输送系统是一种利用连续运动和具有挠性的输送带来输送物料的输送系统。带式输送系统如图 3-4 所示，它主要由输送带、驱动装置、传动滚筒、托辊、张紧装置等组成。输送带是一种环形封闭形式，它兼有输送和承载两种功能。传动滚筒依靠摩擦力带动输送带运动，输送带全长靠许多托辊支撑，并且由张紧装置拉紧。带式输送系统主要输送散状物料，也能输送单件质量不大的工件。

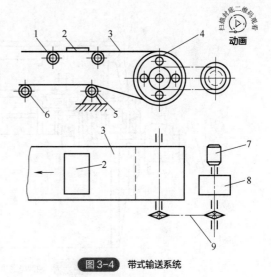

图 3-4 带式输送系统

1—上托辊；2—工件；3—输送带；4—传动滚筒；5—张紧轮；6—下托辊；7—电动机；8—减速器；9—传动链条

（1）输送带

根据输送的物料不同，输送带可采用橡胶带、塑料带、绳芯带、钢网带等，而橡胶带按用途又可分为强力型、普通型、轻型、井巷型和耐热型 5 种，表 3-1 所示为橡胶带的主要品种。输送带两端可使用机械接头、冷粘接头和硫化接头连接。机械接头的强度仅为带体强度的 35%~40%，故应用日渐减少。冷粘接头的强度可达带体强度的 70%左右，应用日趋增多。硫化接头的强度能达到带体强度的 85%~90%，接头寿命最长。输送带的宽度应比成件物料的宽度大 50~100mm，物料对输送带的比压应小于 5kPa。

表 3-1　橡胶带的主要品种

品种	带宽/mm							带芯强度 / [N/ (cm/层)]	工作环境温度 /℃	物料最高温度 /℃
普通型	400	500	650	800	1000	1200	1400	560	−10~40	50
耐热型	400	500	650	800	1000	1200	1400	560	−10~40	120
维纶芯	650	800	1000	1200	1400			1400	−5~40	50

输送带的速度与制造系统的输送能力密切相关，设输送能力为 Q（kg/h），则对于成件物料有

$$Q = \frac{Gv}{l}$$

式中，G 为成件物料单个质量，kg；l 为成件物料间距（包括自身长度），m；v 为输送带的速度，m/s，一般 v 取 0.8m/s 以下。

（2）滚筒及驱动装置

滚筒分为传动滚筒和改向滚筒两大类。传动滚筒与驱动装置相连，其外表面可以是金属表面，也可包上橡胶层来增加摩擦因数。改向滚筒用来改变输送带的运行方向和增加输送带在传动滚筒上的包角。驱动装置主要由电动机、联轴器、减速器和传动滚筒等组成。输送带通常在有负载下启动，因此应选择启动力矩大的电动机。减速器一般可采用蜗轮减速器、行星摆线针轮减速器或圆柱齿轮减速器。将电动机、减速器、传动滚筒做成一体的滚筒称为电动滚筒。电动滚筒是一种专为输送带提供动力的部件，如图 3-5 所示。

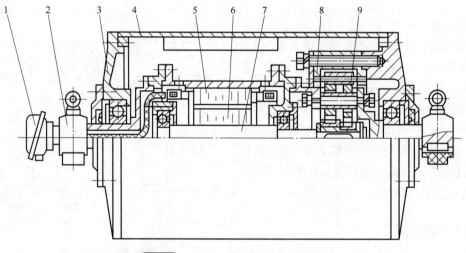

图 3-5　油浸电动机摆线针轮传动电动滚筒

1—接线盒；2—支座；3—端盖；4—筒体；5—电动机定子；6—电动机转子；7—轴；8—针轮；9—摆线轮

（3）托辊

带式输送系统常用于远距离输送物料，为了防止物料重力和输送带自重造成的带下垂，须在输送带下安置许多托辊。托辊的数量依带长而定，输送大件成件物料时，上托辊间距应小于成件物料在输送方向上的尺寸之半，下托辊间距可取上托辊间距的 2 倍左右。托辊结构应根据所输送物料的种类来选择，图 3-6 所示为常见的几种托辊结构形式。托辊按作用分为承载托辊 ［图 3-6（a）～（c）］、空载托辊 ［图 3-6（d）～（f）］ 和调心托辊 ［图 3-6（g）～（i）］。

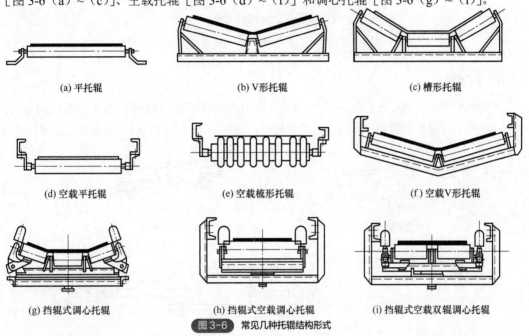

(a) 平托辊　　(b) V形托辊　　(c) 槽形托辊
(d) 空载平托辊　　(e) 空载梳形托辊　　(f) 空载V形托辊
(g) 挡辊式调心托辊　　(h) 挡辊式空载调心托辊　　(i) 挡辊式空载双辊调心托辊

图 3-6　常见几种托辊结构形式

（4）张紧装置

张紧装置的作用是使输送带产生一定的预张力，避免带在传动滚筒上打滑；同时控制输送带在托辊间的挠度，以减小输送阻力。张紧装置按结构特点分为螺杆式、弹簧螺杆式、坠垂式、绞车式等。图 3-7 所示为坠垂式张紧装置，它的张紧滚筒装在一个能在机架上移动的小车上，利用重锤拉紧小车，这种张紧装置可方便地调整张紧力的大小。

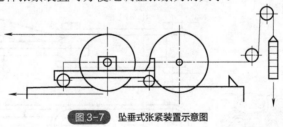

图 3-7　坠垂式张紧装置示意图

3.4　链式输送系统

链式输送系统由链条、链轮、电动机、减速器和联轴器等组成，如图 3-8 所示。长距离输送的链式输送系统应增加张紧装置和链条支撑导轨。

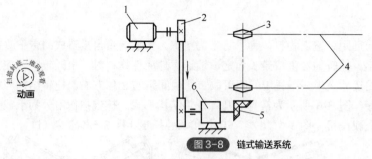

图 3-8　链式输送系统

1—电动机；2—带；3—链轮；4—链条；5—锥齿轮；6—减速器

（1）链条

输送链条有弯片链、套筒滚柱链、叉形链、焊接链、可拆链、履带链、齿形链等结构形式，如图 3-9 所示。与传动链相比，输送链链条较长，重量大。一般将输送链的节距设计成普通传

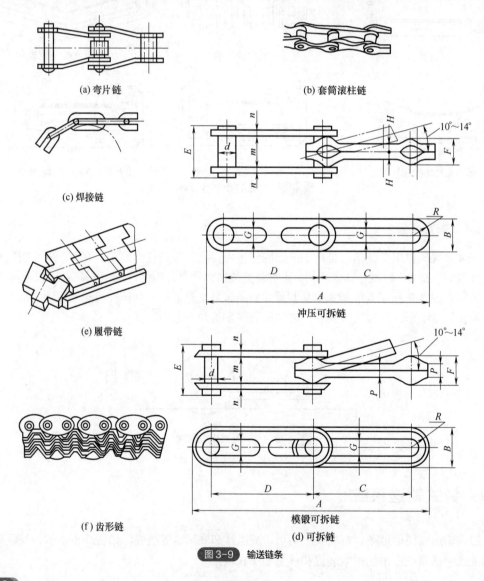

(a) 弯片链　　　　　　　　　(b) 套筒滚柱链

(c) 焊接链

(e) 履带链

冲压可拆链

(f) 齿形链

模锻可拆链

(d) 可拆链

图 3-9　输送链条

动链的 2 倍或 3 倍以上，这样可以减少铰链个数，减轻链条重量，提高输送性能。在链式输送系统中，物料一般通过链条上的附件带动前进。附件可用链条上的零件扩展而形成，同时可以配置二级附件（如托架、料斗、运载机构等）。

（2）链轮

链轮的基本参数、齿形及公差、齿槽形状、轴向齿廓、链轮公差等依据国家标准 GB/T 8350—2008《输送链、附件和链轮》设计。链轮齿数 Z 对输送链性能的影响较大，Z 太小，会使链条运行平稳性变差，而且会使冲击、振动、噪声和磨损加大；Z 过大，则会导致机构庞大。一般 $Z_{min}=120$。

3.5 步伐式传送带

步伐式传送带有棘爪式、摆杆式等多种形式。图 3-10 所示为棘爪步伐式传送带，它能完成向前输送和向后退回的往复动作，实现工件的单向输送。传送带由首端棘爪 1、中间棘爪 2、末端棘爪 3 和上、下侧板 4、5 等组成。传送带向前推进工件时，棘爪 2 被销子 7 挡住，带动工件向前移动一个步距；传送带向后退时，棘爪 2 被后一个工件压下，在工件下方滑过；棘爪 2 脱离工件时，在弹簧的作用下又恢复原位。传送带在输送速度较高时易导致工件的惯性滑移，为保证工件的终止位置准确，运行速度不能太高。要防止切屑和杂物掉在弹簧上，否则弹簧会卡死，造成工件输送不顺利。注意，棘爪保持灵活，当输送较轻的工件时，应换成刚度较小的弹簧。

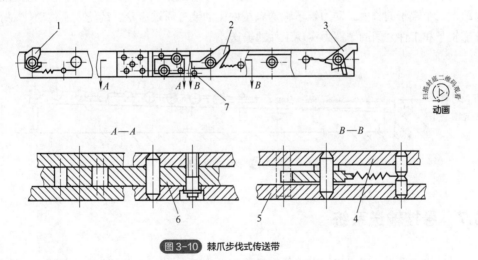

扫描封底二维码观看
动画

图 3-10 棘爪步伐式传送带

1—首端棘爪；2—中间棘爪；3—末端棘爪；4—上侧板；5—下侧板；6—连板；7—销子

为了克服棘爪步伐式传送带的缺点，可采用如图 3-11 所示的摆杆步伐式传送带，它具有刚性棘爪和限位挡块。输送摆杆除做前进、后退的往复运动外，还需做回转摆动，以便使棘爪和挡块回转到脱开工件的位置，当返回后转至原来位置，为下一步伐做好准备。这种传送带可以保证终止位置准确，输送速度较高，常用的输送速度为 20m/min。

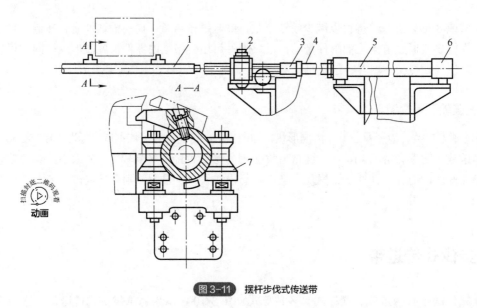

图 3-11　摆杆步伐式传送带

1—输送摆杆；2—回转机构；3—回转接头；4—活塞杆；5—驱动液压缸；6—液压缓冲装置；7—支撑辊

3.6　辊子输送系统

　　辊子输送系统是利用辊子的转动输送工件的输送系统，一般分为无动力辊子输送系统和动力辊子输送系统两类。无动力辊子输送系统依靠工件的自重或人的推力使工件向前输送，其中自重式沿输送方向略向下倾斜，如图 3-12 所示。工件底面要求平整坚实，工件在输送方向应至少跨过三个辊子的长度。动力辊子输送系统由驱动装置通过齿轮、链轮或带传动使辊子转动，依靠辊子和工件之间的摩擦力实现工件的输送。

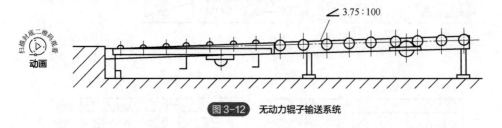

图 3-12　无动力辊子输送系统

3.7　悬挂输送系统

　　悬挂输送系统适用于车间内成件物料的空中输送。悬挂输送系统节省空间，且更容易实现整个工艺流程的自动化。悬挂输送系统分为通用悬挂输送系统和积放式悬挂输送系统两种。通用悬挂输送系统由牵引件、滑架小车、吊具、轨道、张紧装置、驱动装置、转向装置和安全装置等组成，如图 3-13 所示。积放式悬挂输送系统与通用悬挂输送系统相比有下列区别：牵引件与滑架小车无固定连接，两者有各自的运行轨道；有岔道装置，滑架小车可以在有分支的输送线路上运行；设置停止器，滑架小车可在输送线路上的任意位置停车。

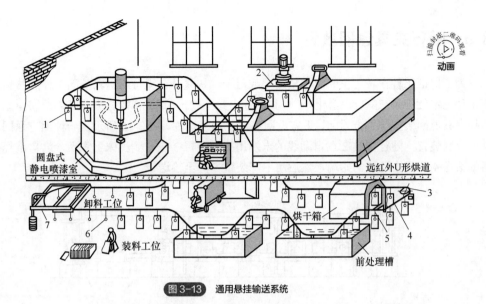

图 3-13 通用悬挂输送系统

1—工件；2—驱动装置；3—转向装置；4—轨道；5—滑架小车；6—吊具；7—张紧装置

3.8 有轨导向小车

有轨导向小车（Rail Guided Vehicle，RGV）是依靠铺设在地面上的轨道进行导向并运送工件的输送系统。RGV 具有移动速度大、加速性能好、承载能力大的优点；其缺点是轨道不宜改动、柔性差、车间空间利用率低、噪声大。图 3-14 所示为一种链式牵引的有轨导向小车，它由牵引链条、载重小车、轨道、驱动装置、张紧装置等组成。在载重小车的底盘前后各装一个导向销，地面铺设一条有轨道的地沟，小车的导向销嵌入轨道中，保证小车沿着轨道运动。小车前面的导向销除导向外，还作为牵引销牵引小车移动。牵引销可上下滑动，当牵引销处于下位时，由牵引件带动小车运行；当牵引销处于上位时，其脱开牵引件推爪，小车停止运行。

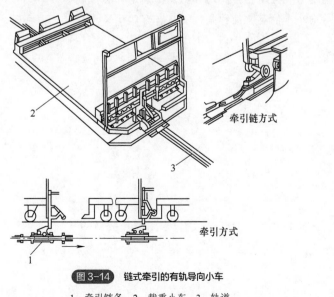

图 3-14 链式牵引的有轨导向小车

1—牵引链条；2—载重小车；3—轨道

3.9 随行夹具返回装置

为了保证工件在各工位的定位精度，或对于结构复杂、无可靠运输基面工件的传输，一般将工件先定位夹紧在随行夹具上，工件和随行夹具一起传输，这样随行夹具必须返回原始位置。随行夹具返回装置分上方返回、下方返回和水平返回三种。图 3-15 所示为一种上方返回的随行夹具返回装置，随行夹具 2 在自动线的末端用提升装置 3 提升到机床上方后，靠自重经一条倾斜的滚道 4 返回自动线的始端，然后用下降装置 5 降至输送带 1 上。

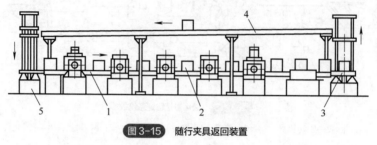

图 3-15 随行夹具返回装置

1—输送带；2—随行夹具；3—提升装置；4—滚道；5—下降装置

思考题与习题

3-1 供料系统包括哪几部分？其作用是什么？

3-2 按物料性质不同，物流可以分为哪几种？每一种由哪几类构成？

3-3 带式输送系统由哪些结构部分组成？

3-4 带式输送系统中托辊的作用是什么？

3-5 带式输送系统中张紧装置的作用及分类有哪些？

3-6 辊子输送系统分为哪两类？这两类辊子输送系统的工作原理是什么？

3-7 悬挂输送系统应用在哪些场合？其优点是什么？

3-8 有轨导向小车的英文简称是什么？有哪些优缺点？其工作原理是什么？

第 4 章

振盘送料装置

本章思维导图

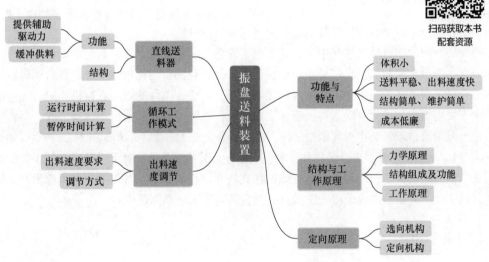

扫码获取本书
配套资源

学习目标

（1）掌握振盘送料装置的功能及特点；

（2）掌握振盘的结构与工作原理；

（3）掌握振盘的定向原理及典型的选向与定向机构；

（4）掌握直线送料器的结构与功能；

（5）掌握振盘的工作循环模式。

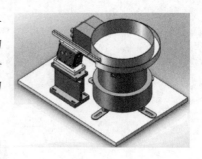

对工件自动送料及自动化输送是实施自动化生产的第一步。而振盘是解决自动送料问题的重要方法之一，是一种自动组装机械的辅助设备，能把各种产品有序排出来，它可以配合自动组装设备一起将产品各个部位组装起来成为一个完整的产品。

4.1 振盘的功能与特点

什么是振盘呢？没有从事过自动机械设计或没有在相关自动机械的工厂实践过的读者一定会对此感到陌生。振盘在工程上也称振动盘、振动料斗，其功能就是将料斗内集中放置、姿态方向杂乱无章的工件按规定的方向连续地自动输送到装配部位或暂存取料部位，即完成自动输送、自动定向工作。它大多是一种形状像倒锥形的盘状或圆柱形的容器，如图 4-1 所示。在其圆锥面或圆柱面的内侧设置有从容器底部逐渐延伸到顶部的螺旋导料槽，在螺旋导料槽的顶端沿切向设置一条供工件通行的输料槽。容器内一次倒入很多工件，因而工件的姿态方向是杂乱无章的。接通电源开始工作后，工件在圆周方向的振动驱动力作用下沿螺旋导料槽自动向上爬行，

图 4-1 典型的倒锥形振盘外形

最后经过外部的输料槽自动输送装配部位或暂存取料位置。

振盘广泛应用在自动化生产中，尤其是电子元器件、连接器、开关、继电器、仪表、五金等行业产品的自动化装配，也广泛应用于医药、食品行业的自动化包装生产，是自动机械中最基本的自动送料方式。在小型工件的自动化装配场合，设计工件的自动送料机构时首先考虑的就是能否采用振盘来进行自动送料，除非很难实现，否则不考虑其他自动送料方式。振盘的送料对象一般为质量较轻的小型或微型工件，如小型五金件（如螺钉、螺母、铆钉、弹簧、轴类、套管类等）、小型冲压件、小型塑胶件、电子元器件、医药制品等。对于质量较大的工件一般不采用振盘，而采用其他自动送料方式，如搅拌式料仓、机械手等。对于上述方式都很难实现自动送料的工件，则最后考虑采用人工送料。振盘具有以下一系列优点。

（1）体积小

在自动机械中，空间是非常重要的因素，因为设备包含很多不同的模块，要在较小的空间内实现众多的机构存在一定的困难。而圆柱形状的振盘不仅占用的体积较小，排布方便，而且由于它是通过输料槽与设备相连接的，因而在空间的布置方面还具有非常大的柔性。它可以根据需要布置在各种可能的位置，可利用设备上各种剩余空间，在高度方向上也很灵活，甚至多个振盘可以上下安排在一起。

（2）送料平稳，出料速度快

生产效率是自动机械的重要指标之一，要保证自动机械的高生产效率，设备的节拍时间必须很短。在现代化的生产条件下，自动机械的节拍时间越来越短，作为装配工序动作之一的振盘出料速度必须比机器的节拍更快。振盘具有较高的出料速度，一般振盘的出料速度为 200～300

件/min，最高可达 500 件/min。

（3）结构简单，维护简单

振盘是一种非常成熟的自动送料装置，在自动化工程中已经有几十年的应用历史，在各种行业都有大量的工程应用。它的结构也非常简单，工件种类和数量都较少，性能稳定可靠，长期工作基本不需要太多的维护。

（4）成本低廉

振盘的结构比较简单，因而制造成本低廉，早期国内的振盘大多需要从国外专门订制，采购价格较高，但目前已基本实现国产化。

振盘的不足之处是在运行中会产生一定的振动噪声，这在全自动化的生产车间可能影响较小，但在具有人工辅助生产的半自动化专机或半自动化生产线上则会降低工作环境的舒适性。为减小噪声，有些场合下将带有振盘的整台自动化专机或振盘部分用专用的有机玻璃封闭罩与周围环境隔开，以改善工作环境，如图 4-2 所示。在现场的工人工作时也必须戴上防护耳罩。

图 4-2　将专机或振盘用有机玻璃罩封闭隔离降低噪声

4.2　振盘的结构与工作原理

（1）振盘的力学原理

振盘的两个基本功能就是自动送料功能和自动定向功能。将振盘的结构简化为图 4-3 所示的简单力学模型，电磁铁 5 与衔铁 4 分别安装、固定在输料槽 2 和底座 6 上。220V 交流电压经半波整流后输入到电磁线圈，在交变电流作用下，铁芯与衔铁之间产生高频率的吸、断动作。两根相互平行且与竖直方向有一定倾角 β、由弹簧钢制作的板弹簧分别与输料槽、底座用螺钉连接，由于板弹簧的弹性，线圈与衔铁之间产生的高频率吸、断动作将导致板弹簧产生一个高频率的弹性变形-弹性变形回复的循环动作，变形回复的弹力直接作用在输料槽上，实际上给输料槽一个高频的惯性作用力。由于输料槽具有倾斜的表面（与水平面方向成倾角 α），在该惯性作用力的作用下，输料槽表面的工件沿斜面逐步向上移动。由于电磁铁的吸、断动作频率很高，所以工件在这种高频率的惯性作用力驱动下慢慢沿斜面向上移动，这就是振盘自动送料的原理。实际的振盘是沿圆周方向设计了均匀分布的三根板弹簧，而上述力学模型为了分析的方便，将振盘简化并展开成在一个平面上两根平行的板弹簧。理解了上述力学模型后，就很容易理解实际的振盘结构及其工作原理。

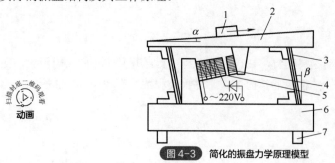

图4-3 简化的振盘力学原理模型

1—工件；2—输料槽；3—板弹簧；4—衔铁；5—电磁铁；6—底座；7—减振橡胶垫

（2）振盘的结构

实际振盘的结构一般是带倒锥形料斗或圆柱形料斗的结构，分别如图4-4、图4-5所示。

① 倒锥形振盘。图4-4所示的带倒锥形料斗的振盘一般用于形状具有一定的复杂性、需要经过多次方向选择与调整才能将工件按需要的方向送出的场合，这样工件必须通过的路径就较长，所以倒锥形的料斗就是为了有效加大工件的行走路径。这类振盘适用的工件范围较宽，料斗直径一般为300~700mm，工件形状越复杂，料斗的直径也会越大。在某些特殊场合，料斗的直径可以达到1~2m。这种倒锥形料斗一般采用不锈钢板材制作（如SUS304），也可用铸铝合金制作，由于定向轨道较长，供料充足，出料速度高，所以适合工件的高速送料。

② 圆柱形振盘。图4-5所示带圆柱形料斗的振盘一般用于工件形状简单而规则、尺寸较小的微小工件场合，如螺钉、螺母、铆钉、开关或继电器行业的银触头等。上述工件的形状比较简单，很容易进行定向，工件所需要的行走路径也较短，因而料斗的直径一般也较小，为100~300mm。这种料斗连同内部的螺旋轨道一般用NC机床直接加工出来，材料通常用铸造铝合金制作，制造成本低廉。

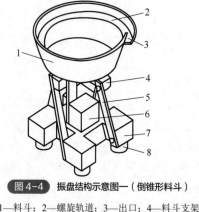

图4-4 振盘结构示意图一（倒锥形料斗）

1—料斗；2—螺旋轨道；3—出口；4—料斗支架；
5—板弹簧；6—电磁铁；7—底座；8—减振垫

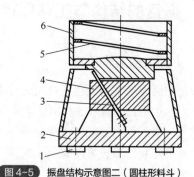

图4-5 振盘结构示意图二（圆柱形料斗）

1—减振垫；2—底座；3—板弹簧；4—电磁铁；
5—螺旋轨道；6—料斗

③ 主要结构部件及功能。振盘的主要结构部件及功能分为：

a. 底座。支撑件。

b. 减振垫。减振，将振盘的振动与安装支架隔离，通常采用橡胶材料加工。

c. 板弹簧。产生交变的弹性变形与变形回复，使料斗产生高频的扭转式振动。

d. 电磁铁。驱动元件，产生高频的吸、断动作，使板弹簧产生高频率的弹性变形与变形回复动作。

e. 料斗。容器，集中装储工件。

f. 螺旋轨道及定向机构。工件的运动轨道，工件从料斗底部开始沿轨道向上爬行，其间需要经过在螺旋轨道上设计安装的系列定向、选向机构，对工件完成定向与选向动作，保证工件最后按要求的姿态方向输出。

g. 输料槽。完成定向的工件排队输出，以便后续机构对工件进行拾取、装配、加工等工作。

h. 控制器。也称为调速器，用于对振盘的出料速度进行调节，一般固定在振盘本体的外侧，也可以安装在设备的其他部位。

在振盘的实际制造过程中，一般是分为两个独立的部分单独生产的，一部分为下方的振动本体，另一部分为上方的料斗。选向、定向机构是在料斗基础上添加（如焊接）到螺旋轨道上去的。由于工件的供给速度随工件与螺旋轨道之间的摩擦系数增加而增大，所以料斗的表面一般需要进行表面处理，如喷漆、喷脂、喷塑等。一方面防止工件在料斗内脆裂、划伤，保护工件；另一方面，因为橡胶或塑料具有减振、缓冲、耐磨的作用，可以降低或消除工件与料斗之间碰撞时产生的噪声。

（3）振盘的工作原理

振盘结构中的三根板弹簧与水平方向按相同角度安装，上下端分别与料斗及底座相连接，并在圆周方向上均匀分布。由于板弹簧的弹性，线圈与衔铁之间产生的高频吸、断动作使板弹簧对料斗产生一个高频的惯性作用力，该作用力方向为沿垂直于板弹簧的方向倾斜向上，该作用力在竖直方向的分力将促使料斗在竖直方向进行振动。

由于三根板弹簧在圆周方向上均布，不是安装在一个平面内，因而各板弹簧对料斗产生的高频惯性作用力在圆周方向上形成一个高频扭转力矩，该高频扭转力矩对料斗产生一个圆周方向的惯性作用力，该惯性作用力又通过工件与螺旋轨道之间的静摩擦力作用在工件上，在这种摩擦力的作用下，工件克服自身重力沿螺旋轨道爬行上升。

工件在上述高频惯性作用力、摩擦力、重力的综合作用下，沿振盘内的螺旋轨道不断向上爬行，当经过相关的选向机构时，符合要求姿态方向的工件会被允许继续前行，不符合要求姿态方向的工件则被挡住下落到料仓的底部再重新开始爬行上升。

由于工件的通过率直接影响到振盘的出料速度，为了提高工件的一次通过率，以提高振盘的出料速度，在螺旋轨道上通常除设计上述选向机构外，还设计一系列定向机构，对工件的姿态方向进行一定的纠正，使不符合姿态方向要求的工件通过一定的措施纠正为正确的姿态方向。通过上述选向机构与定向机构后的工件，最后在输料口按规定的姿态方向连续送出。

4.3　振盘的定向原理

（1）选向机构

选向机构的作用类似螺旋轨道上的一系列关卡，对每一个经过该机构的工件姿态方向进行检查，姿态方向符合要求的工件才能继续通行。由于工件爬行时的姿态方向是随机的，必然有许多姿态方向不符合要求的工件，这些工件在经过选向机构时会受到选向机构的阻挡而无法通行，但工件又受到振盘的振动驱动力不断向上运动，最后这些工件只能从螺旋轨道上落下，掉入料斗底部重新开始沿螺旋轨道向上爬行。或者使姿态方向不符合要求的工件从螺旋轨道上某些特殊设计的漏孔中掉入料斗底部，只有姿态方向符合要求的工件才能通过各种选向机构最后到达输料槽的出口。

选向机构的作用实际上就是对各种姿态方向的工件进行筛选，当各种姿态方向的工件经过该机构时，让姿态方向符合要求的工件通过并继续向上前进。选向机构是对工件姿态方向进行被动地选择。工程上常用的选向机构有缺口、挡块或挡条。

1）选向机构实例一

图 4-6 所示为某振盘螺旋轨道上的选向机构。在以随机姿态方向沿螺旋轨道向上运动的工件中，选取三个最具代表性的工件 2、4、5，分析它们被选向机构选择姿态方向的过程。

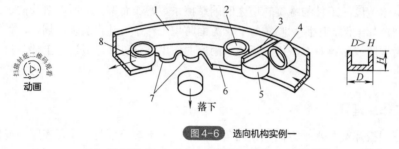

图 4-6　选向机构实例一

1—料斗壁；2，4，5，8—工件；3—挡条；6—螺旋轨道；7—选向缺口

① 工件是一种直径为 D、高度为 H 的圆套类工件，开口为沉孔，自动化专机要求工件最后以开口向上的方向自动送出振盘输料槽。

② 在振盘螺旋轨道上设置有两种选向机构：挡条 3、缺口 7。挡条 3 设置在螺旋轨道的上方，挡条与螺旋轨道之间的空间高度比工件高度 H 稍大，刚好能让工件以平放的姿态通过。所以工件 2、5 都可以通过挡条 3 继续向前运动。

③ 如果工件以竖直姿态运动（如工件 4）到达挡条 3 时，由于此时工件的有效高度为 D，大于挡条 3 下方的空间高度，工件无法从挡条 3 下方通过。对于这种无法通过的工件必须让其回到料斗的底部重新开始向上振动爬行，所以挡条 3 是按以下技巧进行设置的。

挡条 3 不是与该处螺旋轨道的切线方向（即工件的运动方向）垂直的，而是倾斜的，越靠振盘中心的一侧，挡条越向工件运动方向前方倾斜，这样可以使工件边向前运动边向振盘中心一侧移动，直到最后从螺旋轨道上落下掉入料斗底部，这就是挡条的选向过程。显然只有直径 D 及高度 H 满足 $D>H$ 关系的工件才能这样选向。

④ 当工件以卧式姿态运动到挡条 3 时（如工件 2、5），由于工件有效高度小于挡条 3 下方的空间高度，所以工件可以从挡条下通过。

由于工件的孔是不对称结构，所以还必须对工件进行二次选向，只让开口向上的工件（如工件 2）继续向前运动直至振盘出口，而开口向下的工件（如工件 5）不符合要求的姿态，必须让其从螺旋轨道上落下掉入料斗底部重新开始向上振动爬行。

⑤ 为了使以卧式姿态运动但开口向下的工件落下掉入料斗底部，在螺旋轨道上挡条 3 的前方设置了两处机构，针对工件的形状专门设置了两个部分环形的缺口 7。这种缺口的形状是针

对工件的形状及直径尺寸特殊设计的，如到达此处的工件 5 下方为圆孔结构，该工件经过此处刚好使工件的外侧悬空，在工件重力的作用下，工件的重心会发生偏移，这样工件就向振盘中心一侧落下掉入料斗底部。但上述缺口不会给姿态方向符合要求（即开口朝上）的工件带来任何影响，开口向上的工件（如工件 2）仍然可以顺利通过上述缺口。

2）选向机构实例二

图 4-7 所示为某振盘螺旋轨道上的选向机构。工件为轴类形状，两端直径不同，要求工件最后以大端向上的姿态方向从振盘输送出来。图 4-7 所示机构同时利用了挡条与缺口进行选向。

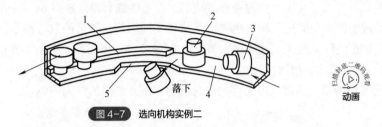

图 4-7　选向机构实例二

1—选向挡条；2、3—工件；4—螺旋轨道；5—选向缺口

① 图 4-7 在设计上充分利用了工件形状上的差异，在螺旋轨道 4 上设置一段特殊设计的挡条 1，同时在该部位沿振盘中心一侧设置一段缺口 5。当工件以小端朝下的要求姿态运动至此时，由于在惯性离心力的作用下工件始终是靠振盘外侧方向运动的，因此，这种以小端朝下姿态前进至此的工件紧靠挡条向前运动，可以顺利通过缺口 5。

② 当工件以大端向下的姿态（如工件 2）运动至此时，由于缺口 5 的存在，工件下方一部分平面被悬空，在工件自身重力的作用下，工件向振盘中心一侧翻倒，掉入料斗底部重新开始振动爬行。

③ 当工件以圆柱面与螺旋轨道接触的姿态（如工件 3）运动至此时，由于缺口 5 和挡条 1 的存在，工件重心与螺旋轨道支撑面同样存在偏移，在重力作用下，工件也会向振盘中心一侧翻倒，掉入料斗底部重新开始振动爬行。

3）选向机构实例三

图 4-8 所示为另一种工件选向机构实例。工件为细长圆柱形，直径 D 小于高度 H，要求工件以图示的卧式姿态方向送出振盘。在图 4-8 中，工件可以多种姿态沿螺旋轨道向前运动，可以按姿态分为两类：卧式姿态和立式姿态。

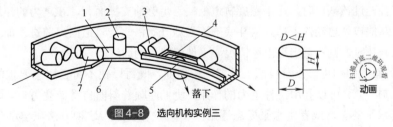

图 4-8　选向机构实例三

1—螺旋轨道；2、3、7—工件；4—选向漏孔；5—选向挡条；6—选向缺口

① 以立式姿态运动的工件不符合要求的姿态，所以此类姿态的工件都必须筛掉，使其返回料斗底部重新振动爬行。为此在螺旋轨道上靠料斗壁一侧专门设计了选向槽形漏孔 4，当此类姿态的工件经过漏孔时，由于漏孔的宽度大于工件的直径，而且工件运动时因为惯性离心力的

作用始终沿料斗壁一侧运动，所以当工件经过槽形漏孔 4 时会从孔中自动落下，掉入振盘料斗底部重新振动爬行。

② 以卧式姿态运动的工件中，仍然可能有多种姿态，还要继续从多种姿态方向的工件中将不符合要求姿态的工件筛掉。其中，以卧式姿态运动、工件的轴线与振盘径向垂直的工件经过槽孔时仍然可以从孔中自动落下。

③ 虽然以卧式姿态前进，但姿态方向不是严格符合工件 3 所示的正确姿态时（如工件 7），这样的工件运动至选向缺口 6 时会因为重心的偏移在该处翻倒，自动掉入振盘料斗底。

最后只有以工件 3 那样的姿态运动的工件才能顺利通过缺口 6、选向漏孔 4，由挡条 5 和料斗壁组成的槽形空间进入输料槽输出。挡条 5 的形状是弧形的且与料斗壁平行，挡条与料斗壁之间的槽形空间宽度比工件长度 H 稍大，刚好可以让工件以要求的姿态运动通过。

4）选向机构实例四

图 4-9 所示为某圆盘形工件的选向机构实例，工件形状为一侧带凸台的圆盘，要求工件送出时以凸台向下的水平姿态输出。

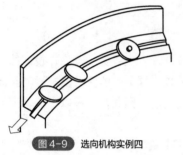

图 4-9 选向机构实例四

① 根据工件的具体形状特征，在螺旋轨道中将其中一段设置为倾斜的结构。该段倾斜的轨道与两端的水平轨道之间平缓过渡，当凸台朝上的工件经过这段倾斜的螺旋轨道时，在工件重力的作用下，工件从倾斜面上滑落掉入料斗底部。

② 当凸台朝下的工件经过该段倾斜的螺旋轨道时，由于工件下方的凸台被轨道的槽口托住，工件不会从倾斜面上滑落而顺利通过，然后又依靠重力的作用顺螺旋轨道方向自动纠正到水平方向，最后以凸台向下的水平姿态送出振盘。

5）选向机构总结

① 挡条的作用。挡条（或挡块）可以作为工件的选向机构，其原理是利用工件在不同方向上尺寸的差异，将挡条设置在螺旋轨道的上方。当符合姿态方向的工件经过挡条时，挡条与螺旋轨道之间的空间高度刚好可以让这类工件通过，而当不符合姿态方向的工件经过上述挡条时，由于工件的高度比挡条下的空间高度大，因而被挡条挡住，在振盘的振动驱动下，工件逐渐向振盘中心方向移动直至掉入料斗底部。

② 缺口的作用。缺口可以作为工件的选向机构，其原理是利用工件不同方向形状的特殊差异（如一面为平面而另一面为带孔的结构，或一端尺寸大而另一端尺寸小等），当不符合姿态方向的工件通过该缺口时，由于螺旋轨道上缺乏足够的支撑面积，在重力的作用下，工件会发生翻倒，从缺口处自动落下掉入料斗底部，重新开始沿螺旋轨道向上前进；而当方向正确的工件经过该缺口时，则不会出现上述情况，工件能够自动通过。

③ 斜面的作用。在输料槽上设置一段斜面，既可以使不符合姿态要求的工件自动向下滑落掉入料斗，又可以利用工件重力的作用，使工件顺着斜面自动改变方向，如由竖直姿态逐渐改变为水平姿态，或者由水平姿态逐渐改变为竖直姿态，这种方法在自动包装机械中也被大量采用。

需要注意的是，上述缺口、挡条、斜面都是针对工件的特定形状设计的，而且还要经过反复试验，所以振盘的设计全部是针对特定形状的工件专门设计的，需要集中人类的智慧与技巧，也依赖于工程经验的积累。

（2）定向机构

为了提高振盘的工作效率，保证振盘具有足够的出料速度，希望有尽可能多的工件在爬行过程中能够一次到达振盘的出口。选向机构作为一种被动的方向选择机构并不能提高振盘的出料效率，因此，在振盘的螺旋轨道上还设置了一系列定向机构，对一部分不符合要求姿态方向的工件进行姿态纠正，依靠工件自身不停的前进运动使之由不正确的姿态自动纠正为正确的姿态。与选向机构相比，定向机构是对工件姿态进行自动纠正的，这是一种主动行为，可以提高振盘的送料效率。工程上常用的定向机构有：挡条或挡块、压缩空气喷嘴。

1）定向机构实例一

图4-10所示为某振盘上采用的挡条定向机构，通过挡条实现工件的自动偏转，纠正姿态。工件为一带针脚的长方形电子元件，要求工件最后以针脚向上的姿态输送出振盘。

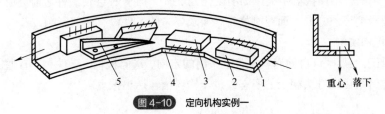

图4-10 定向机构实例一

1—螺旋轨道；2，3—工件；4—选向缺口；5—定向挡条

① 对于这种平面尺寸大、厚度尺寸较小的工件，工件重心低，在重力和振盘施加给它的驱动力的作用下，工件总会以最大面积的平面在螺旋轨道上运动，因此，工件稳定运动时总是呈卧式姿态。

② 对于姿态为针脚面向料斗中心一侧的工件（如工件3），机构在螺旋轨道上专门设计了一个倾斜的挡条5，工件3在倾斜挡条5的作用下，边向前运动边依靠重力的作用逐渐发生偏转直至偏转90°，最后自动转向为针脚向上的要求姿态。

③ 对于姿态为针脚面向料斗壁一侧的工件（如工件2），由于在惯性离心力的作用下工件始终是紧靠螺旋轨道的料斗壁一侧运动的，这类工件难以通过上述挡条纠正姿态，必须筛选掉，让其自动落入料斗底部重新开始向上振动爬行。因此，在工件运动到达挡条5之前就设置了一道选向缺口4，此类工件运动到缺口4时，由于螺旋轨道上支撑面不够大，在重力的作用下，工件因为重心偏移而翻倒，从缺口处自动落下掉入料斗底部，重新开始沿螺旋轨道向上振动前进。

2）定向机构实例二

图4-11所示为某振盘上采用的挡条定向机构。工件为一侧带圆柱凸台的矩形工件，要求工件最后以凸台向上、凸台位于振盘中心一侧的图示姿态方向输出振盘。

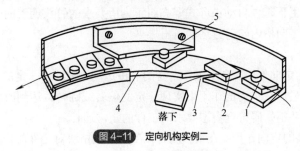

图4-11 定向机构实例二

1，2—工件；3—选向缺口；4—螺旋轨道；5—定向挡条

① 与图 4-10 所示实例类似，对于这种平面面积大、厚度较小的工件，工件重心低，在重力和振盘驱动力的作用下，工件总会以最大面积的平面在螺旋轨道上运动，因此，工件稳定运动时也总是呈卧式姿态。

② 在卧式姿态中，可能的姿态有两类：一类为凸台向上，另一类为凸台向下。凸台向下的工件不符合要求的姿态，因此，在螺旋轨道上针对这种姿态的工件专门设计了一道倾斜的缺口 3。由于缺口的宽度大于工件凸台的直径，当凸台向下的工件运动到此时，在重力的作用下凸台必有一个时刻会自动落入缺口 3 中，工件边前进边通过缺口的导向作用向料斗中央运动，最后自动落入料斗底部，重新开始振动爬行。

③ 对于另一类凸台向上的工件，凸台既可能位于振盘中央一侧，又可能位于料斗壁一侧，或者工件长度方向与料斗壁方向平行（如工件 1），为此，在缺口 3 的后方专门设计了一个挡条定向机构 5。当凸台不在振盘中央一侧的工件经过时，挡条 5 会使工件边前进边发生偏转，最后纠正为所要求的姿态方向，而对刚好符合要求姿态的工件没有任何影响。

3）定向机构实例三

图 4-12 所示为某螺钉自动送料振盘上采用的定向、选向机构。工件为一普通的一字槽平头螺钉，要求螺钉最后以钉头朝上的姿态经过一输料槽输送出振盘。

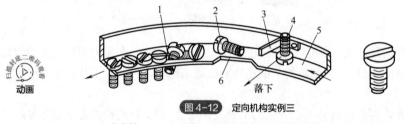

图 4-12　定向机构实例三

1—定向槽；2，4—工件；3—选向挡条；5—螺旋轨道；6—选向缺口

① 对于这种形状的螺钉工件，在振盘驱动力及重力的作用下，工件在螺旋轨道上可能的姿态为钉头朝下的立式姿态（如工件 4）和钉头随机方向的卧式姿态（如工件 2）两类。

② 对于立式姿态（如工件 4）的工件，在轨道上方设置一个倾斜的挡条 3，工件边向前运动边在挡条的作用下向料斗中央移动，最后滑落掉入料斗底部重新开始振动爬行。

③ 对于以卧式姿态运动的工件，由于挡条 3 下方的高度大于钉头的直径，所以全部都可以通过挡条 3。如果钉头位于料斗的中央一侧，则当工件经过挡条前方的选向缺口 6 时，因为钉头处于悬空状态，工件的重心发生偏移，工件会自动落入料斗底部重新开始振动爬行。

④ 对于以卧式姿态通过了挡条 3 及缺口 6 的工件，在缺口 6 前方的螺旋轨道上专门设计了一个定向槽 1，当螺钉的螺纹部分经过此定向槽时，由于重力的作用，螺钉螺纹部分会自动落入槽内，在重力的作用下工件自动由卧式姿态纠正为所要求的钉头朝上的立式姿态，在振盘的驱动下，工件继续在定向槽内向前方运动送出振盘。

4）定向机构总结

① 挡条或挡块的定向作用。利用工件自身的前进运动，辅助以一定的斜面，让工件边前进边改变重心的位置，最后在重力的作用下实现一定的偏转或翻转，达到改变其姿态的目的。当然，上述挡条或挡块并不妨碍符合姿态要求的工件的正常通行。

② 压缩空气喷嘴的定向作用。在很多场合，在挡条或挡块对工件的定向过程中，有些工件因为形状或质量的原因使得其偏转或翻转存在一定的困难，要纠正工件的姿态借助振盘的驱动

力还不够，尤其是质量较大的工件。因此，这种场合下，在上述定向机构的基础上，再增加压缩空气喷嘴，使压缩空气喷嘴对准工件偏转或翻转的某一位置不停地喷射，当有工件刚好经过时，压缩空气喷嘴喷出的压缩空气对工件施加一定的辅助推力，使工件更容易完成姿态纠正动作。喷嘴的方向必须经过仔细的试验直到效果最佳。

在实际应用中，压缩空气喷嘴除用于对工件进行辅助定向外，还大量应用在振盘输料槽上对工件提供辅助推力。通常将压缩空气喷嘴倾斜设置于输料槽的上方并对准工件前进方向，压缩空气对准工件前进方向不停地喷射，每一个工件在输料槽中运动到该位置时都受压缩空气的喷射作用，获得一个向前的辅助推力，对振盘的驱动力也起到一定的补充作用。压缩空气喷嘴也经常用于快速驱动输料槽中的工件（如螺钉），如图 4-13 所示。

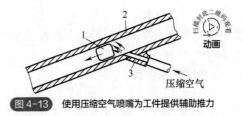

图 4-13　使用压缩空气喷嘴为工件提供辅助推力

1—工件；2—输料槽；3—压缩空气喷嘴

通过上述实例可以看出，定向机构是一种主动的姿态控制机构，而选向机构则是一种被动的姿态控制机构。在振盘结构上，仅靠被动的选向机构是不够的，这样工件的一次通过率会较低，导致振盘的出料速度也较低。为了提高振盘的送料效率（出料速度），必须辅助以主动的定向机构，两者结合起来才能使振盘具有较高的出料速度。因此，在振盘的设计过程中，选向机构与定向机构一般是同时使用的。

4.4　直线送料器

振盘在使用时，一般要在振盘的出口加设一段具有一定长度的输料槽，通过输料槽将工件输送到到装配位置或机械手取料位置，以便后续机构对工件完成取料及装配动作。依靠振盘的动力驱动，工件沿螺旋轨道向上前进至振盘出口。

工件离开振盘出口后，还需要通过加设的外部输料槽才能到达装配部位，而且输料槽上的工件是连续排列的，前方的工件靠后方的工件来推动，推力来源于振盘的驱动力。因为工件具有一定的质量，工件在外部输料槽上前进时与输料槽支撑面间会产生附加的摩擦阻力，输料槽越长，则同时运动的工件数量就越多，总摩擦阻力也越大，这样就加大了振盘的负载。

如果工件的质量较轻，则上述附加的摩擦阻力可能不大。但当工件的质量较大、振盘外部的输料槽较长时，上述附加的摩擦力就可能很大，仅靠振盘的推动力可能出现因为阻力太大而振盘无法推动工件的情况，此时需要对外部输料槽中的工件提供附加的驱动力，弥补振盘驱动力的不足。

解决上述问题的具体方法还是利用振盘的工作原理，在外部输料槽的下方附加一个（或多个）驱动装置，该驱动装置仅在直线方向上对外部输料槽施加驱动动力，也称直线送料器。其外形如图 4-14 所示。

直线送料器的结构原理与图 4-3 所示的力学模型几乎完全一样，两根板弹簧平行安装，由于板弹簧与竖直方向的倾角 β 很小，所以板弹簧产生的是几乎与水平方向平行的高频驱动力。由于没有了螺旋轨道与定向机构，因而其结构更简

图 4-14　直线送料器外形

单，外形也由圆盘形或圆柱形简化为长方形。直线送料器的主要功能有：

（1）为振盘提供辅助驱动力

当输料槽较长、工件质量较大时，输料槽内工件的总摩擦阻力也较大，这样就加大了振盘的负载，有可能出现振盘驱动力不够的情况。将直线送料器与振盘配合使用，可以补充振盘的驱动力，将工件沿水平方向输送较远距离。除这种在振盘外部输料槽下设置直线送料器为振盘提供辅助驱动力外，在输料槽上设置压缩空气喷嘴也是常用的有效方法。

（2）缓冲供料

直线送料器的另一个重要作用为缓冲供料。当直线送料器上方的输料槽一定区域内装满工件时，就不需要振盘连续不停地运行了，靠这部分输料槽内的工件就可以在一定时间内满足机器的送料要求。这样可以减少振盘的工作时间，提高振盘的工作可靠性，延长振盘的工作寿命，同时也降低了工作环境的噪声。

直线送料器的安装非常简单，使用时直接用螺钉将输料槽安装固定在直线送料器上方的表面即可，这样直线送料器的驱动力就可以直接传递给上方的输料槽，通过输料槽驱动输料槽内的工件，如图 4-15 所示。需要特别注意的是，安装固定在直线送料器上方的输料槽与振盘出口必须是断开的，通常留有约 2mm 的间隙，这样既不影响工件的通行，又不会与振盘的振动发生干涉。如果上述间隙过小或没有间隙，则振盘工作时会产生异常的振动与噪声。

振盘送料与其他送料方式（如步进送料）相比还具有工件预储备的作用，振盘是通过输料槽与设备装配部位连接的。由于振盘的出料速度比机器的取料速度快，如果振盘始终不停地运行，不仅浪费能源，而且也会降低振盘的寿命，连续的运行噪声还会降低工作环境的质量。为了解决上述问题，通常在振盘外部的输料槽上设置一个工件缓冲区，分别在两个位置设置工件检测传感器。接近输料槽末端的位置称为最低限位置，该处的传感器称为低位检测传感器；离振盘更近的位置称为最高限位置，该处的传感器称为高位检测传感器。利用上述传感器及控制系统，可以使输料槽上的工件数量最少时不低于最低限位置，最多时不高于最高限位置，如图 4-16 所示。

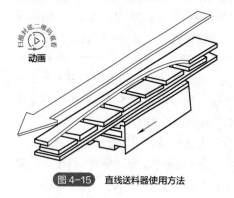

图 4-15　直线送料器使用方法

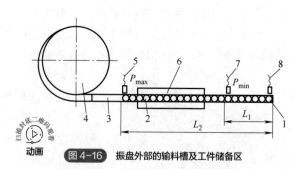

图 4-16　振盘外部的输料槽及工件储备区

1—取料位置工件；2—工件；3—输料槽；4—振盘；5—高位检测传感器；6—直线送料器；7—低位检测传感器；8—取料位置工件检测传感器

在图 4-16 所示的送料系统中，工件为圆盘形工件，直线送料器 6 是一直保持工作的，而振盘 4 则是断续工作的。在振盘外部的输料槽 3 上设置了一个工件储备区，其工作过程如下。

① 当输料槽 3 末端的取料位置工件检测传感器 8 检测到该位置有工件时机器才进行取料动作，否则机器会自动暂停，处于待料状态。

② 当高位（P_{max}）检测传感器 5 检测到该位置有工件时，振盘会自动暂停工作，而直线送料器会一直不停地将输料槽中的工件继续向机器取料位置输送。

③ 随着机器的取料及装配操作，输料槽上的工件数量逐渐减少，直至当低位（P_{min}）检测传感器 7 检测到该位置已经没有工件时，振盘又自动开机输送工件，直至高位检测传感器 5 检测到该位置有工件时振盘又自动暂停工作。振盘是间歇工作的，工作一段时间又停止一段时间，如此往复循环，始终保证输料槽末端都储备有一定数量的工件，不会导致机器因取料位置缺料而自动暂停。

④ 机器出现暂停状态通常有两种可能：一种情况为振盘料斗内的工件已经全部送完，需要人工添加工件；另一种情况就是有可能在振盘及外部输料槽的某一部位出现工件被卡住无法前进，这时机器取料位置没有工件，尽管振盘仍在运行，但振盘或输料槽内的工件无法送到取料位置，需要人工将输送故障排除。

　　[例 4-1]　某自动化专机的输料系统如图 4-15 所示。假设机器的装配节拍时间为 6s/件，振盘的出料速度为 25 件/min，圆盘形工件的直径为 30mm，输料槽末端距离最低限位置的长度 L_1 为 210mm，输料槽末端距离最高限位置的长度 L_2 为 660mm。试计算：

① 机器用尽最高限位置至最低限位置之间的工件所需要的时间；

② 振盘自动开机后将工件从最低限位置补充至最高限位置所需要的时间；

③ 描述振盘在稳定工作状况下的工作循环。

　　[解]　① 机器的装配节拍时间为 6s/件=0.1min/件，表示机器的取料频率为 1/0.1=10 件/min。根据输料槽长度及工件尺寸可以求出：

机器取料位置至最低限位置之间的工件数量为

$$210/30=7（件）$$

机器取料位置至最高限位置之间的工件数量为

$$660/30=22（件）$$

所以，机器用尽最高限位置至最低限位置之间的工件所需要的时间为

$$（22-7）/10=1.5（min）$$

上述时间内，工件的输送依靠输料槽下方的直线送料器工作来进行，而振盘是停止工作的。

② 当低位检测传感器检测出该位置工件空缺后，振盘即自动开机，并在机器取料的同时向工件储备区补充工件，输料槽内工件实际的增加速度等于振盘的出料速度减去机器的取料速度：

$$25-10=15（件/min）$$

振盘将工件从最低限位置补充至最高限位置所需要的时间为

$$（22-7）/15=1（min）$$

上述时间实际上就是每次振盘开机运行的时间，当高位检测传感器检测出该位置停留有工件后，振盘即自动关机。

③ 根据上述计算，可以确定振盘在稳定工作状况下的工作循环为：振盘每停机 1.5min，然后开机 1min，如此不断循环。实际情况可能会与上述结果稍有出入。

通过本例的计算，可以更深刻地理解振盘与直线送料器的工作过程以及振盘的控制器所需

要的控制功能。为了实现上述过程，振盘在设计时一般在输料槽上设置上述传感器，如光电开关或接近开关。高位检测传感器控制振盘实现料满自动停机功能，低位检测传感器控制振盘循环启动，及时补充工件。

虽然采用直线送料器后可以对振盘的送料过程进行缓冲，避免振盘连续工作，但在实际使用中也会出现因为振盘送料不及时而导致机器自动暂时停机、等待供料的情况。这种情况的发生一般是由于：振盘料斗内及输料槽中的工件全部送完；在输料槽的某个地方工件被卡住堵塞，导致后面的工件无法向前输送到达输料槽出口。

出现上述情况后，通常解决的方法为：如果是振盘料斗内的工件全部送完，生产工人就应该及时向振盘料斗内添加工件，使振盘自动开始运行输送工件；如果是工件在输料槽的某个部位被卡住堵塞，导致后面的工件无法向前输送，处理的措施为生产工人使用专用的金属钩拨动被卡住的工件，使其顺利通过。当工件存在明显的质量缺陷时也可能会出现上述问题，这时应将该工件取出作不良品处理。

4.5 振盘的出料速度调节

（1）振盘的技术要求

在设计自动机械的过程中，当需要对某些工件采用振盘来自动送料时，通常是先与振盘的专业供应商商讨采用振盘自动送料的可能性。由于工件的形状千差万别，并不是任何一种工件都能够实现振盘自动送料，只有确认对方能够解决振盘的设计与制造后再正式签订配套合同，同时向对方提出振盘的各种技术要求。通常需要向对方提出的振盘主要技术要求包括：出料时工件的姿态方向；最大出料速度（单位为件/min、件/h）；料斗方向（顺时针方向或逆时针方向）；尺寸（输料槽长度、料斗直径及高度等）；噪声指标。此外，还需要向振盘制造商提供以下资料与实物：工件的详细图纸；一定数量的工件实物。在上述各项要求中，以下两项要求是至关重要的。

① 出料时工件的姿态方向。振盘制造商将根据工件的形状、尺寸、出料方向来设计专门的螺旋轨道、定向机构及输料槽，根据出料速度与工件质量来确定合适的振动本体。工件实物是专供试验、调试用的，经过试验、设计、调试、修改等工作，达到了买方提出的技术要求后即可按合同要求验收。

在上述技术要求中，出料时工件的姿态方向是根据自动化专机或自动化生产线的装配过程来确定的，工件出料姿态方向必须与机器取料时所需的姿态方向一致。工件在输料槽出口既可能是由气动机构直接推入装配位置完成装配，又可能是由机械手末端的气动手指抓取或吸盘吸取后送入装配位置，还可能是工件在振盘或直线送料器的驱动下自动进入取料缺口，但工件在取料位置的姿态方向都是固定的，否则将无法进行抓取及装配动作。因此，一旦自动化专机或自动化生产线的总体设计方案确定后，工件的出料姿态方向就确定了，不能随意更改，否则必须修改总体设计方案。

② 最大出料速度。振盘的工件出料速度是与机器的节拍时间密切相关的。因为振盘自动送料是整台机器各种循环动作之一，直接影响机器的生产效率或节拍时间，因此，振盘的工件出料速度必须能够满足机器的节拍时间需要。

所以，振盘的技术方案（工件出料姿态方向、出料速度）是与总体设计方案同时或提前进行的，只有确定振盘的技术方案后，机器的总体设计方案才能最后确定。

（2）振盘的出料速度要求

① 机器的节拍时间。振盘的出料速度是振盘技术要求中最重要的项目，它是在整台自动化专机的节拍设计分析基础上提出的。节拍时间是指机器或生产线每生产完成一件产品所需要的时间间隔。

② 振盘出料速度设计原则。正常使用条件下振盘的出料速度必须大于机器对该工件的取料速度，在满足机器节拍时间的前提下还必须具有足够的余量，这样才不会出现因为振盘送料速度跟不上要求而导致机器自动暂时停机、等待供料的情况。振盘的出料速度通常要比机器的取料速度高 20%以上。

［**例 4-2**］假设一台自动化专机用于某产品的自动化装配，在装配过程中确定对某个工件采用振盘来自动送料。假设该专机的节拍时间为 1.5s/件，问该工件的振盘出料速度至少应该为多少？

［**解**］该专机的节拍时间为 1.5s/件，表示机器每间隔 1.5s 需要抓取一次工件，抓取工件的频率为

$$1 \times 60/1.5 = 40（件/min）$$

振盘出料的速度必须在满足机器节拍时间的前提下具有足够的余量，如果按照机器取料频率的 1.2 倍选取，振盘的出料速度至少应该为

$$1.2 \times 40 = 48（件/min）$$

通过本例可以看出，振盘的出料速度必须能满足机器的节拍时间并具有一定的余量，以保证不会影响机器的生产。

（3）振盘的出料速度调节

振盘的出料速度并不是一个固定值，而是可以调节的，振盘都带有一个类似图 4-17 所示的控制器，控制器或者安装在振盘本体上，或者安装在机器的其他部位。振盘控制器上，除设有普通的启动及停止开关外，还设有一个振盘速度调节旋钮。

扫描封底二维码观看
动画

图 4-17　振盘控制器

　　改变振盘速度的方法通常为改变振幅，因振幅与激振力成正比，而激振力与外加电压的平方成正比，与线圈匝数的平方成反比，所以改变外加电压及线圈匝数就能调节振幅。其中，改变线圈匝数来调节激振力比较简单，但不能实现无级调节，因此，实际上振盘一般是通过可控硅调节电压来改变振幅值，从而达到调节振盘出料速度的目的。在正常工作条件下，振盘的出料速度一般并不调节到最大值，因为出料速度越高，要求振盘的振幅越大，工作时的噪声也越大，会降低振盘的工作寿命。因此，一般将振盘的速度调节到适当的水平，既能满足机器的节拍时间要求，又不致使振动幅度过大。

 思考题与习题

4-1　在自动机械中使用振盘主要实现什么功能？

4-2　振盘靠什么原理将工件从料斗底部向上运输？

4-3　振盘是如何实现将料斗底部杂乱无章的工件按照规定的方向自动输出的？一般采用哪些方法或机构？

4-4　振盘适用于哪些工件？

4-5　简述选向机构和定向机构的原理和异同。

4-6　典型的选向机构和定向机构有哪些？

4-7　简述振盘的组成部分及各结构的功能。

4-8　什么是直线送料器？直线送料器与振盘的区别是什么？

4-9　在什么情况下使用直线送料器？

4-10　自动机械设计中，当采用振盘送料时，如何确定振盘的出料速度？

4-11　如何调节振盘的出料速度？

4-12　简述振盘的工作模式。

第 5 章

装配机器人

扫码获取本书
配套资源

本章思维导图

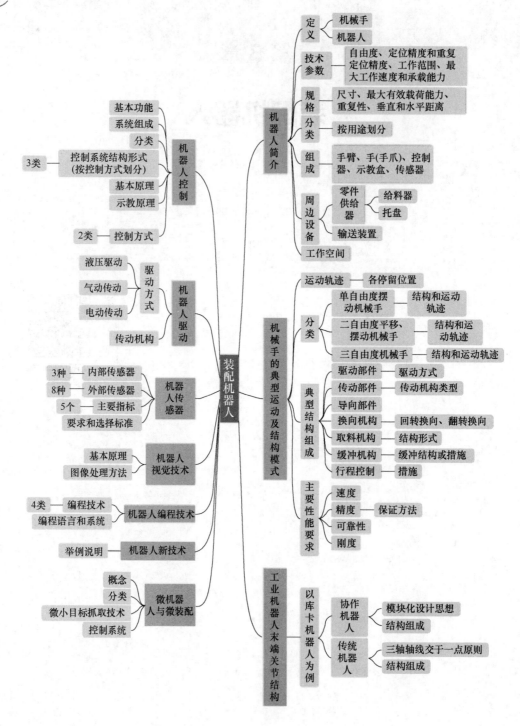

学习目标

（1）了解装配机器人的结构形式；
（2）掌握工业机器人的技术参数与规格；
（3）掌握机械手的典型运动及结构模式；
（4）掌握机器人的驱动方式；
（5）熟悉装配机器人的传感器技术；
（6）了解装配机器人的控制系统、视觉技术、机器人语言和离线编程技术；
（7）了解机器人新技术、微机器人和微控制。

在手工装配生产中，人类的手指是最主要的装配工具，可以非常灵活地将产品或者工件从一个位置抓取到另一个位置。在自动化装配生产中，除了输送系统的连续输送方式外，还有大量的场合需要将单个或多个工件快速地从一个位置准确地抓取并移送到另一个位置卸下，这些工作通常由机械手和机器人这两种非常重要的自动装置来完成。

5.1 机器人的基础简介

机器人产品目前主要分为工业机器人和服务机器人两大类，国内也有分为工业机器人和特种机器人两大类的，或分为一般机器人和智能机器人两大类的，或分为一般机器人和移动机器人两类的，或分为一般机器人和拟人机器人两类的，等等。目前，工业机器人多用于搬运、分拣、上下料、包装、码垛、焊接、喷涂、打磨、抛光、切割、摆放、装配等方面。装配机器人是柔性自动化装配工作现场中的主动部分，它可以在 2s 至几分钟的时间里搬送质量从几克到 100kg 的工件。装配机器人也可以作为装配线的一部分介入节拍自动化装配。

5.1.1 机械手的定义

机械手为一种结构较简单的自动装置，大多数情况下由气缸来驱动，少数情况下采用电动机来驱动，机构运动形式主要为直线运动，自由度较少，一般为 2 个或 3 个。由于结构较简单，制造成本低廉，可以根据需要进行灵活的设计，因而机械手作为最基本的上下料装置，大量应用在各种自动化专机、自动化生产线上，一般作为皮带输送线、链输送线等输送系统的后续送料装置，将皮带输送线、链输送线等输送系统已经送到暂存位置的工件最后移送到装配等操作位置，供操作机构完成后续的定位、夹紧、装配、加工等操作，成为各种自动机械的重要结构模块。由于它在大多数情况下完成工件的上料和卸料动作，因而工程上也称其为移载机械手。图 5-1 所示为典型的自动卸料机械手。

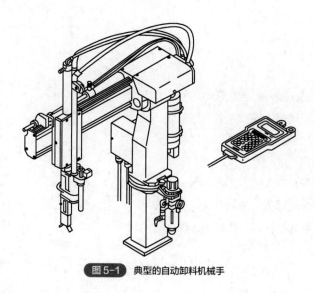

图 5-1 典型的自动卸料机械手

5.1.2 机器人的定义

机器人为一种比上述普通机械手功能更强大、智能程度更高的自动化装置，一般是由伺服电动机驱动的多关节、多自由度机构，一般为 4、5、6 个自由度（即通常所说的 4 轴、5 轴、6 轴机器人），因而运动更灵活，能在各种自动化装配中进行装配与物料搬运工作，目前已经在汽车车身的焊接工序中大量使用。但由于结构较复杂，价格较高，限制了它在工程中的应用。随着价格的下降，它必将在国内的制造业中得到更广泛的应用。

图 5-2 所示为直流伺服电动机的某装配工段，图中有一台负载能力较大的搬运机器人和三台定位精度较高的装配机器人。该装配工段的装配操作如下：

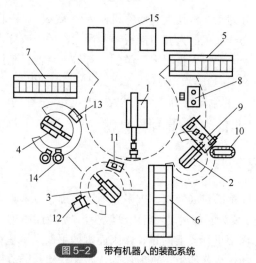

图 5-2 带有机器人的装配系统

1—搬运机器人；2~4—装配机器人；5~7—传送带；8—缓冲站；9，11，13—装配工作台；

10—圆盘传送带；12—螺栓料仓；14—振动料槽；15—控制器

① 把油封和轴承装配到转子上，装上端盖。

② 安装定子，插入紧固螺栓。

③ 装入螺母和垫圈，并把它们旋紧。

为完成上述装配操作，首先搬运机器人 1 把转子从传送带 6 搬运到第一装配工作台 9 上，装配机器人 2 把轴承装配到转子上，利用压床把轴承安装到位，接下来对油封重复上述操作；搬运机器人 1 把转子组件送到缓冲站 8，从第二装配工作台 11 送上端盖到压床台面，搬运机器人 1 把转子组件置入端盖，利用压床把端盖装配到位。然后，搬运机器人 1 把定子放到转子外围，并把电动机装配组件送到第二装配工作台 11 上，用装配机器人插入 4 个螺栓。最后，在第三装配工作台 13 上安装好螺母和垫圈，并紧固好 4 个螺母，搬运机器人 1 把在本段装配好的电动机放到传送带上，传送带把电动机传送到下一个工段。

5.1.3　工业机器人技术参数与规格

机器人技术参数是机器人制造商在产品供货时所提供的技术数据。工业机器人的技术参数一般有自由度、定位精度和重复定位精度、工作空间、最大工作速度和承载能力等。

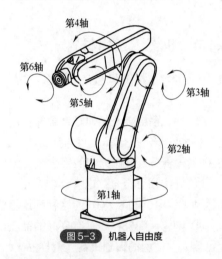

图 5-3　机器人自由度

① 自由度。自由度是指机器人所具有的独立坐标轴运动的数目。机器人的自由度是指确定机器人手部在空间的位置和姿态时所需要的独立运动参数的数目。机器人的自由度是根据它的用途来设计的，在三维空间中描述一个物体的位姿需要 6 个自由度，机器人的自由度，可以少于 6 个，也可以多于 6 个，如图 5-3 所示。手指的开、合，以及手指关节的自由度一般不包括在内。机器人的自由度数一般等于关节数目。机器人常用的自由度数一般不超过 6 个。大多数机器人从总体上看是个开链机构，但是其中可能包含局部闭环机构，闭环结构可以提高刚性，但是会限制关节的活动范围，工作空间会缩小。

② 关节。关节即运动副，允许机器人手臂各零件之间发生相对运动的机构。

③ 分辨率。分辨率是指能够实现的最小移动距离或最小转动角度。

④ 定位精度和重复定位精度。机器人的精度是指机器人的定位精度和重复定位精度。定位精度是指机器人手部实际到达位置和目标位置之间的差异。重复定位精度是指机器人重新定位其手部于同一目标位置的能力，可以用标准偏差这个统计量来表示。

⑤ 工作空间。工作空间是机器人手臂或手部安装点所能达到的所有空间区域，其形状取决于机器人的自由度数和各运动关节的类型与配置。机器人的工作空间通常用图解法和解析法两种方法进行表示。工作空间的形状和大小是十分重要的，机器人在进行某一个作业时，可能会因为存在手部不能到达的作业死区而不能完成任务。

⑥ 最大工作速度。机器人工作速度是指机器人在工作载荷条件下、匀速运动过程中，机械接口中心或工具中心点在单位时间内所移动的距离或转动的角度。最大工作速度通常指机器人手臂末端的最大速度，工作速度直接影响到工作效率，提高工作速度可以提高工作效率，所以机器人的加速减速能力显得尤为重要，需要保证机器人加速减速的平稳性。

⑦ 承载能力。承载能力是指机器人在工作范围内，任何位姿上所能承受的最大质量，一般

用质量、力矩和惯性矩表示。机器人载荷不仅取决于负载的质量，而且还和机器人的运行速度、加速度的大小和方向有关，一般规定将高速运行时所能抓取的工件重量作为承载能力指标。

常用机器人规格主要包括机器人尺寸、最大有效载荷能力、重复性、垂直和水平距离。工业机器人规格在选择工业机器人手臂时非常重要。

① 机器人尺寸（mm）。需要考虑工业机器人手臂的物理尺寸和重量，以确保机器人手臂适合车间已有的系统和设备。

② 最大有效载荷能力（kg）。机器人及其规格的工业应用通常是相辅相成的，不仅需要考虑零件的尺寸和重量，而且还要将臂端装置的重量加在方程式中。

③ 重复性（mm）。重复性是指机器人手臂返回到前一点的能力。许多当前的工业机器人手臂具有±（0.5~0.02）mm 的可重复性。例如，轴数、尺寸和范围等因素会影响重复性。

④ 垂直和水平距离（mm）。工业机器人手臂的伸展能力通常在决定手臂是否适合应用时发挥重要作用。机器人手臂需要能够到达正在工作的部件或其正在工作的系统的所有必要区域。

5.1.4　机器人常用材料

① 碳素结构钢和合金结构钢。这类材料强度好，特别是合金结构钢，其强度增大了 4~5倍，弹性模量 E 大，抗变形能力强，是应用最广泛的材料。

② 铝、铝合金及其他轻合金材料。这类材料的共同特点是重量轻，弹性模量 E 并不大，但是材料密度小，故 E/ρ 仍可与钢材相比。有些稀贵铝合金的品质得到了更明显的改善，例如添加 3.2%（质量百分比）锂的铝合金，弹性模量增加了 14%，E/ρ 增加了 16%。

③ 纤维增强合金。这类合金如硼纤维增强铝合金、石墨纤维增强镁合金等，其 E/ρ 的值分别达到 11.4×10^7 和 8.9×10^7。这种纤维增强金属材料具有非常高的 E/ρ 值，但价格昂贵。

④ 陶瓷。陶瓷材料具有良好的品质，但是脆性大，不易加工，日本已经试制了在小型高精度机器人上使用的陶瓷机器人臂样品。

⑤ 纤维增强复合材料。这类材料具有极好的 E/ρ 值，而且还具有十分突出的大阻尼的优点。传统金属材料不可能具有这么大的阻尼，所以在高速机器人上应用复合材料的实例越来越多。

⑥ 黏弹性大阻尼材料。增大机器人杆件的阻尼是改善机器人动态特性的有效方法。目前有许多方法用来增加结构件材料的阻尼，其中，最适合机器人采用的一种方法是用黏弹性大阻尼材料对原构件进行约束层阻尼处理。

5.1.5　装配机器人的分类

装配机器人可以按照图 5-4 所示划分成几类。根据它们的运动学结构，装配机器人有各种不同的工作空间和坐标系统。装配机器人主要特征参数有：
① 工作空间的大小和形状。
② 连接运动的方向。
③ 连接力的大小。
④ 能搬送多大质量的工件。

⑤ 定位误差的大小。

⑥ 运动速度（循环时间、节拍时间）。

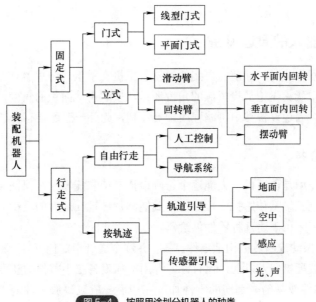

图5-4 按照用途划分机器人的种类

5.1.6 装配机器人的组成

机器人本体的一般结构形式如图 5-5 所示。装配机器人的组成大致可以分为手臂、手（手爪）、控制器、示教盒、传感器等部分。

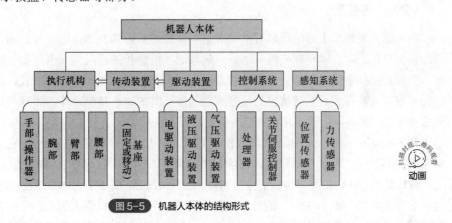

图5-5 机器人本体的结构形式

① 手臂是装配机器人的主机部分，由若干驱动机构和支持部分组成。为适应各种用途，它有不同的组成方式和尺寸。

② 控制器的作用是记忆机器人的动作，对手臂和手爪实施控制。控制器的核心是微型计算机，它能完成动作程序、手臂位置的记忆、程序的执行、工作状态的诊断、与传感器的信息交流、状态显示等功能。

③ 示教盒主要由显示部分和输入键组成，用来输入程序、显示机器人的状态等。这是人机对话的主要渠道。显示部分一般采用液晶显示器（LCD）。

④ 借助传感器的感知，机器人可以更好地顺应对象物，进行柔软的操作。

⑤ 驱动装置是带动臂部到达指定位置的动力源。动力一般是直接或经电缆、齿轮箱等方法送至臂部。

5.1.7　装配机器人的周边设备

机器人进行装配作业时，除前面提到的机器人主机、手爪、传感器外，零件供给装置和工件输送装置也至关重要。无论从投资额的角度还是从安装占地面积的角度，它们往往比机器人主机所占的比例大。周边设备常由可编程控制器控制，此外一般还要有台架、安全栏等。

（1）零件供给器

零件供给器的作用是保证机器人能逐个正确地抓拿待装配零件，保证装配作业正常进行。目前机器人利用视觉和触觉传感技术，已经达到能够从散堆（适度的堆积）状态把零件一一分拣出来的水平。现多采用下述几种零件供给器。

① 给料器。用振动或回转机构把零件排齐，并逐个送到指定位置。给料器以输送小零件为主。实际上在引入装配机器人以前，已有许多专用给料设备在小零件的装配线上服务。

② 托盘。大零件或易磕碰划伤的零件加工完毕后一般应码放在称为"托盘"的容器中运输。托盘装置能按一定精度要求把零件送到给定位置，再由机器人一个一个取出。由于托盘容纳的零件有限，所以托盘装置往往带有托盘自动更换机构。

③ 其他。IC 零件通常排列在长形料盘内输送，对薄片状零件也有许多办法，如码放若干层、机器人逐个取走装配等。

（2）输送装置

在机器人装配线上，输送装置承担着把工件搬运到各作业地点的任务。输送装置中以传送带居多。理论上说，零件即使随传送带一起移动，借助传感器机器人也能实现所谓"动态"装配，但原则上作业时工件都处于静止状态，所以最常采用的传送带为游离式。这样，装载工件的托盘容易同步停止。输送装置的技术难点是停止时的定位精度、冲击和减振。用减振器可以吸收冲击能。图 5-6 所示为几种典型的装配机器人结构。

图 5-6（a）所示的 SCARA 机器人由于其运动精度高、结构简单、价格便宜而广泛地使用。SCARA 机器人于 1981 年首次进入市场。1989 年，FANUC 公司的 SCARA 机器人 A-600 型的运动速度达到 11m/s，可以达到的定位精度为±0.01mm。图 5-7 为 SCARA 机器人的一个使用例子。图 5-6（b）和（c）所示的悬臂机器人和"十"字龙门机器人的工作空间是直角空间，因为它的三个执行环节都是直线运动。图 5-6（d）所示的摆臂机器人的臂是通过一个万向节悬挂的，它的运动速度极快。能够实现 6 轴运动的垂直关节机器人是专为小零件的装配而开发的，它的手臂又称为弯曲臂，结构特征极像人的手臂［图 5-6（e）］。图 5-6（f）所示的摆头机器人通过丝杠的运动带动机械手运动。如果两边丝杠（螺母旋转）都以相同的速度向下运动，机械手向下垂直运动；如果两边丝杠以不同的速度或方向运动，机械手则摆动。这种轻型结构只允许较小的载荷，如用于小产品的自动化包装等。由于运动部分的质量小，所以运动速度相当高。

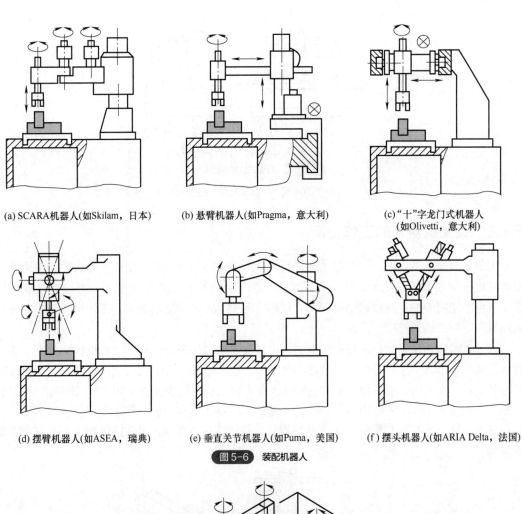

(a) SCARA机器人(如Skilam，日本)　(b) 悬臂机器人(如Pragma，意大利)　(c) "十"字龙门式机器人
(如Olivetti，意大利)

(d) 摆臂机器人(如ASEA，瑞典)　(e) 垂直关节机器人(如Puma，美国)　(f) 摆头机器人(如ARIA Delta，法国)

图 5-6　装配机器人

图 5-7　在一个装配间里工作的 SCARA 机器人

1—SCARA 机器人；2—配合件预备位置；3—传送系统；4—配合件储备仓；5—工件托盘

　　大型部件或产品的装配在节拍式装配线上是难以实现的，所以人们提出了另外一种方案：让装配者和装配对象调换位置，被装配的部件或产品位置不动，装配工或装配机械围绕被装配的部件或产品运动。从这一设想出发，人们又开发出了行走机器人。图 5-8 所示就是这类行走机器人的一个例子。这种机器人的行走机构很特殊，可以向任意方向行走。它的 4 个轮子的表面都是螺纹状的，通过 4 个轮子转动方向的组合就可以实现任意方向的运动。这种机器人可以自己寻找目标。

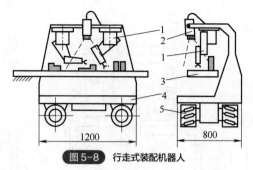

图 5-8　行走式装配机器人

1—垂直关节手臂；2—可视系统；3—工作托盘；4—行走机构；5—多向轮

5.1.8　装配机器人的工作空间

大部分装配机器人的工作空间是圆柱形或球形的。因为在这样的空间容易实现运动速度、运动精度和运动灵活性的最佳化，如果按概率来统计各机器人的运动空间，可以得到以下结果：直角形空间 18%；圆柱形空间 38%；球形空间 19%；环形空间 25%。工作空间形式取决于运动轴和它们之间的连接方式。

机器人的运动轴指的是不互相依赖的、可以独立控制的导向机构和执行机构的直线运动和回转运动。机器人的选择首先是自由度的选择，主要考虑要实现哪些功能、需要哪些运动和哪些外部设备。在考虑到所有边界条件的同时还要力求做到用较少的投资实现要求的功能。图 5-9 给出一个例子，第一种类型［图 5-9（a）］是装配机器人承担了所有的运动，每轴都必须能够自由编程；第二种类型［图 5-9（b）］是机器人只需实现定点抓取，工件托盘在 X-Y 平面实现受控运动。

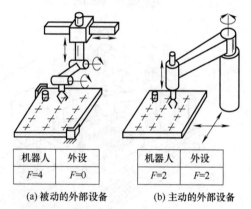

(a) 被动的外部设备　　(b) 主动的外部设备

图 5-9　机器人和外设间自由度分配的多样性

5.2　机械手的典型运动及结构模式

机械手在形式上多种多样，但它们都是有一定的规律可循的。机械手在运动循环过程中有几个关键的停留位置，为了说明其运动轨迹，下面先介绍机械手的各停留位置。

① 取料点。取料点是需要移送工件的起始位置，如皮带输送线上工件的暂存位置、振盘输料槽的出口止端、注塑机塑料模具上塑料制品所在位置等。

② 原点。原点是机械手末端（吸盘或气动手指）每个循环的起始位置或等待位置。机械手完成一个取料动作返回该点后，一般需要在该位置停留，当整个装配过程完成后机械手再开始下一个取料循环。原点设计的原则为：为了使取料动作所需要的时间最短，缩短节拍时间，原则上要将原点设计在离工件取料点尽可能近的位置，但必须是安全的位置，自动机械的其他机构在运动过程中不能与机械手在空间上发生干涉。很多情况下都将原点设定在工件取料点的正上方，以便用最短的时间完成抓取动作。

③ 卸料点。卸料点是工件的移送目标位置。在上料动作中，一般将工件从皮带输送线上或振盘输料槽出口止端移送到自动专机的装配或检测位置。在卸料动作中，装配或检测位置又变成了机械手的取料点。

机械手的主要类型有单自由度摆动机械手、二自由度平移机械手、二自由度摆动机械手和三自由度机械手。三自由度机械手较前面两种类型的二自由度机械手结构更复杂，但它是在二自由度机械手的基础上实现的。根据运动组合的差异，三自由度机械手主要有以下两种形式：两个相互垂直方向的直线运动与一个摆动运动；X、Y、Z 三个相互垂直方向的直线运动。在结构上，根据上述两种运动的组合规律，工程上主要有两种类型的三自由度工业机械手：摇臂式自动取料机械手、横行式自动取料机械手。上述两种机械手大量应用于注塑机上塑料制品的自动取料，即大量应用于注塑行业，而且具有很强的代表性。实践表明，这种机械手与用于其他场合（如自动装配专机、自动装配生产线）的机械手几乎完全一样，用于自动装配场合的机械手在结构上要比注塑机自动取料机械手更简单，只要了解注塑机自动取料机械手的结构原理与设计方法，设计用于自动装配等其他场合的机械手就容易多了。

（1）摇臂式自动取料机械手

图 5-10 所示为典型的摇臂式自动取料机械手，其运动由 X、Y 两个相互垂直方向的直线运动与一个摆动运动组合而成。摇臂式自动取料机械手一般为小型机械手，配合小型注塑机使用。它由 X、Y 两个相互垂直方向的直线运动和整个手臂的摇摆运动组成，根据使用需要，既可以设计成单手臂，又可以设计成双手臂。

① 单手臂摇臂式机械手。由单手臂组成的摇臂式机械手一般用于小型注塑模具上模具分型后水口料与塑料件连在一起的场合。如果塑料件的质量较小，就采用安装在手臂末端的夹钳直接将塑料水口料夹住后将整个塑料件（连同水口）一起取出移送到注塑机外，而不需要采用吸盘。当塑料件的质量较大时，通常不采用夹钳将工件夹出，而主要采用吸盘将工件吸取后移出机器外。为了使机械手的取料动作稳定可靠，经常在吸盘架上同时安装一个夹钳，取料时吸盘与夹钳同时动作，夹钳同时将水口料夹住。

② 双手臂摇臂式机械手。由于塑料件的形状尺寸存在差异，其塑料模具结构也存在很大的差异。当塑料制品与塑料水口料在模具打开（通常称为分型）后不是一体的结构，而是处于分离的状态并且位于不同

图 5-10　典型的注塑机摇臂式自动取料机械手

的模板内时，使用一只机械手就难以同时将两部分取出来，因此这种情况下必须同时使用两只机械手取料。在双手臂的摇臂式自动取料机械手中，两只手臂的用途是不同的。一只手臂末端安装吸盘架，用于吸取塑料制品，称为主手；另一只手臂末端安装夹钳，用于夹取塑料水口料，称为副手。

双手臂自动取料机械手一般用于大中型注塑机，虽然摇臂式机械手也有部分设计成双手臂的情况，但由于摇臂式机械手的特殊结构，在结构尺寸较大时就受到限制，难以用于大型注塑机取料。所以，在双手臂的三自由度取料机械手中，大都采用 X、Y、Z 三个相互垂直方向的直线运动结构形式。

（2）横行式自动取料机械手

所谓横行式三自由度取料机械手，就是在结构上采用 X、Y、Z 三个相互垂直方向的直线运动搭接而成的取料机械手。图 5-11 所示就是典型的注塑机横行式三自由度自动取料机械手，其运动由 X、Y、Z 三个互相垂直方向的直线运动组成，也称为三自由度平移机械手。

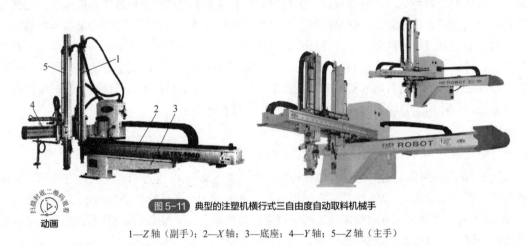

扫描封底二维码观看 动画

图 5-11　典型的注塑机横行式三自由度自动取料机械手

1—Z 轴（副手）；2—X 轴；3—底座；4—Y 轴；5—Z 轴（主手）

从图 5-11 可以看出，横行式自动取料机械手在结构上分为 X 轴、Y 轴、Z 轴三部分，主要用在空间运动距离较大的场合；而摇臂式自动取料机械手则将其中一个直线运动用更简单的摆动运动代替。横行式三自由度自动取料机械手在结构上更具有代表性。

（3）三自由度机械手运动过程

下面以图 5-11 所示的横行式三自由度机械手为例，说明这种三自由度机械手的运动轨迹与运动过程。它在结构上主要是由 X 轴、Y 轴、Z 轴（主手、副手）、底座四部分采用模块化的方式通过直线导轨机构搭接而成的，其中 X 轴、Y 轴、Z 轴在相互垂直的方向上进行搭接连接。直线导轨机构不仅是运动导向部件，各部分结构也是通过直线导轨机构来连接的。

① 运动轨迹。含有两只 Z 轴手臂的情况下，两只 Z 轴手臂的运动轨迹是一样的，只是手臂末端的结构稍有区别，也就是吸盘架与夹钳的区别。主手（副手）

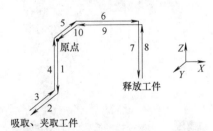

图 5-12　三自由度平移机械手末端的运动轨迹

典型的运动轨迹如图 5-12 所示，序号表示动作次序，箭头表示运动方向。

② 运动过程。如图 5-12 所示，主手及副手的运动过程如下：

a. 手臂末端首先在取料点上方（原点）等待注塑机完成注塑成型过程，此时 Z 轴位于上方，X 轴位于原点。

b. 注塑机完成注塑过程、模具分开并顶出塑料工件、露出塑料水口料后，Z 轴手臂沿 Z 方向竖直下降（动作 1）。

c. Z 轴主手、副手同时沿水平 Y 方向分别移近工件或水口料（动作 2），主手吸盘吸取工件，副手夹钳也同时夹紧水口料。

d. Z 轴主手、副手再同时沿水平 Y 方向后退（动作 3），使工件或水口料脱离塑料模具。

e. Z 轴主手、副手上升，退出模具及注塑机内部空间，移动到注塑机上方（动作 4）。

f. 两个 Z 轴手臂与 Y 轴一起在 X 轴驱动部件的驱动下沿 X 轴方向运动，将 Z 轴手臂移送到注塑机外部卸料点的上方（动作 5、动作 6）。

g. Z 轴手臂同时向下运动到卸料点位置（动作 7）。

h. Z 轴手臂同时进行以下释放动作：Z 轴主手先将吸盘架翻转 90°调整塑料制品姿态方向，然后释放吸盘，将注塑件释放，使注塑件在重力作用下落到下方的皮带输送线上，最后又将吸盘架翻转 90°返回到竖直状态；Z 轴副手夹钳松开释放塑料水口料。

i. Z 轴手臂同时上升（动作 8）。

j. X 轴、Y 轴同时运动（动作 9、动作 10），将 Z 轴手臂移送到原点位置，进入待料状态，等待下一次取料循环。

5.3　机械手典型结构组成

虽然机械手有多种结构类型，运动模式及结构也各有区别，但它们与其他自动机械一样，都是一种模块化的结构，都是由各种基本的结构模块及各种标准的材料、元件、部件组成的。机械手主要是由各种直线运动机构组合而成的，具有很多共同的特性。机械手的运动过程都类似，只是包含的运动循环有的简单，有的更复杂，组成其结构的元件、部件、材料也类似，这样大大简化了设计工作。各种类型机械手都主要或全部包含了以下结构部分：驱动部件、传动部件、导向部件、换向机构、取料机构、缓冲结构、行程控制部件等，下面分别介绍。

（1）驱动部件

驱动部件是机械手及各种自动机械的核心部件，如果没有驱动部件，机械手或其他自动机械就无法运动。机械手一般移送不太重的工件，它们的驱动部件主要为气缸和电动机（变频电动机、步进电动机、伺服电动机）。

1）气缸驱动

目前在自动化装备行业，较著名的气动元件供应商有 FESTO（德国）、SMC（日本）、KOGANEI（日本）等，与其他自动机械一样，在设计时可直接选用上述公司的标准气动元件。在机械手的设计过程中，因为机械手高速运动的要求，需要尽可能地减轻负载，所采用的气缸必须具有尽可能小的质量，一般选择质量较轻的气缸（如 SMC 公司的轻巧型系列气缸，即 CG1

系列），在夹钳部位一般选用体积较小、安装灵活方便的多面安装气缸（如 SMC 公司的 CU 系列气缸）。在气缸的选型过程中，要根据具体使用场合的空间、输出力大小、行程、安装条件等要求，选择最适合的系列和规格。

在一般用途的自动上下料机械手上，由于对机械手的运动速度并没有特殊的要求，所以直接选用标准气缸就可以了。但在某些特殊的场合可能需要对气缸进行特殊的设计，如注塑机自动取料机械手的运动速度极高，用于这种机械手的气缸就需进行特殊设计。用于注塑机自动取料机械手的气缸主要有以下特殊要求。

① 由于注塑机为大型贵重设备，节拍时间非常敏感，要求机械手取料时间越短越好，这样可以提高注塑机的生产效率。自动取料机械手的运动速度非常快，以致工程上此类机械手有"快手"的称号，因此气缸的运动速度非常高。

② 由于注塑机一般为大型设备，尺寸较大，要将工件从注塑机的模具内取出并移送到机器外，机械手的行程较大。一般在竖直方向的行程达到 600~1200mm，所以这种机械手上需要采用大行程的气缸。

③ 由于气缸的行程较大，气缸的质量就会增大，而质量与速度是相互矛盾的，因此气缸的质量与机械手其他运动机构的质量一样是非常敏感的，需要尽可能地减轻气缸的质量，因此气缸需要精心选择。例如，SMC 公司的 CG1 系列轻巧型气缸就很合适，在许多公司制造的注塑机自动取料机械手上都大量采用了这种系列的气缸。在此类机械手上大量采用铝型材或铝合金铸件，目的同样是尽可能地减轻结构的质量，提高运动速度。

④ 机械手与注塑机一样，需要连续生产运行，经常为两班或三班连续运行，工作时间长，要求可靠性极高，不能因机械手出现故障而导致注塑机停机，否则将导致较大的经济损失。因此，注塑机自动取料机械手上的气缸需要具有极高的可靠性。

既然要求取料速度非常快，采用普通的气缸就达不到要求，因此需要采用特殊的高速气缸。为了降低活塞的运动阻力，提高密封圈的抗磨损寿命，从而保证气缸的正常工作寿命，气缸内部的密封圈需要采用特殊的材料，因此，目前用于注塑机自动取料机械手的气缸都采用专用的特殊材料密封圈。在大行程的竖直方向较多采用日本 SMC 公司的 RHC 系列高速气缸，该系列气缸最大运动速度可达 3m/s，既具有很轻的质量，同时又具有极好的缓冲性能，其缓冲性能是普通系列气缸的 10~20 倍。

2）电动机驱动

小型的机械手上由于负载较小，使用气缸驱动就可以了；但大型的机械手结构质量增大，因而负载也较大，一般在负载较大的方向上采用电动机驱动。例如，注塑机自动取料机械手的水平 X 轴方向目前基本上都是采用电动机驱动，在竖直 Z 轴方向上也部分采用了电动机驱动。由于伺服电动机的使用成本逐渐降低，在机械手中使用伺服电动机的情况越来越普遍。为了降低设备成本，在批量生产的自动机械手中也广泛采用变频电动机代替伺服电动机驱动。

现代电子制造行业日趋微型化，元器件的体积越来越小，半导体芯片为最典型的例子。在这些产品的封装制造过程中，机械手的结构具有微型化、高速化的特点。在此类自动化制造设备中，目前大多采用小型步进电动机代替气缸作为机械手的驱动部件，如半导体装备制造商 ASM 公司的半导体封装设备就大量采用了这样的结构设计。采用电动机驱动可以直接获得机械手所需的摆动运动，当需要直线运动时，需要采用齿轮、同步带等机构进行运动转换。

3）驱动连接结构

不论是在使用气缸还是电动机的场合，在设计上都需要特别注意气缸、电动机与负载的连接结构。

① 电动机与负载轴的连接。当电动机输出轴与负载轴直连时，在两轴的连接部位一般采用弹性联轴器，原因如下：由于电动机轴与负载轴的实际安装位置经过设计、装配、调整多个环节很难保证误差为零，如果采用刚性连接，则在电动机轴上附加了弯曲负载，影响电动机的正常工作和寿命。弹性联轴器上沿垂直于轴线的方向设计有许多切槽，目的就是让它具有足够的柔性，弹性联轴器的作用就是通过联轴器本身的柔性，吸收上述安装误差带来的影响。

② 气缸活塞杆与负载的连接。在气缸活塞杆与负载的连接处，由于气缸结构上的特殊性，一般情况下气缸只能承受轴载，不允许倾斜的径向负载施加到气缸活塞杆上，否则气缸的工作寿命将急剧下降甚至无法工作。为了保证传递给活塞杆的只是轴向负载，工程上一般采用以下两种设计方式。

a. 采用标准的气动柔性连接附件。为了方便使用气缸，气动元件供应商专门设计了一系列标准的气缸连接附件，由于这些连接件具有一定的运动柔性，因而也称气动柔性接头。这些柔性接头能够确保气缸与负载连接后使气缸只承受轴向负载，简化了结构设计与气动机构的安装调整。

b. 设计专门的连接接头。工程上也有一些情况不采用上述标准柔性接头而自行设计专门的连接接头，或者是考虑到制造成本，或者因结构空间受到限制，目的都是有效地降低或消除气缸活塞杆上的径向负载。

（2）传动部件

使用电动机的场合，由于电动机输出的是旋转运动，而机械手经常需要的是直线运动，因此经常需要将电动机的旋转运动通过传动部件转换为所需的直线运动，同时将电动机的输出转矩转换为所需的直线牵引力。工程上主要采用以下传动部件实现回转运动与直线运动之间的运动转换：同步带/同步带轮、齿轮/齿条、滚珠丝杠机构。

（3）导向部件

导向部件是机械手及各种自动机械的核心部件，如果没有导向部件，各种机构的运动就无法保证精度，整台设备的精度也难以保证。如前所述，机械手各部分的运动除少数为摆动运动外，绝大部分都为直线运动。机器工作的精度是由各机构的运动精度保证的，为了保证机构运动的精度，就必须具有高精度的导向部件，或者说高精度的导向部件是机械手获得高运动精度的必要条件。

在早期的自动机械（包括一般的机加工设备等）中，由于技术发展的原因，基础部件的工业化、标准化水平不高，缺少或没有既使用非常灵活、标准化程度高、价格便宜，又具有高精度的专门导向部件，设计人员经常要自行设计制造各种无法互换的导向部件，如 T 形导轨、燕尾槽导轨等，既提高了设计及制造成本，又难以保证设备的精度达到较高的水平。

相比而言，今天的自动机械设计要方便、快捷得多，目前工程上已经有各种高精度的标准化导向部件，常用的标准化导向部件有直线导轨机构、直线轴承/直线轴机构、直线运动单元等。这些标准化、高质量的导向部件可以直接采购，既简化了设计，又简化了制造与装配，真正实现了快速设计、快速制造，又能达到极高的精度，同时设计与制造的成本也大幅下降。

（4）换向机构

换向部件不是每台机械手都必须具有的结构，只在有需要的场合下才使用。在许多场合，机械手吸取或夹取工件时为一种姿态方向，但要求以另外一种姿态释放工件，因此需要换向机构进行以下换向动作：将工件回转一定的角度后释放；将工件翻转一定的角度后释放。

1）回转换向

例如，取料时工件为立式姿态，释放时要求为卧式姿态，如果在机械手自动上料后由机器上其他专门的机构来实现这种翻转换向动作，则机器的结构会很复杂；如果在机械手上料的过程中就由机械手完成上述翻转动作，则可以大大简化设备。因此，一般尽可能地在机械手上对工件进行上述回转或翻转等换向动作，使工件改变姿态方向后再释放工件。上述回转或翻转等换向动作一般是在机械手的末端进行处理。如果需要使所夹持的工件回转一定的角度（如 90°或 180°）后再释放，通常的方法是根据需要回转的角度直接选用标准的摆动气缸，将其串联在气动手指的上方，就可以使气动手指实现旋转。

图 5-13 所示为一种带回转功能的机械手实例，上方的摆动气缸与下方的直线运动气缸直接串联在一起，可以使气动手指夹住工件并提升上来后再绕竖直轴回转 180°，然后再向下运动并将工件向下释放，因此可以在输送带上实现工件的 180°回转换向。

由于摆动气缸的价格远高于普通的直线气缸，在上述需要使所夹持的工件回转一定的角度后再释放的场合，为了降低制造成本，除上述采用摆动气缸的设计方案外，工程上还经常采用另一种简单的设计方法，即采用标准的直线运动气缸结合连杆机构来实现，将吸盘或气动手指设计在能绕某一旋转轴旋转一定角度的连杆上，用气缸驱动该连杆转动一定角度，从而实现上述回转功能。图 5-14 所示的机械手既可以实现 90°回转，又可以获得低廉的制造成本。

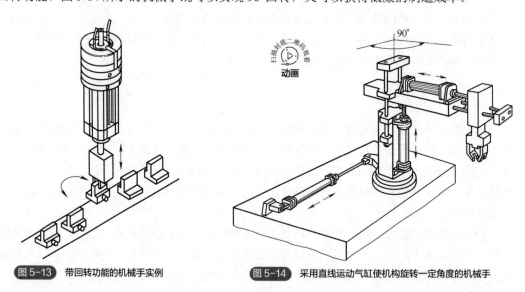

图 5-13　带回转功能的机械手实例　　　　图 5-14　采用直线运动气缸使机构旋转一定角度的机械手

2）翻转换向

除绕竖直轴方向进行的回转换向外，工程上还经常需要在机械手上对工件进行一定角度的翻转。例如，将以竖直姿态夹取的工件改为以水平姿态释放，这就需要使所夹持的工件翻转 90°

后再释放。工程上通常采用标准的直线运动气缸结合连杆机构来实现,在机械手末端设计一种翻转机构,就可以使机械手末端连同吸盘架或气动手指实现90°翻转,从而实现工件的90°翻转。

(5)取料机构

机械手作为抓取并移送工件的工具,必须具有取料部件,否则机械手将无法拾取工件,上述取料部件一般设置在机械手的末端,常用的取料部件为以下两种。

1)真空吸盘

真空吸盘直接吸取工件,小型的工件可能只需要一只吸盘,大型的工件可能需要多只吸盘,因此需要根据工件的形状、质量设计专门的吸盘架,吸盘的大小、位置要根据工件的形状与质量进行设计并经过试验验证。显而易见,吸盘架的重量将直接成为机械手的负载,为了提高机械手的有效负载能力,应尽可能减小结构的尺寸与质量,降低制造成本,安装吸盘架的材料必须尽可能轻,所以在工程上都是采用铝合金板材及型材,以减轻吸盘架的质量。

2)气动手指

气动手指直接夹取工件,一般根据工件的形状、厚度选取标准的气动手指,选用气动手指的原则为:

① 气动手指的负载能力必须大于待夹持工件或产品的重量。

② 气动手指两侧安装夹块后的全开宽度大于工件宽度、全闭宽度小于工件宽度。

由于气动手指本身的全开宽度一般不大,为了夹持较宽的工件必须放大夹持宽度,而夹持微型尺寸的工件又必须缩小夹持宽度,方法为在手指末端的两侧加装根据工件尺寸专门设计的夹块。同时,为了保护工件,避免工件表面被夹伤,夹块的材料一般采用塑料或在夹块表面镶嵌一层橡胶材料。

(6)缓冲结构

缓冲结构是机械手的必备结构。由于机械手含有运动机构,有些情况下上述机构还是高速运动机构,有启动和停止功能。根据力学原理,任何结构运动速度的变化都会产生惯性力,该惯性力会导致结构的振动响应,降低机械手末端的工作精度,因此,必须采取相应的减振和缓冲措施,降低机械手端的振动。缓冲结构与缓冲措施是保证机械手运动平稳的必要措施。

(7)行程控制部件

为了保证机械手准确抓取工件、准确卸料,与其他各种自动化结构一样,各种运动机构(直线运动机构、回转机构、翻转机构等)的运动行程都必须进行精确控制,控制的方法与其他各种自动机构的行程控制方法是一样的。在气缸驱动的机构中,通常采用以下措施。

1)金属限位块

金属限位块实际上也就是安装位置可以调整的金属挡块,安装在运动负载的起始端和停止端。当负载碰到金属挡块后就无法再运动,通过调整金属挡块的位置可以精确地调整负载的行程起点和终点。金属限位块通常应用在负载较大的场合。

2)调整螺栓

在负载质量及运动速度较小的情况下,还经常采用调整螺栓来代替金属限位块。在负载运动行程的两端安装可调节的螺栓,对负载进行行程阻挡定位,既简单又实用。

3）磁感应开关

① 磁感应开关在控制系统中的作用。磁感应开关及各种接近开关是配合上述金属限位块使用的，磁感应开关直接安装在气缸上，作用为感应气缸活塞杆的起始与停止运动位置。当运动负载在气缸驱动下（伸出或缩回）碰到金属行程挡块后，位置经过调整后的磁感应开关同时向 PLC 发出信号，确认气缸已经运动到停止位置，上述传感器的作用为发出控制信号。初学气动技术或自动机械的读者很容易对磁感应开关的作用产生误解，认为气缸运动行程是靠磁感应开关来控制的。其实磁感应开关只是一种传感器而已，将活塞已经运动到该位置的信息以信号的方式传递给控制系统，真正控制气缸运动行程的机构是前面介绍的金属限位块。磁感应开关在气缸上的位置与金属限位块的位置是匹配的，而且需要进行准确的调整，也就是说，以下动作必须是完全同步实现的：气缸活塞杆运动到要求位置；运动负载在气缸驱动下碰到金属限位块；磁感应开关产生动作并向 PLC 发出信号。

② 磁感应开关的调整。上述三个动作要完全同步才能保证机械手的可靠动作，因此在装配调整时要按照以下顺序进行。

a. 首先调整两端金属挡块的位置，保证运动负载的起始位置符合要求。上述起始位置是以机械手取料和释放的位置为目标位置来调整的。

b. 将起始端和停止端金属挡块的位置调整准确并固定后，再调整气缸上磁感应开关的起始端和停止端位置。检查的方法为将气缸伸出或缩回到行程终点与起点后，将磁感应开关接通规定的电源，移动磁感应开关位置，当磁感应开关与活塞上的磁环位置对准时，磁感应开关上的红灯会发亮，这就是磁感应开关的合适位置。最后用专用工具将磁感应开关固定。

4）接近开关

磁感应开关在气缸上的标准安装固定方式主要为绑带式安装、槽式安装，这些标准安装方式不但结构简单，而且调整方便，在大多数气动机构及机械手的普通机构上都这样使用。但这些标准安装方式在高速运动的机械手上则存在明显的缺点，因为机构的高速运动使得磁感应开关的位置很容易变化，导致系统无法正常工作。因此，在机械手的高速运动机构上，一般不采用在气缸上安装磁感应开关的方式，而是在其他部位安装电感式接近开关，这样可以避免因为磁感应开关位置变动引起的故障及调整。

还有一种情况也需要使用电感式接近开关，即在电动机驱动的直线运动场合，当采用电感式接近开关时，需要设计可调整位置的金属感应片。

5.4　机械手主要性能要求

在一般的自动上下料场合，由于机械手的尺寸不大，性能方面的要求比较容易满足；但在大中型的自动机械手上，由于结构尺寸与负载都较大，性能要求更高，有关的缺陷也相应放大并成为设计过程中的突出问题，如注塑机自动取料机械手就属于这种情况。下面以注塑机自动取料机械手为例，说明在这类机械手的结构设计上如何满足其各种性能要求。如果能够在这类机械手的设计中妥善地解决以下一系列问题，则在其他普通机械手的设计中就能得心应手。

（1）速度

由于上下料动作在整个自动化制造作业中所占的比例较大，提高上下料速度就可以缩短整个装配或加工循环的周期，提高生产效率。因此，为了提高生产效率，原则上希望机械手的动作速度在可能的情况下越快越好，在行程较大的情况下就更需要提高机构运动速度，这种高速运动要求在注塑机自动取料机械手中得到了最好的体现。但高速运动也带来了新的问题——冲击、振动，需要采用相应的缓冲措施。提高机构运动速度的主要方法为：小负载情况下采用高速气缸；大负载、大行程情况下采用伺服电动机驱动。

（2）精度

在一般场合，对工件的移送精度可能没有特别的要求；但对许多高精度自动化装配作业而言，机械手的工作精度是保证工序质量的重要条件，要求机械手有足够高的工作精度。机械手的动作精度与其他自动机械的动作精度一样，不是依靠提高普通结构件的加工精度来保证的，主要通过以下方法来保证。

① 采用高精度的导向部件。导向部件是保证机构运动精度的重要前提，采用高精度、标准化的导向部件，如标准的直线导轨、直线轴承/直线轴等，既可以保证机构的动作精度，又可以降低一般结构件的加工精度，即可以依靠普通精度或较低精度的一般结构件实现高精度的运动。

② 采用高精度的传动部件。当机械手主要采用滚珠丝杠机构来实现直线运动时，滚珠丝杠机构就成为影响机构动作精度的重要因素。例如，在电子制造行业的贴片机（SMT）机械手，既要求机械手高速运动，同时要求具有很高的运动精度，滚珠丝杠机构本身的精度就至关重要了。

③ 采用高精度的驱动部件。在既需要有较高的工作精度，又需要对机构运动的速度、启停进行灵活控制的场合，伺服电动机或步进电动机就成为最佳的选择。

④ 对结构进行必要的强度设计、刚度优化、质量轻量化设计。在速度较高、结构质量较大的场合，机构的运动会产生有关振动、静力变形等问题，结构本身的重量也成为负载而降低机构的负载能力，这时就需要对结构进行必要的刚度分析与优化、质量轻量化设计，进行必要的结构动态分析与设计，并设计必要的减振、缓冲措施。

（3）可靠性

由于机械手是在自动化专机或自动化生产线上使用的，一般是长时间连续工作，如果机械手缺乏足够的可靠性，发生故障时需要全线停机，则会影响生产并造成经济损失。因此，机械手需要具有足够的可靠性，保证连续工作时运行可靠，将故障率降到最低。

在自动化专机或自动化生产线上使用时，即使机械手发生故障也会导致设备停机，造成的损失为设备停机损失；在某些特殊的机械手应用场合，不仅要求机械手能连续可靠运行，而且在安全性方面还有极苛刻的要求。例如，注塑机自动取料机械手是与注塑机同时使用的，机械手的取料动作与注塑机的合模、注射、分模、顶出等动作自动组成一个工作循环，绝对不允许出现机械手还停留在模具内部而注塑机就合模的情况。一旦出现上述安全性故障，则会对昂贵的塑料模具造成致命损坏，造成比停机更大的经济损失，还会严重地影响生产计划。因此，对注塑机自动取料机械手不仅要求具有极高的可靠性，还必须在控制系统设计方面采取严格的安全互锁措施，保证不会出现任何安全事故。

（4）刚度

对于小型的普通上下料机械手而言，结构的刚度一般较容易保证，运动速度也不高，因此不会出现严重的振动或结构变形等缺陷；但在较大型的机械手结构上，上述缺陷就很容易放大并暴露出来，如果处理不好很容易产生严重的振动。造成上述缺陷的原因有以下几方面：

① 机械手机构高速运动产生的惯性冲击力。

② 机械手经常有较多的悬臂结构与搭接结构。

③ 机械手的模块化搭接结构使活动连接部位（如直线导轨）的连接刚度较差。

由于上述原因，在进行结构设计时需要采取相应的措施克服上述缺陷，或将上述缺陷的影响降到最低限度。例如，通常采取以下措施：

① 通过控制电动机运行速度对机械手的运动速度进行优化，采用各种减振、缓冲措施。

② 尽可能减少悬臂结构的长度。

③ 尽可能减轻悬臂结构的质量（采用铝合金型材、铝合金铸件等轻质材料）。

④ 对运动机构在形状上进行优化，采用具有最高刚度、最低质量的设计方案，提高各连接部位的连接刚度。

采取上述一系列措施的目的都是提高结构的抗振性能、降低结构的振动响应，既有主动的措施，也有被动的措施。上述措施实际上都是工程设计的经验总结，只有在具体的工程设计实践中才能更好的体会。

5.5　机械手的缓冲结构

缓冲就是如何降低机构的运动速度并使之逐渐停止下来，减小机构启动及停止时产生的惯性冲击。在机械手结构设计中采用减振等缓冲措施是提高机械手抗振性能、降低结构振动、提高机械手工作精度的重要措施。机械手产品主要采用以下缓冲结构或缓冲措施。

（1）采用缓冲气缸

采用缓冲气缸就是直接选用带内部气缓冲功能的气缸，利用气缸本身的缓冲性能降低气缸工作末端的冲击，从而降低负载结构的冲击振动。因此，机械手上选用的气缸一般是带内部气缓冲功能的气缸，在选用气缸时要注意。这种带内部气缓冲功能的气缸由于其缓冲性能是有限的，因此，工程上除使用此类气缸外，还要同时采取其他措施，以增加缓冲效果。

（2）采用缓冲回路

采用缓冲回路实现缓冲是机械手大量采用的结构，尤其是在重负载、高速度情况下，采用缓冲回路是一种有效的缓冲方法。采用缓冲回路就是当气缸伸出或缩回接近行程末端时，利用机控阀或电磁阀使气缸的排气通道转换到另一个流量更小的排气回路，通过更大的排气阻力降低气缸的速度，达到缓冲的效果。下面用两个最典型的工程实例加以说明。

图 5-15 所示为采用机控阀实现气缸行程中变速的缓冲回路。回路中采用两个单向节流阀，其中，单向节流阀 1 开度调整为较大状态，单向节流阀 4 开度调整为较小状态。气缸伸出时首先主要由阀 1 排气，速度较快，但当气缸活塞杆伸出接近行程末端时，活塞杆上的凸轮压下行程阀 2，气控阀 3 动作，气缸的排气通道发生变换，排气仅由开度较小的单向节流阀 4 来控制，由此降低气缸伸出末端的速度，达到缓冲的效果。

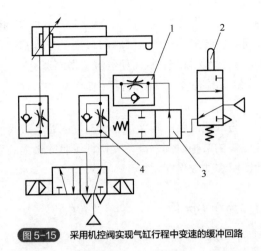

图 5-15　采用机控阀实现气缸行程中变速的缓冲回路

图 5-16 所示为日本 STAR 公司机械手采用缓冲回路实现缓冲的另一种方法。在气路设计中，由于副手 Z 向上下运动的负载通常较小，所以对副手 Z 向上下运动气缸分别采用一只带消声器的排气节流阀（E、D）来调节气缸的运动速度。

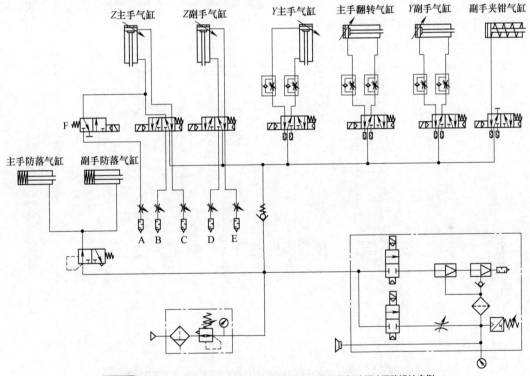

图 5-16　日本 STAR 公司机械手中采用排气节流调速阀的气动缓冲回路设计实例

但对于承担主要负载的主手 Z 向上下运动气缸则进行了特别设计。其中，该气缸上行的运动速度控制方法与副手相同，也是通过一只排气节流阀（C）来调节控制；对于气缸下行运动，由于要求运动速度较高，加上手臂重力的作用，在行程终点会产生强烈的冲击振动，如果按照同样的方法处理则难以达到良好的效果，因此该气缸的下行运动速度采用以下方法控制。

采用两只排气节流阀（A、B）分别组成两组气路，其中一组气路将排气节流阀（B）的开度调整到较小位置，供气缸在行程起始段和结束段使用，使气缸在起始段和结束段具有更大的排气阻力因而降低运动速度；另一组将排气节流阀（A）的开度调整到较大位置，供气缸在行程中间段使用，当气缸下行起始段结束后控制该回路的二位三通阀（F）导通，这时气缸的排气通过具有较大开度的排气节流阀（A）排气，从而使气缸获得高速运动。当进入结束段时，二位三通阀（F）又断开，气缸恢复从具有较小开度的排气节流阀（B）排气，降低气缸的运动速度，获得较好的缓冲效果。

上述气缸运动高速回路与低速回路的转换是通过二位三通电磁阀（F）的通断来实现的。这样的气路组合既可以保证较快的节拍时间需要，又降低了负载最大的手臂下行时在起始段和结束段的冲击与振动，实践证明缓冲效果非常好。

（3）直接利用气缸作为缓冲元件

除采用缓冲回路实现机构缓冲外，还可以直接利用气缸作为缓冲元件。当负载挡块在行程末端撞击活塞杆时，借助双活塞杆气缸的排气阻力就达到了减速缓冲的效果。显然，排气节流阀的开度越小，机构的缓冲效果就越好。由于负载在上下两个方向都可以撞击活塞杆，这样一只气缸就可以在两个方向进行缓冲。实践表明，这是一种成本低廉、效果又非常好的方法。图 5-17 所示为该机械手的气动回路。本例中如果只需要在一个方向进行缓冲，只要将上述双活塞杆气缸改为普通的单活塞杆气缸就可以了。

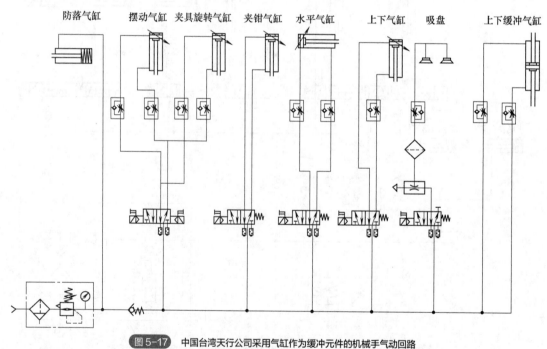

图 5-17 中国台湾天行公司采用气缸作为缓冲元件的机械手气动回路

在调试的过程中，首先应该将控制该缓冲气缸缓冲效果的两只排气节流阀的开度调节到较小位置，边调大开度边观察，直到达到需要的缓冲效果。开度越小缓冲效果越好，但开度要视实际缓冲效果而定，也不能过小。

（4）采用橡胶减振垫

采用橡胶减振垫是机械手及其他自动机械上大量采用的缓冲结构，由于橡胶减振垫的缓冲行程很小，因此这种结构主要应用在一些要求不高的场合，而且作为一种辅助减振措施。

（5）采用油压吸振器

1）采用油压吸振器的优点

油压吸振器是一种专用的减振缓冲元件，也是机械手及其他自动机械上大量采用的标准减振缓冲部件，在外形尺寸、缓冲行程、吸收能量等方面具有各种不同的规格系列，可满足不同场合的使用要求。采用油压吸振器的优点有：减小或消除机构运动产生的振动、碰撞冲击等破坏；大幅减小噪声；提高机构运动速度，提高机器生产效率；延长机构工作寿命；安装方便，减振效果好。

2）油压吸振器的结构及缓冲原理

图 5-18 所示为油压吸振器的典型结构原理。油压吸振器的主要结构有受撞头、安装本体、复位弹簧等。受撞头直接接受外部冲击载荷，安装本体表面为螺纹结构，供直接安装固定用，在安装结构上设计相同孔径的螺纹孔，将吸振器旋进至合适的深度后用配套的螺母将其固定即可。在吸振器的内部或外部设有复位弹簧，供每次缓冲后使轴芯复位伸出。

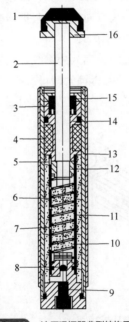

图 5-18 油压吸振器典型结构原理

1—消音套；2—轴芯；3—油封；4—压缩海绵；5—回油孔；6—弹簧；7—排油孔；8—止回阀；9—注油孔；10—液压油；
11—内腔；12—活塞；13—本体；14—气轴承；15—防尘套；16—受撞头

油压吸振器的缓冲工作原理为：

① 当轴芯受外力冲击时，轴芯带动活塞挤压内腔中的液压油，液压油受挤压后从排油孔排出，外部的冲击能量被排油的阻力和弹簧的压力所消耗，负载速度逐渐减慢至最后停止。

② 排出的液压油通过回油孔回流到内腔。

③ 当外部载荷消失后，复位弹簧将活塞推出至原始位置。

图 5-19 所示为各种外形的油压吸振器。由图 5-19 可以看出，各种形状吸振器的结构区别

主要体现在以下方面：内部复位弹簧或外部复位弹簧；有受撞头或无受撞头；单向缓冲或双向缓冲；安装尺寸（螺纹直径）；缓冲行程；每次最大吸收能量；允许撞击速度。

图 5-19 各种外形的油压吸振器

上述结构的差异主要是为了满足各种不同的使用条件与要求，在吸振器的结构中，一般情况下为单向缓冲并且安装在单侧，如果要实现双向缓冲，则必须在机构两端各安装一个吸振器。在某些结构空间较敏感的场合使用一只双向缓冲的吸振器就可以代替上述两只普通的单向吸振器，不过双向吸振器需要安装在机构的中部。

油压吸振器的安装较简单，其表面全部为外螺纹，只要在机构上设计安装孔，将油压吸振器装入安装孔，在机构的两侧用配套的螺母锁紧即可。油压吸振器的安装位置可以灵活地调整。图 5-20、图 5-21 分别为油压吸振器在无杆气缸及机械手中的使用示意图。

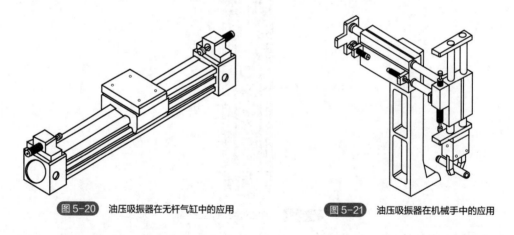

图 5-20 油压吸振器在无杆气缸中的应用   图 5-21 油压吸振器在机械手中的应用

（6）对电动机运行速度进行优化

如前所述，缓冲措施主要用于气缸驱动的机构中，而且属于机械缓冲方式，但除了最基本的气缸驱动外，目前在机械手上越来越多地采用电动机驱动，如变频电动机、伺服电动机、步进电动机，特别是伺服驱动越来越多地应用在各种机械手和自动机械中。在电动机驱动的场合，控制电动机的速度就方便多了。可以通过控制电动机的速度，使电动机在运行起始段和结束段有较低的运动速度，而在中间段则高速运动，这样既保证了机构的速度与效率，又有效地降低了机构的冲击与振动。

图 5-22 所示为日本 STAR 公司注塑机自动取料机械手上的变频电动机速度控制曲线，水平

轴表示机构运动距离，竖直轴表示机构运动速度。根据实际情况的需要，设置了 A、M、Z 三种模式，供用户通过机械手的手动控制器进行选择。其中，A 模式缓冲距离最短，用于机构速度要求最高的场合；Z 模式缓冲距离最长，用于机构速度要求不高的场合；M 模式为中等速度，介于上述两种模式之间。

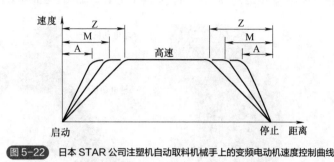

图 5-22　日本 STAR 公司注塑机自动取料机械手上的变频电动机速度控制曲线

5.6　工业机器人末端关节结构

机器人的传动和布局设计从理论上讲应该是比较成熟的领域，但是在结构优化设计经验、装配规范的标准化、零配件的按需定制以及供应链优化等方面国内厂商还需要很长时间的积累。以库卡机器人为例，分协作机器人和传统机器人两个大系列。

（1）协作机器人

当前主流的协作机器人都采用"模块化"思想的关节设计，采用直驱电动机+谐波减速机的方式，每个关节的内部结构基本一致，只是尺寸不同。其每个轴的典型结构如图 5-23 所示。

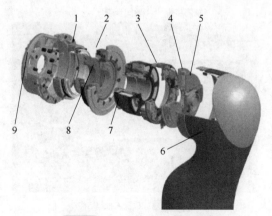

图 5-23　协作机器人轴的典型结构

1—关节位置传感器；2—交叉滚子轴承；3—功率转换单元；4—接头和电动机控制板；5—电源；

6—碳纤维机器人关节；7—含安全制动及位置传感器的 DLR 驱动电动机；

8—谐波减速机齿轮单元；9—数字接口转矩传感器

每一个关节中都包含了电动机、伺服驱动、谐波减速机、电动机端编码器、关节端位置传感器和力矩传感器，电动机和减速器采用直连。整个关节在机器人内部的布局如图 5-24 所示。

（2）传统机器人

对于传统机器人，末端的布局一般按照满足"三轴轴线交于一点"的基本原则来做，主要区别在于三个电动机的布置和传动方式。库卡机器人多采用 4 轴、5 轴、6 轴电动机布置在小臂后方，通过同心轴+伞齿轮/同步带的方式传动到手腕的方式，如图 5-25 所示。

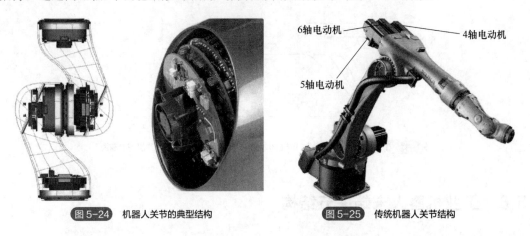

图 5-24　机器人关节的典型结构　　　　　　图 5-25　传统机器人关节结构

三个电动机的动力通过同心轴传到手腕，腕部结构如图 5-26 所示。近些年，库卡新推出的 KR AGILUS 系列为了追求纤细紧凑的外表，采用了将 4 轴、5 轴、6 轴电动机内置在小臂内部的方式。就传统工业机器人来讲，各家主要的差别在于 5 轴和 6 轴的布置方式，外资品牌借助于深厚的设计功底和强大的定制能力，普遍采用齿轮或者同步带的方式作动力传输，将电动机布置得比较靠后，因此，机器人小臂和手腕部位做得比较紧凑。而国产厂商受限于成品电动机的尺寸、齿轮的精度和噪声、装配经验不足等，5 轴、6 轴多采用直连或者单同步带的方式，导致腕部尺寸普遍偏大。

图 5-26　机器人腕部结构

5.7　机器人的控制

机器人的控制系统是与运动学和动力学原理密切相关的、有耦合的、非线性的多变量控制系统。由于其特殊性，经典控制理论和现代控制理论都不能照搬使用。到目前为止，机器人的控制理论还是不完整、不系统的。装配机器人和其他用途的机器人一样，多属于空间开链机构，其各个关节的运动是独立的，为了实现末端点的运动轨迹，需要多关节的运动协调。它可以按照预先编写的程序运行，现代工业机器人还可以根据人工智能技术制定的原则纲领行动。

（1）控制系统的功能

机器人控制系统是机器人的重要组成部分，对操作机进行控制，以完成特定的工作任务，其基本功能如下。

① 记忆功能。存储作业顺序、运动路径、运动方式、运动速度和与生产工艺有关的信息。

② 示教功能。离线编程、在线示教、间接示教。在线示教包括示教盒和导引示教两种。

③ 与外围设备联系功能。输入和输出接口、通信接口、网络接口、同步接口。

④ 坐标设置功能。有关节、绝对、工具、用户自定义 4 种坐标系。

⑤ 人机接口。示教盒、操作面板、显示屏。

⑥ 传感器接口。位置检测、视觉、触觉、力觉等。

⑦ 位置伺服功能。机器人多轴联动、运动控制、速度和加速度控制、动态补偿等。

⑧ 故障诊断安全保护功能。运行时的系统状态监视，故障状态下的安全保护和故障自诊断。

（2）控制系统的组成

① 控制计算机。它是控制系统的调度指挥机构。一般为微型机，微处理器有 32 位、64 位等。

② 示教盒。它用于示教机器人的工作轨迹和参数设定，以及所有人机交互操作，拥有自己独立的 CPU 以及存储单元，与主计算机之间以串行通信方式实现信息交互。

③ 操作面板。它由各种操作按键、状态指示灯构成，只完成基本功能操作。

④ 硬盘和软盘存储。它是存储机器人工作程序的外围存储器。

⑤ 数字和模拟量输入输出。它是各种状态和控制命令的输入或输出。

⑥ 打印机接口。记录需要输出的各种信息。

⑦ 传感器接口。用于信息的自动检测，实现机器人柔顺控制，一般为力觉、触觉和视觉传感器。

⑧ 轴控制器。完成机器人各关节位置、速度和加速度控制。

⑨ 辅助设备控制。用于和机器人配合的辅助设备控制，如手爪变位器等。

⑩ 通信接口。实现机器人和其他设备的信息交换，一般有串行接口、并行接口等。

⑪ 网络接口。可通过以太网实现数台或单台机器人的直接 PC 通信，数据传输速率高达 10Mbit/s，可直接在 PC 上用 Windows 库函数进行应用程序编程，支持 TCP/IP 通信协议，通过 Ethernet 接口将数据及程序装入各个机器人控制器中。

（3）控制系统分类

① 程序控制系统。给每一个自由度施加一定规律的控制作用，机器人就可实现要求的空间轨迹。

② 自适应控制系统。它是当外界条件变化时，为保证所要求的品质或为了随经验的积累而自行改善控制品质的控制系统。其过程是基于操作机的状态和伺服误差的观察调整非线性模型的参数，一直到误差消失为止。这种系统的结构和参数能随时间和条件自动改变。

③ 人工智能系统。事先无法编制运动程序，而是在运动过程中根据所获得的周围状态信息实时确定控制作用。

④ 点位式。要求机器人准确控制末端执行器的位姿，与路径无关。

⑤ 轨迹式。要求机器人按示教的轨迹和速度运动。

⑥ 控制总线。它是国际标准总线控制系统。采用国际标准总线作为控制系统的控制总线，如 VME、MULTI-bus、STD-bus、PC-bus。

⑦ 自定义总线控制系统。把生产厂家自行定义使用的总线作为控制系统总线。

⑧ 编程方式。物理设置编程系统，由操作者设置固定的限位开关，实现启动、停车的程序操作，只能用于简单的拾起和放置作业。

⑨ 在线编程。通过人的示教来完成操作信息的记忆过程编程方式，包括直接示教、模拟示教和示教盒示教。

⑩ 离线编程。不对实际作业的机器人直接示教，而是脱离实际作业环境。示教程序通过使用高级机器人编程语言远程式离线生成机器人作业轨迹。

（4）机器人控制系统结构

机器人控制系统按其控制方式可分为三类。

① 集中控制系统。用一台计算机实现全部控制功能，结构简单，成本低，但实时性差，难以扩展，在早期的机器人中常采用这种结构。基于 PC 的集中控制系统充分利用了 PC 资源开放性的特点，可以实现很好的开放性：多种控制卡、传感器设备等都可以通过标准 PCI 插槽或通过标准串口、并口集成到控制系统中。集中式控制系统的优点有：硬件成本较低，便于信息的采集和分析，易于实现系统的最优控制，整体性与协调性较好，基于 PC 的系统硬件扩展较为方便。其缺点有：系统控制缺乏灵活性，控制危险容易集中，一旦出现故障，其影响面广，后果严重；由于工业机器人的实时性要求很高，当系统进行大量数据计算时，会降低系统实时性，系统对多任务的响应能力也会与系统的实时性相冲突；此外，系统连线复杂，会降低系统的可靠性。

② 主从控制系统。采用主、从两级处理器实现系统的全部控制功能。主 CPU 实现管理、坐标变换、轨迹生成和系统自诊断等，从 CPU 实现所有关节的动作控制。主从控制系统实时性较好，适于高精度、高速度控制，但其系统扩展性较差，维修困难。

③ 分散控制系统。按系统的性质和方式将系统控制分成几个模块，每一个模块各有不同的控制任务和控制策略，各模块之间可以是主从关系，也可以是平等关系。这种方式实时性好，易于实现高速、高精度控制，易于扩展，可实现智能控制，是目前流行的方式。其主要思想是"分散控制，集中管理"，即系统对其总体目标和任务可以进行综合协调和分配，并通过子系统的协调工作来完成控制任务，整个系统在功能、逻辑和物理等方面都是分散的，所以 DCS 系统又称为集散控制系统或分散控制系统。这种结构中，子系统是由控制器和不同被控对象或设备构成的，各个子系统之间通过网络等相互通信。分布式控制结构提供了一个开放、实时、精确的机器人控制系统。分布式系统中常采用两级控制方式。

两级分布式控制系统通常由上位机、下位机和网络组成。上位机可以进行不同的轨迹规划和控制算法，下位机用于插补细分、控制优化等的研究和实现。上位机和下位机通过通信总线相互协调工作，这里的通信总线可以是 RS-232、RS-485、EEE-488 以及 USB 总线等。现在，以太网和现场总线技术的发展为机器人提供了更快速、稳定、有效的通信服务。尤其是现场总线，它应用于生产现场，在微机化测量控制设备之间实现双向多结点数字通信，从而形成了新型的网络集成式全分布控制系统——现场总线控制系统（Filedbus Control System，FCS）。在工厂生产网络中，将可以通过现场总线连接的设备统称为"现场设备/仪表"。从系统论的角度来说，工业机器人作为工厂的生产设备之一，也可以归纳为现场设备。在机器人系统中引入现场总线技术后，更有利于机器人在工业生产环境中的集成。

分布式控制系统的优点在于：系统灵活性好，控制系统的危险性降低，采用多处理器的分散控制，有利于系统功能的并行执行，提高系统的处理效率，缩短响应时间。

对于具有多自由度的工业机器人而言，集中控制对各个控制轴之间的耦合关系处理得很好，可以很简单地进行补偿。但是，当轴的数量增加到使控制算法变得很复杂时，其控制性能会恶化。而且，当系统中轴的数量或控制算法变得很复杂时，可能会导致系统的重新设计。与之相比，分布式结构的每一个运动轴都由一个控制器处理，这意味着系统有较少的轴间耦合和较高的系统重构性。

（5）机器人控制的基本原理

控制的目的是使被控对象产生控制者所期望的行为方式。控制的基本条件是了解被控对象的特性，其实质是对驱动器输出力矩的控制。要使机器人按照要求完成特定的作业，要做下述四件事：一是告诉机器人要做什么；二是机器人接受命令，并形成作业的控制策略；三是完成作业；四是保证正确完成作业，并通报作业已完成。这四个过程是通过机器人控制器来完成的，也是机器人控制器的基本原理。第一个过程在机器人控制中称为示教，即通过计算机可接受的方式告诉机器人做什么，给机器人作业命令；第二个过程是机器人控制系统中的计算机部分，它负责整个机器人系统的管理、信息获取及处理、控制策略的制定、作业轨迹的规划等，是机器人控制系统的核心；第三个过程是机器人控制中的伺服驱动部分，它通过不同的控制算法，将机器人控制策略转化为驱动信号，驱动伺服电动机使机器人完成指定的作业；最后一个过程是机器人控制中的传感器部分，通过传感器的反馈保证机器人正确地完成指定的作业，同时将各种姿态反馈到计算机中，以使计算机实时监控整个系统的运动情况。图 5-27 所示为机器人控制基本原理框图。

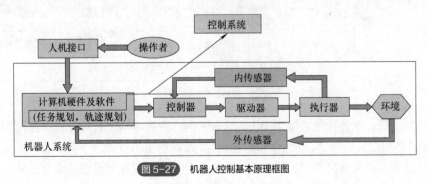

图 5-27　机器人控制基本原理框图

（6）机器人示教原理

图 5-28 所示为机器人示教原理框图。示教也称导引，即由用户导引机器人一步步按实际任

务操作一遍，机器人在导引过程中自动记忆示教的每个动作的位置、姿态、运动参数/工艺参数等，并自动生成一个连续执行全部操作的程序。完成示教后，只需给机器人一个启动命令，机器人将精确地按示教动作一步步完成全部操作。

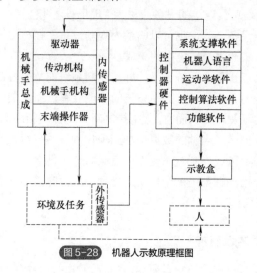

图 5-28　机器人示教原理框图

控制按照有无反馈分为开环控制与闭环控制。其中，开环精确控制的条件是需要精确地知道被控对象的模型，并且这一模型在控制过程中保持不变。控制按照期望控制量分为位置控制、力控制和混合控制。位置控制分为单关节位置控制（位置反馈、位置速度反馈、位置加速度反馈）、多关节位置控制（多关节位置控制又分为分解运动控制、集中控制）；力控制分为直接力控制、阻抗控制、力位混合控制；混合控制按智能化分为模糊控制、自适应控制、最优控制、神经网络控制、模糊神经网络控制、专家控制等。

控制系统硬件配置及结构如图 5-29 所示。由于机器人在控制过程中涉及大量的坐标变换和插补运算以及较低层的实时控制，因此，目前的机器人控制系统在结构上大多数采用分层结构的微型计算机控制系统，通常采用的是两级计算机伺服控制系统。

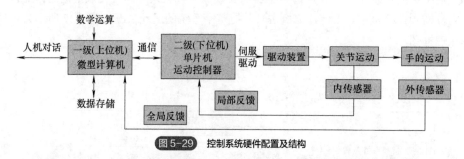

图 5-29　控制系统硬件配置及结构

具体控制流程：主控计算机接到工作人员输入的作业指令后，首先分析解释指令，确定手的运动参数，然后进行运动学、动力学和插补运算，最后得出机器人各个关节的协调运动参数。这些参数经过通信线路输出到伺服控制级，作为各个关节伺服控制系统的给定信号。关节驱动器将此信号 D/A 转换后驱动各个关节产生协调运动。传感器将各个关节的运动输出信号反馈回伺服控制级计算机形成局部闭环控制，从而更加精确地控制机器人手部在空间的运动。

基于 PLC 的运动控制有以下两种控制方式：

① 通过 PLC 的某些输出端口使用脉冲输出指令来产生脉冲驱动电动机，同时使用通用 I/O

或者计数部件来实现电动机的闭环位置控制。

② 使用 PLC 外部扩展的位置控制模块来实现电动机的闭环位置控制，主要是以高速脉冲方式控制，属于位置控制方式，一般点到点的位置控制方式较多。

装配机器人的主要控制方式是点位式和力（力矩）控制方式。

① 点位式装配机器人要求能准确控制末端执行器的工作位置，如果在其工作空间内没有障碍物，则其路径不是重要的。这种方式比较简单。

② 力（力矩）控制方式装配机器人在工作时除了需要准确定位外，还要求使用适度的力或力矩进行工作，这时就要用力（力矩）伺服方式，故系统中必须有力（力矩）传感器。

对装配机器人来说，既要控制手部运动，又要控制手部的作用力。从控制的角度看，在同一时刻很难做到对同一关节既实行运动控制，又施加力控制，因为在大部分情况下，关节力是通过一定的关节位移来产生的。如果该关节的控制回路增益很大（刚度很大），则一个小的误差就会引起很大的力变化；反之，如果关节控制回路的增益很小，要调整一个比较小的力，可能会引起一个很大的位置误差。因此，机器人的力控制问题一般要根据具体的作业特点选择合适的方法。表 5-1 是几种力控制方式的比较。

表 5-1 机器人几种力控制方式的比较

项目	力和位置混合方式	基本操作量	力反馈	动态补偿	使用情况
混合控制	作业空间的各自由度均将位置控制和力控制分开	关节力	没有末端近处的力反馈	没有	多数应用于纯粹的位置和力控制不能完成的作业
刚性控制	基本将弹簧特性和阻尼特性分开，实现位置控制时将弹簧特性加大，实现力控制时将阻尼特性加大	关节力	利用关节力的正确控制可省略力反馈，为提高控制精度，可利用关节力或末端力反馈	基本没有，可以用加速度分解控制	能构成稳定系统，除去规划的轨迹动作，其惯性补偿的稳定度较低
柔顺控制	除以上外，还将惯性分开	关节速度或位置	必须有末端力反馈	没有，主要由关节系统的偏差产生控制力	系统构成容易，有良好的柔顺特性
阻抗控制		关节力		有	近刚性控制

（7）三种基本的力控制方式

① 以位移控制为基础的力控制。这种方式是在位置闭环之外加上一个力闭环，如图 5-30 所示。图中，P_c 是机器人手部位移，Q_c 是操作对象的输出力。力传感器检测输出力，并与设定的力目标值进行比较，力值误差经过力/位移变化环节转换为目标位移，参与位移控制。位移控制是内环，也是主环，力控制是外环。这种方式结构简单，但由于力和位移都在同一个前向环节内施加控制，因此很难使力和位移都得到较满意的结果。力/位移变换环节的设计需要知道手部的刚度，若刚度太大，微量的位移可导致大的力变化，严重时会造成手部破坏。因此，为保护系统，手部要有一定的柔性。

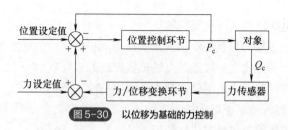

图 5-30　以位移为基础的力控制

②　以广义力控制为基础的力控制。这种方式的特点是在力闭环的基础上加上位置闭环，如图 5-31 所示。通过传感器检测手部的位移，经位移/力变换环节转换为输入力，与力的设定值合成后作为控制的给定量。和前一种控制方式相比，它可避免小的位移引起大的力变化，故对手部有保护作用。其缺点是力和位移都由一个前向通道控制，在位置精度要求较高的场合不太适应。

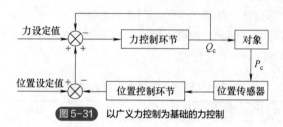

图 5-31　以广义力控制为基础的力控制

③　力和位置混合控制。这种方式由两个独立的闭环分别实施力和位置的控制。由于采用独立回路，力和位置可以实现独立控制。在实际应用中，一般并非所有的关节都需要进行力控制，而是根据机器人的具体结构和实际的作业工况来定。对同一机器人，不同的作业情况需要力控制的关节可能也不同，因而常需要由选择器来控制。图 5-32 所示为力和位置混合控制的结构示意图。这种方式由于具有显而易见的优点，在工业机器人控制中得到广泛的应用。

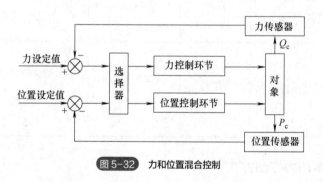

图 5-32　力和位置混合控制

5.8　机器人驱动装置

机器人运行需要在各个关节即每个运动自由度安置传动装置，提供机器人各部位、各关节动作的原动力。驱动系统可以是液压传动、气动传动、电动传动，或者把它们结合起来应用的综合系统；可以是直接驱动或者是通过同步带、链条、轮系、谐波齿轮等机械传动机构进行的间接驱动。

（1）电动驱动装置

电动驱动装置的能源简单，速度变化范围大，效率高，速度和位置精度都很高。但它们多与减速装置相连，直接驱动比较困难。电动驱动装置又可分为直流（DC）伺服电动机驱动、交流（AC）伺服电动机驱动和步进电动机驱动。直流伺服电动机电刷易磨损，且易形成火花。无刷直流电动机也得到越来越广泛的应用。步进电动机驱动多为开环控制，控制简单但功率不大，多用于低精度小功率机器人系统。关节型装配机器人几乎都采取电动机驱动方式。伺服电动机速度快，容易控制，现在已十分普及。只有部分廉价的机器人采用步进电动机。

电动机上电运行前要做如下检查：

① 电源电压是否合适（过压很可能造成驱动模块的损坏），对于直流输入的正负极一定不能接错，驱动控制器上的电动机型号或电流设定值是否合适（开始时不要太大）。

② 控制信号线接牢靠，工业现场最好要考虑屏蔽问题（如采用双绞线）。

③ 不要开始时就把需要接的线全接上，只连成最基本的系统，运行良好后，再逐步连接。

④ 一定要搞清楚采用何种接地方法，还是采用浮空不接。

⑤ 开始运行的半小时内要密切观察电动机的状态，如运动是否正常、声音和温升情况，发现问题立即停机调整。

（2）液压驱动

液压驱动通过高精度的缸体和活塞来完成，通过缸体和活塞杆的相对运动实现直线运动。

优点：功率大，可省去减速装置直接与被驱动的杆件相连，结构紧凑，刚度好，响应快，伺服驱动具有较高的精度。

缺点：需要增设液压源，易产生液体泄漏，不适合高、低温场合，故液压驱动目前多用于特大功率的机器人系统。选择适合的液压油，防止固体杂质混入液压系统，防止空气和水入侵液压系统；机械作业要柔和平顺，避免粗暴，否则必然产生冲击负荷，使机械故障频发，大大缩短使用寿命；要注意气蚀和溢流噪声，作业中要时刻注意液压泵和溢流阀的声音，如果液压泵出现"气蚀"噪声，经排气后不能消除，应查明原因排除故障后才能使用；保持适宜的油温，液压系统的工作温度一般控制在 30~80℃之间为宜。

（3）气压驱动

气压驱动的结构简单、清洁、动作灵敏，具有缓冲作用。但与液压驱动装置相比，其功率较小，刚度差，噪声大，速度不易控制，所以多用于精度不高的点位控制机器人。

① 具有速度快、系统结构简单、维修方便、价格低等特点，适于在中小负荷的机器人中采用。但因难以实现伺服控制，多用于程序控制的机器人，如在上下料和冲压机器人中应用较多。

② 在多数情况下用于实现两位式的或有限点位控制的中小机器人。

③ 控制装置目前多数选用可编程控制器（PLC 控制器）。在易燃、易爆场合可采用气动逻辑元件组成控制装置。

通常根据抓拿对象的不同，需要设计特定的手爪。在一些机器人上配备各种可换手爪以增加通用性。手爪驱动中电驱动占一定比例，但气压驱动居多，主要通过以下两种方式抓取工件：真空吸盘吸取和气动手指夹取。真空吸取技术是自动化装配技术的一个重要部分，目前在电子制造、半导体元件组装、汽车组装、食品机械、包装机械、印刷机械等行业中大量采用。真空吸盘所需要的真空发生装置主要为真空泵与真空发生器两种。真空泵是一种在吸气口形成负压力，排气口直接通入大气，吸气口与排气口两端压力比很大的抽除气体的设备。而真空发生器则是一种气动元件，它以压缩空气为动力，利用压缩空气的流动形成一定的真空度。将真空吸盘连接在真空回路中就可以吸附工件。对于任何具有较光滑表面的工件，特别是非金属类且不适合夹紧的工件，都可以使用真空吸盘来吸取。图 5-33 所示为真空发生器真空形成原理。在图 5-33 中，压缩空气从小孔中吹入，通过一个锥形的喷口吹出，则在喷口附近形成一定的负压区。将真空管路与吸盘连通，则吸盘与工件之间的空气被逐渐抽除，内外的压力差将工件紧贴在吸盘上。图 5-34 所示为吸盘及应用实物。真空吸盘的应用具有一定的特殊性，涉及真空的产生、真空系统的过滤、压力的检测、工件的释放等，因此真空系统涉及的元件包括真空发生器、真空过滤器、真空开关、真空吸盘等。在自动机械设计中，要求能够熟练地进行真空回路的设计。

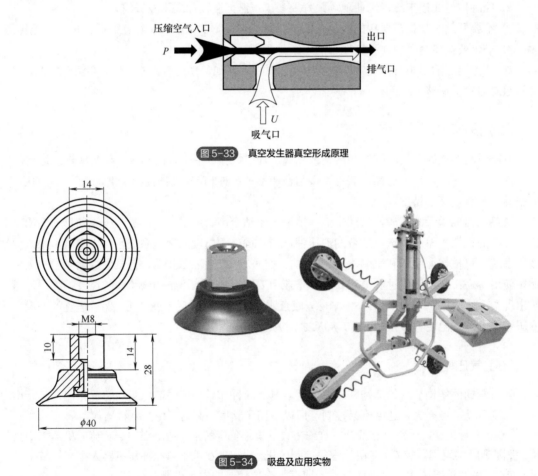

图 5-33 真空发生器真空形成原理

图 5-34 吸盘及应用实物

　　气动手指实际上就是一个气缸或由气缸组成的连杆机构，同样以压缩空气为动力夹取工件。图 5-35 所示为气动手指实物。气动手指的控制与气缸的控制完全相同。关于气动手指与真空系统的选型与设计可参阅有关公司的气动元件资料。

　　根据负载能力，中小型机械手一般用于移送体积较小、质量较轻的工件或产品，而大型机械手则可以移送质量较大的负载。抓取工件的质量不同，对机械手的结构要求也不同，为了保

图 5-35 气动手指实物

证机械手在工作过程中具有足够的运动精度与稳定性，要求机械手在结构上具有足够的刚度，这种刚度的区别体现在结构的材料、尺寸、质量、元件的规格大小等方面。也就是说，具体的机械手其负载能力是确定的，超出其负载能力必须采用更大的机械结构尺寸，否则会产生振动、变形等问题，降低其工作精度、稳定性与可靠性。

（4）传动机构

传动装置是连接动力源和运动连杆的关键部分，根据关节形式不同，常用的传动机构有直线传动机构和旋转传动机构。直线传动方式可用于直角坐标机器人的 X、Y、Z 向驱动，圆柱坐标结构的径向驱动和垂直升降驱动以及球坐标结构的径向伸缩驱动。直线运动可以通过齿轮齿条、丝杠螺母等传动元件将旋转运动转换成直线运动，可以由直线驱动电动机驱动，也可以直接由气缸或液压缸的活塞产生。

① 齿轮齿条装置。通常齿条是固定的，齿轮的旋转运动转换成托板的直线运动。其结构简单，但回差较大。

② 滚珠丝杠。在丝杠和螺母的螺旋槽内嵌入滚珠，并通过螺母中的导向槽使滚珠连续循环。其摩擦力小，传动效率高，无爬行，精度高，但制造成本高，结构复杂。理论上滚珠丝杠副也可以自锁，但是实际应用上没有使用滚珠丝杠副自锁的，原因主要是可靠性很差，或加工成本很高。因为直径与导程比非常大，一般是再加一套蜗轮蜗杆之类的自锁装置。

③ 旋转传动机构。采用旋转传动机构的目的是将电动机驱动源输出的较高转速转换成较低转速，并获得较大的力矩。机器人中应用较多的旋转传动机构有同步带、齿轮链和谐波齿轮。

同步带是具有许多型齿的皮带，它与同样具有型齿的同步带轮相啮合，其工作时相当于柔软的齿轮，无滑动、柔性好、价格便宜、重复定位精度高，但具有一定的弹性变形。

精密减速机是关节型工业机器人最重要的基础部件和运动的核心部件。这是一种精密的动力传递机构，是利用齿轮的速度转换器将电动机的回转数减速到所要求的回转数，并得到较大转矩的装置，从而降低转速，增加转矩。在全球范围内，机器人行业应用的精密减速机可分为 RV 减速机、谐波减速机和 SPINEA 减速机，三者的市场销售数量占比约为 40%、40%、20%。其中，RV 减速机和谐波减速机是工业机器人最主流的精密减速器。

RV 减速机具有传动比大、传动效率高、运动精度高、回差小、振动低、刚性大和可靠性高等特点。在关节型机器人中，一般将 RV 减速机放置在机座、大臂、肩部等重负载的位置。RV 减速机及应用如图 5-36 所示。

谐波减速机由刚性齿轮、谐波发生器和柔性齿轮三个主要零件组成，一般刚性齿轮固定，谐波发生器驱动柔性齿轮旋转，如图 5-37 所示。其主要特点是：传动比大，单级为 50~300；传动平稳，承载能力高；外形轮廓小、零件数目少且传动效率高，可达 70%~90%；传动精度高，比普通齿轮传动高 3~4 倍；回差小，但不能获得中间输出，柔轮刚度较低。在关节型机器人中，

图 5-36 RV 减速机及应用

图 5-37 谐波减速机

谐波减速机一般放置在小臂、腕部或手部。谐波传动装置在机器人技术比较先进的国家已得到广泛的应用。

一般情况下，一台工业机器人需要的减速器个数为 4~6 台。RV 减速机在技术及行业管理等方面的要求主要有：

① RV 减速机的技术要求高。作为一种小体积、大传动比、零背隙、超高传动/体积比的减速机，是精密机械工业的一个巅峰之作，减速机里面完全是由高精度的元件、齿轮组成，对材料科学、精密加工装备、加工精度、装配技术、高精度检测技术提出了极高的要求。

② 动力方面。在建模并完成多体动力学仿真之后，才可能知道各阶振动的情况；非线性特征差异巨大，一旦存在共振点在工作点附近的情况，则受影响；与系统集成发生耦合，集成后机器人的运行点（额定转速）作为激振频率会造成部件损毁；系统运行的范围往往是连续的，6 轴机器人总有 1 个轴可能会在额定点 20%附近，除非经过良好的设计和实施；产品参数波动大，如此精密配合的系统中，游隙/过盈配合只要有一点偏差，接触刚度/啮合刚度都会差几倍，刚度矩阵的显著变化导致固有频率的波动。

③ 寿命优化和迭代方面。一个稳定的系统和一个振动的系统其寿命可能差很多倍；有些材料问题只有经过真实环境全生命周期测试才能发现。因此，必须有一轮出现问题然后再迭代设计的过程。寿命本身就是机械行业水平的标志。

④ RV 减速机行业存在管理问题。一个工业机器人，并不是只有减速器就够了，更重要的是和伺服系统、运动控制系统相结合才能达到高精度和高稳定性。由于各厂家技术都不同，国外机器人厂家之间的减速器不通用。因此，在管理减速器研发、生产方面，应该有一个行业标准。

5.9 机器人的传感器

智能机器人按照智能程度分为工业机器人、初级智能机器人和高级智能机器人；按功能分为传感型机器人、自主型机器人和交互型机器人。随着智能化程度的提高，机器人传感器应用越来越多。从拟人功能出发，视觉、力觉、触觉最为重要，早已进入实用阶段，听觉也有较大进展，其他还有嗅觉、味觉、滑觉等，对应有多种传感器。传感器是机器人完成感觉的必要手段，通过传感器的感觉作用，将机器人自身的相关特性或相关物体的特性转化为机器人执行某项功能时所需要的信息。传感技术就是获取信息的手段和方法的总和。智能传感器的使用提高了机器人的机动性、适应性和智能化水准。对于一些特殊的信息，传感器比人类的感受系统更有效。根据传感器在机器人上的应用目的和使用范围不同，可分为内传感器和外传感器。安装在机器人机械手上的传感器称为内传感器，而将作为环境一部分的传感器称为外传感器。内传感器用于检测机器人自身状态（如手臂间角度、机器人运动工程中的位置、速度和加速度等）；外传感器用于检测机器人所处的外部环境和对象状况等，如抓取对象的形状、空间位置、有没有障碍、物体是否滑落等。恰当地配置传感器能有效地降低机器人的价格，改善它的性能。力传感器一般装在腕部，用来检测腕部受力情况，一般在精密装配或去飞边等需要力控制的作业中使用。

（1）内传感器

内传感器和电动机、轴等机械部件或机械结构（如手臂、手腕等）安装在一起，完成位置、速度、力的测量，实现伺服控制。

① 位置（位移）传感器。直线移动传感器有电位计式和可调变压器两种。角位移传感器有电位计式、可调变压器（旋转变压器）及光电编码器三种。其中，光电编码器有增量式编码器和绝对式编码器，增量式编码器一般用于零位不确定的位置伺服控制；绝对式编码器能够得到对应于编码器初始锁定位置的驱动轴瞬时角度值。当设备受到压力时，只要读出每个关节编码器的读数，就能够对伺服控制的给定值进行调整，以防止机器人启动时产生过于剧烈的运动。

② 速度和加速度传感器。速度传感器分为测量平移和旋转运动速度两种，但大多数情况下只限于测量旋转速度。利用光电方法让光照射旋转圆盘，检测出旋转频率和脉冲数目，以求出旋转角度；利用圆盘的缝隙，通过两个光电二极管辨别出角速度，即转速，这就是光电脉冲式转速传感器。此外，还有用于测速的测速发电机等。

应变仪即伸缩测量仪，是一种应力传感器，用于加速度测量。加速度传感器用于测量工业机器人的动态控制信号。一般有由速度测量进行推演的方法、由已知质量物体加速度所产生的动力进行推演的方法及下面所说的方法。

与被测加速度有关的力可由一个已知质量产生，这种力可以为电磁力或电动力，最终简化为对电流的测量，这就是伺服返回传感器，实际有多种振动式加速度传感器。

由于机器人发展历史较长，近年来普遍采用以交流永磁电动机为主的交流伺服系统，对应位置、速度等传感器大量应用的是各种类型的光电编码器、磁编码器和旋转变压器。

③ 力觉传感器。力觉传感器用于测量两物体之间作用力的三个分量和力矩的三个分量。机器人中理想的传感器是粘接在依从部件的半导体应力计。具体有金属电阻型力觉传感器、半导体型力觉传感器、其他磁性压力式和利用弦振动原理制作的力觉传感器。还有转矩传感器（如

用光电传感器测量转矩）、腕力传感器（如国际斯坦福研究所的由 6 个小型差动变压器组成的腕力传感器，能测量作用于腕部 X、Y、Z 三个方向的动力及各轴动转矩）等。

（2）外传感器

以往一般工业机器人是没有外部感觉能力的，而新一代机器人，如多关节机器人，特别是移动机器人、智能机器人，则要求具有校正能力和反映环境变化的能力，外传感器就是实现这些能力的。

① 触觉传感器。微型开关是触觉传感器最常用的形式，另有隔离式双态接触传感器（即双稳态开关半导体电路）、单模拟量传感器、矩阵传感器（压电元件的矩阵传感器、人工皮肤-变电导聚合物、光反射触觉传感器等）。

② 应力传感器。如多关节机器人进行动作时需要知道实际存在的接触、接触点的位置（定位）、接触的特性即估计受到的力（表征）三个条件，所以用上节已指出的应变仪结合具体应力检测的基本假设，如求出工作台面与物体间的作用力，具体有对环境装设传感器、对机器人腕部装设测试仪器用传动装置作为传感器等方法。

③ 接近度传感器。由于提高机器人的运动速度及对物体装卸可能引起损坏等原因，需要知道物体在机器人工作场地内存在位置的先验信息以及适当的轨迹规划，所以有必要应用测量接近度的遥感方法。接近度传感器分为无源传感器和有源传感器，所以除自然信号源外，还可能需要人工信号的发送器和接收器。

超声波接近度传感器用于检测物体的存在和测量距离。它不能用于测量小于 30~50cm 的距离，但测距范围较大，可用在移动机器人上，也可用于大型机器人的夹手上，还可做成超声导航系统。红外线接近度传感器的体积很小，只有几立方厘米大，因此可以安装在机器人夹手上。

④ 声觉传感器。用于感受和解释在气体（非接触感受）、液体或固体（接触感受）中的声波。声波传感器复杂程度可以从简单的声波存在检测到复杂的声波频率分析，直到对连续自然语言中单独语音和词汇的辨别。

⑤ 接触式或非接触式温度传感器。该类传感器近年在机器人中应用较广，除常用的热电阻（热敏电阻）、热电偶等外，热电电视摄像机也有广泛的应用。

⑥ 滑觉传感器。滑觉传感器用于检测物体的滑动。当要求机器人抓住特性未知的物体时，必须确定最适当的握力值，所以要求检测出握力不够时所产生的物体滑动信号。利用这一信号，在不损坏物体的情况下，牢牢抓住物体。目前有利用光学系统的滑觉传感器和利用晶体接收器的滑觉传感器，后者的检测灵敏度与滑动方向无关。

⑦ 距离传感器。用于智能移动机器人的距离传感器有激光测距仪（兼可测角）、声呐传感器等。

⑧ 视觉传感器。视觉传感器是 20 世纪 50 年代后期出现的，发展十分迅速，是机器人中最重要的传感器之一。机器视觉从 20 世纪 60 年代开始首先处理积木世界，后来发展到处理室外的现实世界。20 世纪 70 年代以后，实用性的视觉系统出现了。视觉一般包括三个过程：图像获取、图像处理和图像理解。相对而言，图像理解技术还有较大的提升空间。

（3）传感器的主要指标

① 动态范围。动态范围是指传感器能检测的范围。例如，电流传感器能够测量 1mA~20A

的电流，那么这个传感器的测量范围就是 10lg（20/0.001）=43dB。如果传感器的输入超出了传感器的测量范围，传感器就不会显示正确的测量值了，如超声波传感器对近距离的物体无法测量。

② 分辨率。分辨率是指传感器能测量的最小差异。例如，电流传感器的分辨率可能是 5mA，也就是说小于 5mA 的电流差异无法检测出。当然，越高分辨率的传感器价格就越高。

③ 线性度。这是一个非常重要的指标，用来衡量传感器输入和输出的关系。

④ 频率。频率是指传感器的采样速度。例如，一个超声波传感器的采样频率为 20Hz，也就是说每秒能扫描 20 次。

（4）机器人传感器的要求和选择

机器人传感器的选择取决于机器人工作需要和应用特点，对机器人感觉系统的要求是选择传感器的基本依据：精度高，重复性好，稳定性和可靠性好；抗干扰能力强；重量轻，体积小，安装方便。机器人传感器与信号检测后的信号变换、处理关系非常密切。

5.10　机器人视觉技术

工业生产线上，人眼在精准度、效率方面已不能满足产业升级的要求，对于不可观测物体、高精度产品只能依靠机器视觉。机器视觉技术已成功应用到工业机器人中，并成为一项核心技术。机器人视觉系统最早应用于汽车生产线的成套车体生产机器人上。如果没有视觉系统，就需要采用特殊的工具在车体上加工孔径，以便使机器人能够知道车体的具体位置。在视觉摄像系统开发以后，就再也不需要这类昂贵的加工工具了。机器人能够自动地确定车体的确切位置，然后通过数学方式计算出这 4 个孔径的位置。采用视觉系统是降低工具成本的一种很好的方法。随着机器视觉系统处理能力的提高，处理器和存储器的费用不断降低，但可以做更多的工作，不仅是拍摄一幅图像，还可以将其与相应的参考模型进行对比，早期的大部分二维视觉图像就是建立在这一技术基础之上。一个典型的工业机器视觉应用系统包括数字图像处理技术、机械工程技术、控制技术、光源照明技术、光学成像技术、传感器技术、模拟与数字视频技术、计算机软硬件技术、人机接口技术等。目前，工业生产中应用到的视觉技术大致可分为两类：质量控制和辅助生产。其中，质量控制就是用视觉技术代替人工对产品的尺寸、外观等进行检测，识别出不良品，此类设备在国内外自动化生产线已广泛使用；辅助生产指的是利用视觉技术给机器人提供动作执行依据，目前广泛应用的是基于单目视觉的二维定位技术。

（1）视觉系统的基本原理

视觉系统采用运算技术来识别图像，然后通过培训教会机器人识别事物并寻找所需要的东西。图像建立在大量的像素数据基础之上，系列中的每一个像素都有一个灰度等级，然后通过运算技术分析数据。机器人可以判断出图像的拍摄位置，因此能够识别物体所处的位置，然后判断其相应的尺寸、形状和质量；也可以根据图像和运算法则更改程序。例如，不同大小的零件可以采用不同的路径，零件 A 在零件 B 应该落下的地方掉落。带有视觉系统的机器人，最终能够在任何方向上操纵任何类型的零件。机器人的视觉系统就是通过图像和距离等传感器来获取环境对象的图像、颜色和距离等信息，然后传递给图像处理器，利用计算机从二维图像中理解和构造出三维世界的真实模型。采用随机附带的摄像系统或遥控摄像机可以获取一个物体的快速拍摄图像，并找到该物体与机器人的相对位置。图 5-38 所示为机器人视觉系统的原理及应用实例。

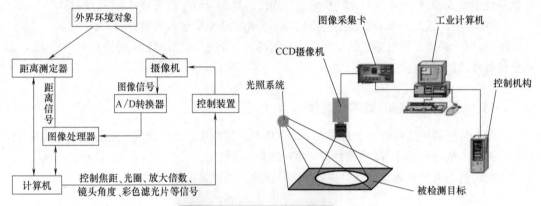

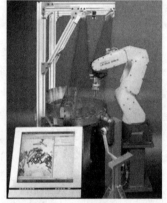

图 5-38　机器人视觉系统原理及应用实例

摄像机获取环境对象的图像，经 A/D 转换器转换成数字量，从而变成数字化图形。通常将一幅图像划分为 512×512 或者 256×256，各点亮度用 8 位二进制表示，即可表示 256 个灰度。图像输入以后进行各种各样的处理、识别及理解，另外通过距离测定器得到距离信息，经过计算机处理得到物体的空间位置和方位，通过彩色滤光片得到颜色信息。上述信息经图像处理器进行处理，提取特征，处理的结果再输出到机器人，以控制它进行动作。另外，作为机器人的眼睛不但要对所得到的图像进行静止处理，而且要积极地扩大视野，根据所观察的对象，改变眼睛的焦距和光圈。因此，机器人视觉系统还应具有调节焦距、光圈、放大倍数和摄像机角度的装置。

视觉系统首先要做的工作是摄入实物对象的图形，即解决摄像机的图像生成模型。其包含两个方面的内容：一是摄像机的几何模型，即实物对象从三维景物空间转换到二维图像空间的结果，关键是确定转换的几何关系；二是摄像机的光学模型，即摄像机的图像灰度与景物间的关系。由于图像的灰度是摄像机的光学特性、物体表面的反射特性、照明情况、景物中各物体的分布情况（产生重复反射照明）的综合结果，所以从摄得的图像分解出各因素在此过程中所起的作用是不容易的，这也是实现机器人视觉的难点之一。其次，视觉系统要对摄得的图像进行初级处理，主要通过图像灰度的变化来实现对图像的棱线表示和图像分割、图像重心位置以及图像两个垂直主惯性轴的提取。图像的初级处理包括以下方面的内容。

① 图像的预处理。对图像进行处理前，首先对输入的图像信号进行预处理，以获得能正确反映外部景物的高质量图像，为以后的视觉处理创造条件。其主要的工作是通过相关的算法进行图像几何失真的校正、灰度的修正、图像的平滑处理，从而提高图像的质量。

② 图像的分离。机器人一般只关心某一特定的物体，因此需要把所关心图像与其他部分区别开，这个区别与提取的过程就称为分离。图像分离的方法很多，如阈值处理法和边缘检测法。

③ 图像重心位置及惯性轴矩的计算。由于摄像机获得的平面物体图像的位姿是任意的，为了与存储器中的标准图像比较，需要计算任意位姿图像的重心坐标和图像两个垂直主惯性轴。在不同零件的识别应用中，这些参数可以提供零件的特征而加以区分。

（2）视觉系统图像处理的方法

在视觉系统中图像的处理是按照数字化的方法进行的。大多数场合对于识别误差的要求是：位置识别误差<1mm，角度识别误差<1°。在装配系统中，视觉系统的任务是识别装配对象，以便给搬送设备指引抓取和安装的正确坐标。随着自动化技术的发展，视觉系统越来越多地用于质量控制，如用于进行表面质量检验和工作的完善性检验。

数字式图形测量是把连续的灰色或彩色图形转化成不连续的数字形式的测量方法。一幅图面用许多栅格点来表示，每一个像点都有自己确定的坐标位置和相应的灰色值或彩色值。这种数字式图形测量方法的一个突出问题是要求很大的存储量和较长的识别时间。当一幅图面的分辨率为1024×1024个像点时，要求的存储如下：

黑面图　　　　128KB

灰色图（256种灰值）　　　　1MB

彩色图　　　3MB

Kodak公司的CCD-M+传感器，在7.04mm×8.98mm的敏感表面上分布着1.4M个栅格（1340×1037个像点）。每个栅格的边长和它们之间的中心距为6.8μm。

在装配过程中，可以使用视觉系统解决以下的问题：

① 零件平面测量。

② 字符识别（文字、条码、符号等的识别）。

③ 完善性检测。

④ 表面检查（刻痕、纹理）。

⑤ 三维测量。

首先必须对一幅图进行数字式描述，然后才能借助数学的处理方法转化成数据模式并且可以在屏幕上显示。图5-39可以帮助我们理解图形的数字化过程。

图形识别的"高水平"是三维识别。三维识别的困难在于投影是不完全的，也就是说，投影物体总有一部分是被遮住的。在视觉系统中，"照明"起着很重要的作用。希望有一种对照净化的场景，也就是说，附近不允许有强反射表面。目前，工业用集成3D视觉系统，该技术已应用于FANUC R-30iA型机器人系统，其全部工艺由主机器人上的CPU单元执行，不会产生通信延时的现象，也不需要再附加硬件。图5-40所示为发那科机器人iRVision 2.5D视觉实例。它通过相机视野内目标比例的变化来估算目标的高度，并引导机器人的运动补偿目标的偏移，不但

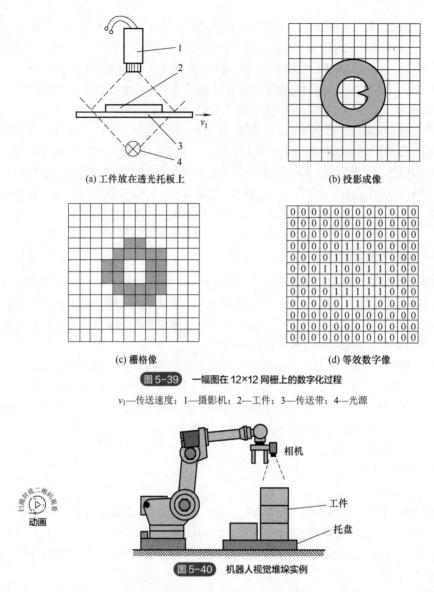

(a) 工件放在透光托板上　　　　　　　　(b) 投影成像

(c) 栅格像　　　　　　　　　　　　(d) 等效数字像

图 5-39　一幅图在 12×12 网栅上的数字化过程

v_1—传送速度；1—摄影机；2—工件；3—传送带；4—光源

相机

工件

托盘

扫描封底二维码观看
动画

图 5-40　机器人视觉堆垛实例

包括 X 轴、Y 轴和 X-Y 平面旋转度 R，也同时包括 Z 轴。使用 iRVision 2.5D 允许机器人只借助一个普通 2D 相机来拾取码放堆集的目标。

5.11　机器人编程技术

　　机器人是个软件可控的机械装置，利用传感器引导执行器动作，通过可编程运动操作物体进行作业。对工业机器人来说，主要有三类编程方法：在线编程、离线编程以及自主编程。在当前机器人的应用中，手工示教仍然主宰着整个机器人焊接领域，离线编程适合于结构化焊接环境，但对于轨迹复杂的三维焊缝，手工示教不但费时，而且也难以满足焊接精度要求，因此，在视觉导引下由计算机控制机器人自主编程取代手工编程已成为发展趋势。机器人编程控制系统如图 5-41 所示。

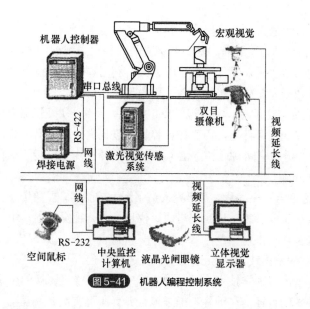

图 5-41　机器人编程控制系统

（1）机器人编程技术

1）示教编程技术

① 在线示教编程。通常由操作人员通过示教盒控制机械手工具末端到达指定的姿态和位置，记录机器人位姿数据并编写机器人运动指令，完成机器人在正常加工中的轨迹规划、位姿等关节数据信息的采集、记录。

② 激光传感辅助示教。在空间探索、水下施工、核电站修复等极限环境下，操作者不能身临现场，焊接任务的完成必须借助于遥控方式。环境的光照条件差，视觉信息不能完全地反馈现场的情况，采用立体视觉作为视觉反馈手段，示教周期长。由于视觉误差，立体视觉示教精度低，激光视觉传感能够获取焊缝轮廓信息，反馈给机器人控制器实时调整焊枪位姿跟踪焊缝，但也无法适应所有遥控焊接环境，如工件表面状态对激光辅助示教有一定影响，不规则焊缝特征点提取困难。

③ 力觉传感辅助示教。

④ 专用工具辅助示教。为了使得机器人在三维空间示教过程更直观，一些辅助示教工具被引入在线示教过程。辅助示教工具包括位置测量单元和姿态测量单元，分别来测量空间位置和姿态。

2）离线编程技术

离线编程包括离线轨迹规划、加工作业过程的图形仿真、程序校验和碰撞干涉检验等。离线编程具有的优点有：

① 减少停机的时间，当对下一个任务进行编程时，机器人可仍在生产线上工作。

② 使编程者远离危险的工作环境，改善了编程环境。

③ 使用范围广，可以对各种机器人进行编程，并能方便地实现优化编程。

④ 便于和 CAD/CAM 系统结合，做到 CAD/CAM/ROBOTICS 一体化。

⑤ 可使用高级计算机编程语言对复杂任务进行编程。

⑥ 便于修改机器人程序。

3）自主编程技术

随着技术的发展，各种跟踪测量传感技术日益成熟，人们开始研究以焊缝的测量信息为反馈，由计算机控制焊接机器人进行焊接路径的自主示教技术。

① 基于激光结构光的自主编程。基于结构光的路径自主规划的原理是将结构光传感器安装在机器人的末端，形成"眼在手上"的工作方式，利用焊缝跟踪技术逐点测量焊缝的中心坐标，建立起焊缝轨迹数据库，在焊接时作为焊枪的路径。

② 基于双目视觉的自主编程。基于视觉反馈的自主示教是实现机器人路径自主规划的关键技术，其主要原理是在一定条件下，由主控计算机通过视觉传感器沿焊缝自动跟踪、采集并识别焊缝图像，计算出焊缝的空间轨迹和方位（即位姿），并按优化焊接要求自动生成机器人焊枪的位姿参数。

③ 多传感器信息融合自主编程。有研究人员采用力控制器、视觉传感器以及位移传感器构成一个高精度自动路径生成系统。该系统集成了位移、力、视觉控制，引入视觉伺服，可以根据传感器反馈信息来执行动作。

4）基于增强现实的编程技术

增强现实技术源于虚拟现实技术，是一种实时地计算摄像机影像的位置及角度并加上相应图像的技术，这种技术的目标是在屏幕上把虚拟世界套在现实世界并互动，增强现实技术使得计算机产生的三维物体融合到现实场景中，加强了用户同现实世界的交互。将增强现实技术用于机器人编程具有革命性意义。增强现实技术融合了真实的现实环境和虚拟的空间信息，它在现实环境中发挥了动画仿真的优势，并提供了现实环境与虚拟空间信息的交互通道。基于增强现实的机器人编程技术（RPAR）能够在虚拟环境中，在没有真实工件模型的情况下进行机器人离线编程。

（2）机器人语言

1）机器人语言概述

自第一台机器人问世以来，人们就开始了对机器人语言的研究。1973 年，Stanford 人工智能实验室开发了第一种机器人语言——WAVE 语言。它具有动作描述，配合视觉传感器，进行手眼协调控制等功能。1974 年，该实验室在 WAVE 语言的基础上开发了 AL 语言，对后来机器人语言的发展有很大的影响。1979 年，美国 Unimation 公司开发了 VAL 语言，并配置在 PUMA 系列机器人上，成为实用的机器人语言。VAL 语言类似于 BASIC 语言，语句结构比较简单，易于编程。美国 IBM 公司在 1975 年研制了 ML 语言，并用于机器人装配作业。后来 IBM 公司又推出了 AML 语言，AML 语言目前已作为商品化产品用于 IBM 机器人的控制。表 5-2 所示是几种常用的装配机器人的编程语言。

表 5-2　装配机器人的几种编程语言及其功能

VAL	URL	SIGAL	ROBOTLAN	ML	ALFA	编程语言	
•		•	•	•		装配	应用
•	•				•	搬送	
						外部	结构
						内部	
•	•	•		•	•	解释	
			•			数学语句	程序单元

116

续表

VAL	URL	SIGAL	ROBOTLAN	ML	ALFA	编程语言		
•		•	•		•	点	几何	程序单元
•		•				图形	语句	
•		•				直线		
•		•				轨迹		
						停止		过程语言
•		•	•		•	跳跃		
		•				滑动		
				•		中断程序		
				•		逻辑判断		
				•	•	传感器指示		控制语言
•						紧急指示		
				•		故障		
				•		输入		通信语言
•		•				输出		
					•	外部		编程过程
•	•	•			•	外部，示教		

机器人编程语言的基本功能包括运算、决策、通信、机械手运动、工具指令以及传感器数据处理等。当前流行的许多机器人系统，只提供机械手运动和工具指令以及某些简单的传感数据处理功能。控制装配机器人的运动必须根据装配任务来编程。装配机器人的控制程序包括以下 4 方面的内容：运动几何的描述；过程顺序的描述；控制与监测；信息交换。

实现第一部分任务的困难是复杂的空间曲线的描述。这可借助于下述技术手段来进行：一是用运动学模型进行运动预测；二是借助计算机辅助系统，用光笔在屏幕上设计机器人的运动轨迹；三是用直线和间接的传感器导向。在机器人编程工作中经常使用空间坐标，即用 6 个分矢量 $(x, y, z, \alpha, \beta, \gamma)$ 来描述物体在一个参考坐标中的空间位置。这 6 个分矢量分别称为平移矢量和转角。机器人编程的一个辅助任务，就是寻找无碰撞路径（图 5-42）。这也是当两台机器人协作时的特殊问题。

一般来说，机器人的每一个运动必须进行人工的无碰撞示教。但是这样一来，在装配任务变化时，调整停机的时间就长了。所以，人们正在寻找一种使这一过程能够自动进行的方法。以后人们就不需要给机器人规定路径，只给出目标点就行。机器人的控制系统可以根据装配对象的精

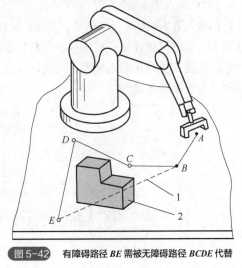

图 5-42　有障碍路径 BE 需被无障碍路径 BCDE 代替

1—计划路径；2—障碍物

117

确空间位置和装配工作空间，借助于传感器自动确定机器人的无碰撞路径。为了实现这一功能，从原则上来说必须解决以下三项任务：一是建立环境的数学模型；二是碰撞识别；三是路径计划。

对装配工作中的典型搬送过程进行研究，以便实现自动地产生机器人的运动控制程序，这是人工智能研究的课题之一。根据作业描述水平的高低，机器人语言通常可分为三级：动作级、对象级、任务级。

动作级语言是以机器人的动作为描述中心，通常由使手爪从一个位置到另一个位置的一系列命令组成。动作级语言每一个命令（指令）对应于一个动作，命令比较容易。如可以定义机器人的运动序列（MOVE），基本语句形式为：MOVE TO <destination>。动作级语言的代表是 VAL 语言。它的语句比较简单，易于编程。动作级语言的缺点是不能进行复杂的数学运算，不能接收复杂的传感器信息，仅能接收传感器的开关信号，并且和其他计算机的通信能力很差。

对象级语言解决了动作级语言的不足，是描述操作物体间关系使机器人动作的语言，即以描述操作物体之间的关系为中心的语言。这类语言有 AML、AUTOPASS 等，具有以下特点：

① 运动控制，具有与动作级语言类似的功能。

② 处理传感器的信息，可以接受比开关信号复杂的传感器信号，并可利用传感器的信号进行控制、监督以及修改和更新环境模型。

③ 通信和数字运算，能方便地和计算机的数据文件进行通信，数字计算功能强，可以进行浮点计算。

此外，对象级语言具有很好的扩展性，用户可以根据实际需要，扩展语言的功能，如增加指令等。

任务级语言是比较高级的机器人语言，这类语言允许使用者对工作任务所要求达到的目标直接下命令，不需要规定机器人所做的每一个动作的细节。只要按某种原则给出最初的环境模型和最终的工作状态，机器人可自动进行推理、计算，最后自动生成机器人的动作。任务级语言的概念类似于人工智能中程序自动生成的概念。目前，还没有真正的任务级编程系统，但它是一个有实用意义的研究课题。

2）机器人语言结构

机器人语言实际上是一个语言系统，机器人语言系统既包含语言本身——给出作业指示和动作指示，同时又包含处理系统——根据上述指示来控制机器人系统。机器人语言系统如图 5-43 所示，它能够支持机器人编程、控制，以及与外围设备、传感器和机器人的接口，同时还能支持和计算机系统的通信。

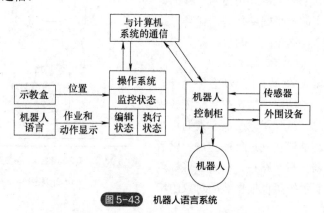

图 5-43　机器人语言系统

① 操作系统。机器人语言操作系统包括三个基本的操作状态：监控状态、编辑状态和执行状态。监控状态是用来进行整个系统的监督控制的。在监控状态，操作者可以用示教盒定义机器人在空间的位置，设置机器人的运动速度、存储和调出程序等。编辑状态是让操作者编制程序或编辑程序的。执行状态是用来执行机器人程序的。在执行状态，机器人执行程序的每一条指令，操作者可通过调试程序修改错误。例如，在程序执行过程中，某一位置关节角超过限制，则机器人不能执行，在 CRT 上显示错误信息，并停止运行。操作者可返回到编辑状态修改程序。目前，大多数机器人语言允许在程序执行过程中直接返回到监控或编辑状态。和计算机编程语言类似，机器人语言程序可以编译，即把机器人源程序转换成机器码，以便机器人控制柜能直接读取和执行，编译后的程序运行速度将大大加快。

② 机器人语言的要素。机器人语言与一般程序设计语言有不同的功能要素，它主要包括：

a. 外部世界的建模。机器人程序是描述三维空间中运动物体的，因此机器人语言应具有外部世界的建模功能，只有具备了外部世界模型的信息，机器人程序才能完成给定的任务。在许多机器人语言中，规定各种几何体的命名变量，并在程序中访问它们，这种能力构成了外部世界建模的基础。一个世界模型系统应当包括尽可能多的关于机械手所处理物体以及机械手本身的信息，这样就可以实现任务级编程系统的一些特性，如自动碰撞检测特性，包括计算无碰撞路径的自动路径规划问题。

b. 作业的描述。作业的描述与环境的模型有密切关系，而且描述水平决定了语言的水平。其中，以自然语言输入作为最高水平。现在的机器人语言需要给出作业顺序，并通过使用语法和词法定义，输入语言，再由它完成整个作业。装配作业可以描述为世界模型的一系列状态，这些状态可用工作空间中所有物体的形态给定。说明形态的一种方法是利用物体之间的空间关系，使用这类方法表示作业的优点是人们容易理解，并且容易说明和修改。其缺点是没有提供操作所需的全部信息。另一种方法是把任务描述为对物体的一系列符号操作，这种描述形式类似于工业装配任务书中所用的说明。

c. 运动说明。机器人语言的一个最基本功能是能够描述机器人的运动。运动语句允许通过规定点和目标点，可以在关节空间或笛卡儿空间说明定位目标，可以采用关节插补运动或笛卡儿直线运动，另外操作者也可以控制运动持续时间等。在 VAL 语言中，运动说明用 MOVE 命令，它表示机器人手臂应该到达的目标坐标系。下面的例子是把手臂移动到目标 1，再直线移动到目标 2，然后通过点 1 移动到目标 3（VIA 表示路径点）。

```
MOVE    COAL1
MOVES   COAL2
MOVE    VIA1
MOVE    COAL3
```

d. 编程支撑软件。和计算机语言编程一样，机器人语言要有一个良好的编程环境以提高编程效率。如文本编辑、调试程序和文件系统等都是需要的，没有编程支撑软件的机器人语言对用户来说是无用的。另外，根据机器人编程的特点，支撑软件应具有以下功能：在线修改和立即重新启动；传感器的输出和程序追踪；仿真（在模拟状态下测试程序，以进行不同程序的调试）。

e. 人机接口和传感器的综合。在编程和作业过程中，要便于人与机器人之间进行信息交换，以便在运动出现故障时能及时处理，确保安全。而且，随着作业环境和作业内容复杂程度的增加，需要有功能强大的人机接口。

机器人语言的一个极其重要的部分是与传感器的相互作用。语言系统应能提供一般的条件判断结构，如"if...then...else""case..."和"while...do..."等，以便根据传感器的信息来控制程序的流程。

在机器人编程中，传感器主要有三类：位置检测传感器，用来测量机器人的当前位置，一般由编码器来实现；力觉和触觉传感器，用来检测工作空间中物体的存在，力觉传感器是为力控制提供反馈信息，触觉传感器用于检测抓取物体时的滑移；视觉传感器，用于识别物体，确定它们的方位。

如何对传感器的信息进行综合，各种机器人语言都有它自己的句法。一般传感器信息的主要用途是启动或结束一个动作。例如，在传送带上到达的零件可以切断光电传感器，启动机器人拾取这个零件，如果出现异常情况，就结束动作。目前，大多数语言不能直接支持视觉，用户必须有处理视觉信息的模块。

③ AL 语言简述。AL 语言是 20 世纪 70 年代中期美国斯坦福大学人工智能研究所开发研制的一种机器人语言，它是在 WAVE 的基础上开发出来的，也是一种动作级编程语言，但兼有对象级编程语言的某些特征，用于装配作业。它的结构及特点类似于 PASCAL 语言，可以编译成机器语言在实时控制机上运行，具有实时编译语言的结构和特征，如可以同步操作、条件操作等。AL 语言设计的原始目的是用于具有传感器信息反馈的多台机器人或机械手的并行或协调控制编程、运行。AL 语言的系统硬件环境包括主、从两级计算机控制。主机为 PDP-10，主机内的管理器负责管理协调各部分的工作，编译器负责对 AL 语言的指令进行编译并检查程序，实时接口负责主、从机之间的接口连接，装载器负责分配程序。从机为 PDP-11/45。主机的功能是对 AL 语言进行编译，对机器人的动作进行规划；从机接收主机发出的动作规划命令，进行轨迹及关节参数的实时计算，最后对机器人发出具体的动作指令。

AL 语言中数据的类型有：

a. 标量（scalar）——可以是时间、距离、角度及力等，可以进行加、减、乘、除和指数运算，也可以进行三角函数、自然对数和指数换算。

b. 向量（vector）——与数学中的向量类似，可以由若干个量纲相同的标量来构造一个向量。

c. 旋转（rot）——用来描述一个轴的旋转或绕某个轴的旋转以表示姿态。用 ROT 变量表示旋转变量时带有两个参数，一个代表旋转轴的简单矢量，另一个表示旋转角度。

d. 坐标系（frame）——用来建立坐标，变量的值表示物体固连坐标系与空间作业的参考坐标系之间的相对位置与姿态。

e. 变换（trans）——用来进行坐标变换，具有旋转和平移两个参数，执行时先旋转再平移。

AL 语言的语句如下：

a. MOVE 语句。用来描述机器人手爪的运动，如手爪从一个位置运动到另一个位置。MOVE 语句的格式为

MOVE<HAND>TO<目的地>

b. 手爪控制语句。OPEN 为手爪打开语句。CLOSE 为手爪闭合语句。语句的格式为

OPEN<HAND>TO<SVAL>；CLOSE<HAND>TO<SVAL>

其中，SVAL 为开度距离值，在程序中已预先指定。

c. 控制语句。与 PASCAL 语言类似，控制语句有下面几种：

IF<条件>THEN<语句>ELSE<语句>

WHILE<条件>DO<语句>

CASE<语句>

DO<语句>UNTIL<条件>

FOR…STEP…UNTIL…

d. AFFIX 和 UNFIX 语句在装配过程中经常出现将一个物体粘到另一个物体上或将一个物体从另一个物体上剥离的操作。语句 AFFIX 为两物体结合的操作，语句 AFFIX 为两物体分离的操作。

例如，BEAM_BORE 和 BEAM 分别为两个坐标系，执行语句 AFFIXBEAM_BORETOBEAM 后，两个坐标系就附着在一起了，即一个坐标系的运动也将引起另一个坐标系同样的运动。然后，执行语句 UNFIXBEAM_BOREFROMBEAM，两坐标系的附着关系被解除。

e. 力觉的处理。在 MOVE 语句中使用条件监控子语句可实现用传感器信息来完成一定的动作。监控子语句为 ON<条件>DO<动作>。例如：

MOVEBARMTO⊕-0.1*INCHESONFORCE（Z）>10*OUNCESDOSTOP

表示在当前位置沿 Z 轴向下移动 0.1in（1in=0.0254m），如果感觉 Z 轴方向的力超过 10oz（1oz=28.350g），则立即命令机械手停止运动。

④ 机器人语言有关的问题。机器人语言在实际应用中普遍存在以下问题。

a. 实际模型和内部模型的误差。计算机中建立起机器人环境的内部模型，由于机器人的工作环境变化，在程序执行的过程中保持和实际模型完全一致是非常困难的。两个模型之间的差异常会导致机器人工作时不能到位，以及发生碰撞等问题。另外，机器人本身也存在误差，这样就给保持实际模型和内部模型间的一致性带来了很大困难。

b. 程序前后衔接的敏感性。机器人语言编程时，单独调试能可靠工作的小程序段当放在大程序中执行时往往失效。这是由于机器人语言编程时，受机器人的位姿和运动速度的影响比较大。机器人程序对于初始条件（如机械手的初始位置）很敏感，因为机器人程序前后语句有依赖关系。受机器人精度的影响，在某一地点为完成某一种操作而编制的程序段，当用于另一个不同地点进行同一种操作时，常常需要做适当的调整。

c. 误差探测与校正。机器人编程的一个重要方面是如何对这些误差进行探测和校正。由于机器人感觉和推理能力十分有限，要有效地检测误差常常是很难的。在程序编制阶段，应确定程序中哪些语句可能会失效，对这些语句可进行人机对话和局部测试，一旦检测出误差，就要对误差进行校正。误差校正可以依靠编程或人工干预来实现，也可以二者结合进行综合校正。因此，如何编程来校正误差是机器人程序中很重要的一部分。

（3）离线编程系统

早期的机器人主要应用于大批量生产，示教编程可以满足这些机器人作业的要求。随着机器人应用范围的扩大，所完成任务复杂程度的增加，在中小批量生产中，用示教方式编程就很难满足要求，对机器人及其工作环境乃至生产过程的计算机仿真是必不可少的。机器人仿真系统的任务就是在不接触实际机器人及其工作环境的情况下，通过图形技术提供一个和机器人进行交互作用的虚拟环境。机器人离线编程（Off Line Programming，OLP）系统是机器人编程语言的拓广，它利用计算机图形学的成果建立起机器人及其工作环境的模型，再利用一些规划算法，通过对图形的控制和操作，在离线的情况下进行轨迹规划。机器人离线编程系统已被证明是一个有力的工具，用以增加安全性，减少机器人不工作时间和降低成本等。表 5-3 给出了示教编程和离线编程两种方式的比较。

表 5-3　机器人示教编程和离线编程的比较

示教编程	离线编程
需要实际的机器人系统和工作环境	需要机器人系统和工作环境的图形模型
编程时机器人停止工作	编程不影响机器人工作
在实际系统上试验程序	通过仿真试验程序
编程的质量取决于编程者的经验	可用 CAD 方法进行最佳轨迹规划
很难实现复杂的机器人运动轨迹	可实现复杂运动轨迹的编程

目前的机器人语言都是动作级和对象级语言，编程工作并不轻松。高水平的任务级语言系统目前还在研制之中。任务级语言系统除了要求更加复杂的机器人环境模型支持外，还需要利用人工智能，以自动生成控制决策和产生运动轨迹。因此，离线编程系统可以看作动作级和对象级语言图形方式的延伸，是发展动作级和对象级语言到任务级语言所必须经过的阶段。从这点来看，离线编程系统是研制任务级编程系统一个很重要的基础。

离线编程系统是当前机器人实际应用的一个必要手段，也是开发和研究任务级规划的有力工具。通过离线编程可建立起机器人与 CAD/CAM 之间的联系。设计离线编程系统应考虑以下几方面：

① 机器人的工作过程的知识。
② 机器人和工作环境三维实体模型。
③ 机器人几何学、运动学和动力学知识。
④ 基于前述的软件系统，该系统是基于图形显示的，可进行机器人运动的图形仿真。
⑤ 轨迹规划和检查算法，如检查机器人关节角超限、检测碰撞、规划机器人在工作空间的运动轨迹等。
⑥ 传感器的接口和仿真，以利用传感器的信息进行决策和规划。
⑦ 通信功能，实现离线编程系统所生成的运动代码与各种机器人控制柜的通信。
⑧ 用户接口，提供有效的人机界面，便于人工干预和进行系统的操作。

另外，由于离线编程系统是基于机器人系统的图形模型来模拟机器人在实际环境中的工作进行编程的，因此，为了使编程结果能很好地符合实际情况，系统应能够计算仿真模型和实际模型间的误差，并尽量减少二者间的差别。

5.12　机器人新技术

机器人作为新一代生产和服务工具，在制造领域和非制造领域的应用越来越广泛，地位越来越重要。同时，机器人作为自动化、信息化的装置与设备，完全可以进入网络世界，发挥更多、更大的作用，这对人类开辟新的产业、提高生产水平与生活水平具有十分现实的意义。

① 生机电一体化技术。生机电一体化是近年来快速发展的前沿科学技术，将该技术应用于

机器人上，通过对神经信息的测量和处理及人机信息通道的建立，将神经生物信号传递给机器人，从而使机器人能够执行人的命令。正因为这种原理，假肢也能够"听懂"人的指示，从而成为人身体的一部分。

② 安防机器人巡检技术。智能巡检机器人携带红外热像仪和可见光摄像机等检测装置，在工作区域内进行巡视并将画面和数据传输至远端监控系统，并对设备节点进行红外测温，及时发现设备发热等缺陷，同时也可以通过声音检测判断变压器运行状况。对于设备运行中的事故隐患和故障先兆进行自动判定和报警，有效消除事故隐患。

③ 大数据及分析技术。数据越来越多，而人类的解读能力是固定的。计算机可以帮助人类找到自己的盲点，数据化让计算机和人类得以沟通和结合。基于大数据的分析模式最近只在全球制造业大量出现，其优势在于能够优化产品质量、节约能源、提高设备服务。

④ 机器人自主式技术。机器人在不断进化，甚至可以在更大的实用程序中使用，它们变得更加自主、灵活、合作。最终，它们将与人类并肩合作，并且人类也要向它们学习。这些机器人将花费更少，并且相比于制造业之前使用的机器人，它们的适用范围更广泛。

⑤ 仿真模拟技术。模拟将利用实时数据，在虚拟模型中反映真实世界，包括机器、产品、人等，这使得运营商可以在虚拟建模中进行测试和优化。

⑥ 物联网嵌入式技术。随着物联网产业的发展，更多的设备甚至更多的未成品将使用标准技术连接，可以进行现场通信，提供实时响应。

⑦ 云计算机器人。云计算机器人将会彻底改变机器人发展的进程，极大地促进软件系统的完善。在当今时代，更需要跨站点和跨企业的数据共享，与此同时，云技术的性能将提高，只在几毫秒内就能进行反应。

⑧ 超限机器人技术。在微纳米制造领域，机器人技术可以帮助人们把原来看不到、摸不着的变成了能看到、能摸着的，还可以进行装配和生产。这个微纳米机器人可以把纳米环境中物质之间的作用力直接拓展，对微纳米尺度的物质和材料进行操作。

⑨ AVG 机器人协作技术。相对于单个机器人的"单打独斗"，多个机器人之间的协同作业更为重要，而这需要一套完备的调度体系，要保证车间里众多同时作业的机器人相互之间协调有序。多机器人协同控制算法这一技术平台可以协同控制几百台智能机器人共同工作，完成货物的订单识别、货物定位、自动抓取、自动包装和发货等功能。

⑩ 脑电波控制技术。远程临场机器人在未来会成为人们生活中不可或缺的一部分。用户需要佩戴一项可以读取脑电波数据的帽子，然后通过想象来训练机器人的手脚做出相应的反应，换句话说就是通过意念来控制机器人的运动。它不仅可以通过软件来识别各种运动控制命令，还能在行进过程中主动避开障碍物，灵活性很高，也更容易使用。

5.13　微机器人与微装配

5.13.1　微机器人

（1）微技术及微机器人

微技术作为 21 世纪的关键技术之一，受到国内外科研机构的重视。微技术将以某种特殊方式影响人类的将来，因为它的研究领域覆盖人类生活的各个方面。微机电系统将在自动化技术、机械制造工程等领域广泛应用，并对国民经济产生巨大的影响。

根据 Kegel 的定义，由微型化的零件组成的，具有独立功能的集成系统称为微机电系统。或者从另外一个角度说，微机电系统是由微型化的传感器、信息加工部件和执行器集合而成的整体。

许多微机电系统已经进入市场并取得显著的效益，还有些即将进入市场，如光盘驱动器的读、写头，投影电视的微镜阵列，内视诊断与治疗系统，喷墨打印机的喷墨头，汽车的雷达扫描系统，药品的微计量系统以及光学微机电系统等。一般情况下，微机电系统都不是独立自主地发挥作用，而是作为一个复杂的大系统的一部分，如作为集成传感器或执行器。其应用领域相当广泛，包括气体或液体的流量传感器、航天器的加速度传感器、车辆的速度传感器、喷墨打印机的喷墨系统、人工耳蜗等。

微机电系统的制造对象及全部制造过程所包含的技术称为微技术。各种传感器、电子元件及执行器元件、器件如果可以集成到一个微机电系统中，那么制造这些元器件的过程及技术均属于微技术，微技术的发展和进步对于微机电系统的发展水平至关重要。微机电系统得以实现的重要技术前提包括薄膜技术、微机械技术以及集成光电技术。微器件的制造及微机电系统的集成同样离不开柔性制造及柔性装配技术。微小零件的加工和装配是决定微机电系统的质量和成本的两个重要环节。特别是随着零件尺寸持续不断地微小化，加工和装配过程中一系列新的技术问题和工艺问题有待解决。

随着纳米技术的迅猛发展，研究对象不断向微细化发展，对微小零件进行加工、调整和检查，微机电系统（MEMS）的装配作业等工作都需要微机器人的参与。在精密机械加工、超大规模集成电路、自适应光学、光纤对接、工业检测、国防军工、医学、生物学，特别是动植物基因工程、农产品改良育种等领域，需要完成注入细胞融合、微细手术等精细操作，这些都离不开高精度的微机器人系统。微机器人是人们探索微观世界不可缺少的重要工具。有关微机器人的研究开发已成为当代高技术发展中的一个热点，引起了国内外学术界的广泛兴趣。

德国卡尔斯鲁厄大学的 IPR 研究所开发出了一种具有多个自由度的智能微机器人，一共研发了 5 代产品，如图 5-44 所示为其中的两代产品。该微机器人结合视觉系统与触觉传感器共同完成了其定位动作，其最高的定位精度可达 10nm，最高的运动速度可达 30mm/s，同时此微机器人可以在多个自由度内随意移动。此微机器人通过压电驱动器来驱动末端微型夹钳式机械手，驱动电压为 150V，基于机器视觉的 Miniman 机器人可以实现精密微齿轮的装配任务。

图 5-44 Miniman 微装配机器人

（2）微型工厂概念

微型元件的装配，如微系统、微机器和集成光学装置，需要新的专用操作装置，这些装置必须有亚微米级的分辨率和精度，且必须具有极高的可靠性。而且，为了适应许多不同的微装配任务必须模块化并具有一定的柔性，提出了微型工厂（micro/nanofactory）的概念。尽管越来越趋向于发展高度集成化的 MEMS 设备，但未来的微系统产品将仍需要装配技术。这将不断要求革新微操作技术和精密装配自动化。

从 20 世纪 90 年代开始，微系统制造业对生产工具（机械和生产线等）微型化的要求越来越紧迫，主要是减少质量、容积、能量消耗，最终减少生产成本。除了这些优点外，微系统在避免振动或温度波动等环境干扰的抗干扰性方面有了很好的改善。为了降低微小产品制造过程中维持洁净空间所花费的成本，操作者应该站在生产空间之外，将尽可能多的生产工序集中在一起的紧凑空间称为微型工厂。微型工厂具有一系列相互协作的微型机械，它们在桌面大小的空间范围内加工和装配复杂的微型设备。微型工厂是一项引起多学科研究的理想工程，可极大地促进各学科之间的相互协作。瑞士的 ISR-DMT-EPFL 微技术研究机构提出了一系列研究开发项目，包括：有 3~6 个自由度的超高精度并联机械手系列微型工厂和小型超高精度放电机械微型工厂。

5.13.2　微机器人分类

（1）分类方法

根据不同的要求，发展了各种各样的微机器人，微机器人有许多分类方法。

① 按尺寸分类。

a. 外形尺寸 1~10mm，称为小型机器人。

b. 外形尺寸 1~1000μm，称为微机器人。

c. 外形尺寸 1~100nm，称为纳米机器人。

② 按形式分类。按形式可分为 4 种，如图 5-45 所示。

a. 仅作业系统（AW）微型化（如半导体制造装置 STM）。

b. 仅定位系统（AP）微型化（如微操作机器人）。

c. 仅移动作业系统（AW）、定位系统（AP）微型化（微移动机器人）。

d. 仅移动作业系统（AW）、定位系统（AP）、控制系统（C）微型化（如宇宙、海底探查机器人）。

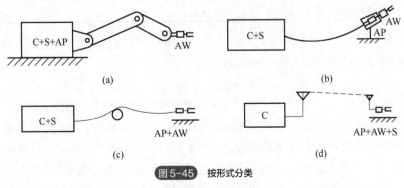

图 5-45　按形式分类

AW—作业系统；AP—定位系统；C—控制系统；S—动力系统

③ 按机能分类。

a. 微型机器人。这种机器人外形很小，移动精度不要求很高。

b. 微操作机器人。这种机器人外形未必很小，但其操作尺度极小，精度很高。

④ 按连接方式分类。微机器人按结构不同，可分为并联机器人和串联机器人。与应用广泛的串联机器人相比，并联机器人往往使人感到它并不适合用作机器人，它没有那么大的活动空间，它的活动平台远远不如串联机器人手部灵活。但并联机器人的优点也同样令人关注。

a. 并联机构的运动平台与机架之间由多条运动支链连接，其末端件与串联的悬臂梁相比，刚度大得多，而且结构稳定。

b. 由于刚度大，并联式较串联式在相同的自重或体积下有更大的承载能力。

c. 串联式末端件上的误差是各个关节误差的积累和放大，因而误差大而精度低，并联式没有那样的积累和放大关系，误差小而精度高。

d. 串联式机器人的驱动电动机及传动系统大都放在运动着的大小臂上，增加了系统的惯性，恶化了动力性能，而并联式则很容易将电动机置于机座上，减小了运动负荷。

e. 在位置求解上，串联机构正解容易，但反解十分困难；并联机构正解困难而反解却非常容易。由于机器人的在线实时计算是要计算反解的，这就对串联式十分不利，而并联式却容易实现。

并联机器人与串联机器人的主要差别见表 5-4。

表 5-4 并联机器人与串联机器人的主要差别

性能指标	串联	并联
工作空间/结构空间之比	大	小
工作空间内的机动性	好	有限
对构件尺寸误差的敏感性	敏感	不敏感
目标质量/运动部件质量之比	小	大
可承受的反作用力	小	大
惯性力	大	小
结构刚度	不好	好
动态特性	不好	好
控制技术难度	小	大
执行末端的运动范围	大	小

⑤ 按工作空间分类。按其工作空间的不同，可分为平面微机器人和空间微机器人。

a. 平面微机器人是在二维空间工作的微机器人。

b. 空间微机器人是在三维空间工作的微机器人。

⑥ 按用途分类。按其用途不同，可分为用于微操作和微装配技术的微机器人。微操作技术是指末端工具在一个较小的工作空间内（如厘米尺度）进行，系统精度达到微米或亚微米的操作。微操作机器人是以亚微米、纳米运动定位技术为核心，在较小空间中进行精密操作作业的装置，可以应用于生物显微操作、微电子制造、纳米加工等领域。微操作机器人一般按操作对象大小分类：微细作业机器人（$10^{-6} \sim 10^{-3}$m）；超微细作业机器人（$10^{-9} \sim 10^{-3}$m）。

微装配，主要是指对亚毫米尺寸（通常在几微米到几百微米之间）的零部件进行的装配作业。利用集成电路工艺制造微装配系统是未来发展的方向，但目前还有许多问题要解决。另外，还有一些文献按作业方法及应用领域等方式对微机器人进行分类。按微操作的作业方法不同，微操作机器人可分为移动型和加工型微操作机器人。移动型包括微搬运和排列、微零件的装配；加工型包括微观刻划及微观切割等。按应用领域，目前微操作机器人可分为面向医疗、生物工程的接触和非接触机器人微操作系统和面向微机械（MEMS）装配的机器人微操作系统。

（2）并联微机器人

并联机器人的工作盘与底盘通过若干运动链连接，每个运动支链承受的载荷较小，整体结构刚度得以提高，允许的载荷与输出力也随之提高。由于各运动支链相互并联，一条运动支链中某一构件的制造尺寸误差可以得到补偿。由于并联机器人的驱动部分可以安置在底座上，运动部分的质量得以减少，被操作对象的质量与机器人质量之比提高，动力学性能得到改善。由于驱动部分安置在底座上，实现了能量供应部分及信号传递部分与工作空间的隔离，减少了干扰，提高了安全性。

并联机构固有的缺点是：其工作空间与结构空间之比比串联机器人小得多。工作盘的方向也限制在一个较小的范围。运动副转角的限制又进一步缩小了工作空间与结构空间之比。并联机构的复杂性使其结构优化和安全运行的难度都增加了。为了监控和避免结构内部构件的冲突和工作空间内的奇异状态必然增加机器人的成本，由于并联机器人构件几何参数之间的复杂关系，为了获得优越的运动学和动力学性能，其结构优化过程就需要较高的成本。这一问题的解决主要依赖于数学理论的研究和计算机技术的发展。

并联机器人因其结构紧凑、设计加工简单、温度灵敏度不高、误差积累及放大的程度较小、固有频率高，避免了由振动引起的不可控重复误差等特点，在微机器人中得到广泛的应用。另外，串并联机器人也已经出现。

并联机器人在有一定特殊要求的场合可以发挥其他机器人不可替代的作用。例如，在被限制的小空间里要求很高的定位精度和运动速度，同时又要求较大的操作力。串联机器人，由于其柔性和动作灵活性，适合执行焊接、喷漆等任务。并联机器人由于其较高的刚度、运动速度和精度而适用于医疗技术和微装配。与传统的串联机器人相比，并联机器人在结构材料方面所投入的成本要少。

5.13.3　微驱动器

微驱动器是开发微机器人的基础和关键技术之一。它将对精密机械加工、现代光学仪器、超大规模集成电路等的发展产生重大影响。从使用角度看，微驱动器可以分为两大类：一类是结构材料，主要是利用它们的强度、硬度、韧性、弹性等力学性能；另一类是功能材料，主要是利用它们所具有的电、光、声、磁、热等功能和物理效应。形状记忆合金、压电陶瓷和磁致伸缩材料等都属于功能材料。功能材料好像被赋予了某种特殊的"智能"，因此在有的文献中被称为智能材料。

目前，许多国内外专家与学者正致力于利用这些智能材料开发研制微驱动器，如以下几种材料和物理现象都可以考虑用于微驱动器：压电陶瓷、形状记忆合金、磁致伸缩材料、静电力。

下面对这几种驱动方式的特性加以比较（表5-5）。

表5-5　各种驱动方式的特性

驱动原理	能量密度 /（J/cm³）	最大变形率 /%	最大力密度 /Pa	反应时间 /s	动力源
压电	4.8×10^{-4}	0.2	30	10^{-3}	电压
静电	0.4	—	0.1	10^{-3}	电压
形状记忆	10.4	3	150	0.1~1	电流
磁致伸缩	—	0.2	30	—	电流

压电陶瓷在电场作用下发生变形。为此需要很高的电场强度，需要很高的电压（对单层结构需要1000V的高压）。由于新技术的采用，压电陶瓷驱动器可以按多层结构制造，即把很多压电陶瓷薄片叠放在一起，片与片之间装有电极。这样一来，只需要100V驱动电压。压电陶瓷具有极高的分辨率，通常可达到纳米范围。它可承受很高的工作压力（力密度约30Pa），执行速度也极快。其缺点是工作行程很小，只有驱动器长度的0.2%。

形状记忆合金有两种不同的金属相，它们可以在不同的温度范围稳定地存在。在温度升高时发生的相变使形状记忆合金恢复记忆的形状。使之升温的最简单方法是用电流加热。形状记忆驱动的最大优点是变形率大（可以在3%以下任意变化），但在冷却时反应相当慢。

磁致伸缩材料随着周围磁场的变化伸长和缩短。若磁场由电流来产生，而磁场强度与电流强度存在正比关系，因此可以通过改变电流强度来有规律地控制磁致伸缩材料的伸长和缩短。近年来，已开发出以$Tb_{0.27}Dy_{0.73}Fe_2$单晶作为核心材料的微驱动器。

静电驱动器结构简单而且紧凑，自重很轻，被抓取目标的性质对抓取过程没有影响，但在切断电源以后电荷只能慢慢消失，卸载就成了问题，即机械手不能马上释放目标。因此，靠静电力抓取的方法被认为不适合微装配。

5.13.4　微定位机构

（1）柔性铰链

柔性铰链是近年来发展起来的一种新型微位移机构，目前被广泛用作微机器人的主要部件，精密操作的微机器人的最大特色之一就是应用了柔性铰链。常规运动副所能提供的运动可由铰链的弹性变形来实现，从而获得所需的终端位姿。因此，柔性铰链直接影响着微机器人的最终操作性能。由于实际需要的多样性和复杂性，其实际结构的几何尺寸不能完全满足传统理论分析的假设条件，因此影响对其性能的准确分析。

它的特点是无间隙、无摩擦、无须润滑；运动平滑且连续；位移分辨率最高可达1nm；结构紧凑，体积很小，无内热产生，可以承受温度突变，可在真空、失重状态下使用；位移或力可以预知、有保护功能（超载时，柔性铰链可能断裂，以保护其他设备）。

柔性铰链也有不足之处：输入力（或位移）依赖于材料的弹性模量，而材料的精确弹性模量很难获得；存在回滞，这是由材料的材质及性能造成的；只能应用于小位移场合；当施加力有所偏斜时，铰链容易失稳；承受载荷较小，如果加工质量不高，容易出现应力集中现象，造成铰链的断裂。

目前，瑞士的ISR-DMT-EPFL微技术研究机构研制了专用于高精度机器人的柔性铰链机械结构。可以从几个方面改善机器人精度，即机械结构、驱动器、传感器和控制器。该机构主要从改进机械结构的角度，提出用柔性铰链取代传统机器人驱动器使用的滑动轴承和滚珠轴承，从而改善机器人的精度。该项目不仅提出了柔性铰链的设计理论，而且创造了柔性铰链的加工方法，用电火花线切割机成功地加工出了多自由度柔性铰链结构。

（2）微位移机构

作为精密机械与微装配的关键技术之一——微位移技术，近年来随着微电子技术、航空航天、生物工程等学科的发展而迅速发展起来。由于定位技术的水平几乎左右着整个制造系统的性能，因此直接影响到微电子技术等高精度工业的发展。例如，精密工作台，无论是大行程的精密定位还是小范围内的对准，都离不开微位移技术。因此，微位移技术成为现代工业部门的共同基础。表 5-6 列举了目前国内外应用微位移技术的部分实例。

表 5-6　微位移技术应用实例

国别	厂家	导轨形式	驱动方式	行程	分辨率/μm	位移精度/μm	自由度	应用设备
美国	HP 公司	滚珠			0.008	0.016	X-Y	
	NBS	柔性支承	压电	50μm	0.01		1	电子束曝光机
	Micronix	柔性支承	压电		0.02		6	
	GCA	弹性导轨	直线电动机		0.03		X-Y	X 射线曝光机
	BTL	气浮导轨	静摩擦力			0.1	X-Y	图形发生器
	Yosemite	滚动导轨	伺服电动机	100mm	0.01	±0.01	X-Y	分布重复照相机
	Burleigh	滚动导轨	压电尺蠖	25mm	0.01		1,2,3,4	电子束曝光机
日本	日立制作所	柔性支承	压电	±8μm			X-Y	电子束曝光机
	东北大学	弹性导轨	电磁			±0.05	X-Y	图形发生器
	武藏野	弹性导轨	电磁	±20μm	0.01	0.1	4	X 射线曝光机
		弹性导轨	电磁、压电	±20μm	0.03		6	X 射线曝光机
	富士通	气浮导轨	楔块、丝杠	2mm	0.03	0.1	X-Y	掩膜对准台
中国	上海电器科学研究所	滚珠导轨	压电	±6.4μm	0.08		Y	图形发生器
	电子工业部 45 所	弹性导轨	电致伸缩	20μm	0.08		X-Y	分布重复照相机
	国防科技大学	柔性支承	电致伸缩	20μm	0.1		1	车床微进给
	哈尔滨工业大学	柔性支承	步进电动机	20μm	0.01	±0.05	1	车床微进给
	清华大学	滚珠导轨	楔块、丝杠	300μm	0.05		X-Y	投影光刻机
		弹性导轨	弹性缩小	10μm	0.01		X-Y	
		滚珠导轨	压电	2μm	0.16		Y	

微位移系统包括微位移机构、检测装置和控制系统三部分。微位移机构是指行程小（一般小于毫米级）、灵敏度和精度高（亚微米、纳微米级）的机构。微位移机构（或称微动工作台）由微位移器和导轨两部分组成，根据导轨形式和驱动方式可分成 5 类。

① 柔性支撑：压电或电致伸缩微位移器驱动。

② 滚动导轨：压电陶瓷或电致伸缩微位移器驱动。

③ 滑动导轨：机械式驱动。

④ 平行弹性导轨：机械式或电磁、压电、电致伸缩微位移器驱动。

⑤ 气浮导轨：伺服电动机或直线电动机驱动。

微位移器根据形成微位移的机理可分成两大类：机械式和机电式。其类别见图 5-46，结构简图见图 5-47。微位移系统在微装配中主要用于提高整个装配系统的精度，因此，随着科学技术的发展，微装配精度越来越高，微位移技术的应用也越来越广泛。根据目前的应用范围，大致可分为三个方面：精度补偿、微进给、微调。

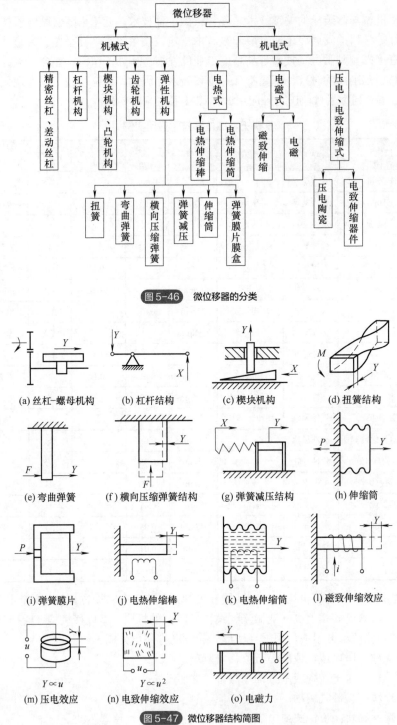

图 5-46　微位移器的分类

图 5-47　微位移器结构简图

5.13.5　微小目标的抓取技术

（1）微装配的特殊性

微小零件的加工和装配是决定微机电系统质量和成本的两个重要环节，特别是随着零件尺寸持续不断地微小化，加工和装配过程中一系列新的技术问题和工艺问题有待解决。

1）微观世界物理规律

当操作对象的尺度减小到尺度效应明显作用的尺度时，温度、湿度、轻微振动等因素将直接影响操作的进行。微观物体间的作用力主要有范德华力（van der Waals force）、静电力以及液层表面张力等。对培养液中的细胞进行操作，不但要考虑重力作用，还要考虑浮力、流动力、布朗运动、范氏力、静电力等。

2）微装配的技术要求

微机电系统制造过程中除了微小零件的加工以外，微装配是个主要问题。DIN8593 对于装配的概念是这样定义的：装配是把零件和（或）部件组合成产品的过程。零件是不可再分的对象，而部件是由两个或两个以上的零件和（或）部件组合而成的对象。装配过程可以分解为传送、连接、调整和检验 4 个步骤。微装配的对象是大小为几微米到 10mm 的微小零件。

微装配的核心问题是要求很高的精度。相对于微装配，普通产品的装配可以称为宏观装配。宏观装配中，装配力是一个重要因素。在微装配中，表面效应成为主要的问题，主要表现为静电力和黏附力。除了表面效应以外，环境对于微装配也有影响。例如，地面的振动或空气的流动、环境温度的变化、空气中的灰尘都会影响微装配过程。

3）微装配的特征

① 抓取技术是微装配中的一个大问题。抓取器经常需要伸到可通过性较差的狭小空间进行操作，所以操作器本身的体积应尽可能小，结构要尽可能紧凑。被抓取的微小零件的位姿需要借助于图像处理系统来观察。

② 零件的尺寸范围在 0.1μm~10mm 之间，装配的精度要求在 0.1~20μm 之间，因此，在微小零件的装配过程中必须精确地定位。

③ 随着零件持续的微型化，不仅对于零件的制造环境，而且对于装配环境的温度、湿度和空气的洁净度都有很严格的要求。

④ 微小零件表面积的变化与零件直径的平方成正比，体积和质量的变化与零件直径的立方成正比。零件越小，表面效应越明显。对于微小尺寸零件，其上作用的黏附力和静电力大于重力。

（2）微小目标的抓取方法

在微装配中，由于抓取对象的几何尺寸小，在操作过程中，静电力、摩擦力、表面张力等成为其主要作用，即微观操作的尺度效应；抓取对象质量小，构造薄弱，因而操作力不宜过大，空气阻力相对其重力可能很大，在进行装配时，还需要释放操作；由于抓取对象小，特别是在0.5mm 以下时，用肉眼很难看清其形状、位姿，系统必须配有显微镜实现微细作业，显微镜的视野大小决定系统的作业空间，机构应保证操作对象始终在显微镜的视野中。目前，进行微型零件装配一般采用夹持方法。

1）夹持原理

夹持原理主要分为三种：通过材料耦合、通过形状耦合和通过力耦合。

材料耦合夹持是指通过夹持器与零件之间的黏附力夹持零件；形状耦合夹持是指夹持器要包裹住零件；力耦合夹持则是通过摩擦力、静电力、磁力或流体力夹持零件。在某些情况下几种耦合方式共同起作用。

材料耦合夹持的黏附力属分子力，力很小，适合微装配。这种夹持方式的优点是只需要与零件的上表面接触；缺点是黏结材料可能污染零件表面，另外在释放零件时可能不顺利。

形状耦合夹持由于要借助于形状元素的搭接而不适合微装配。

力耦合夹持可以借助各种不同的力。其中，磁力夹持因夹持设备体积大而不适合微装配。静电力夹持原理是依靠夹持器和夹持目标之间的电场执行夹持操作。夹持器结构简单且可以适应各种几何形状的夹持目标。这种夹持方式的主要问题在于表面力的影响，如果表面力不能消除，夹持目标无法释放。

2）减小或消除表面效应的方法

表面效应包括三种：静电力、范氏力和黏附力。有各种不同的方法来减少表面力。采用球形手指（减小接触面积）可以减小静电力及表面张力，如图 5-48 所示。作为微夹持器应该尽可能地减小与夹持目标的接触面积，如采用针形手指，以便更容易释放被夹持目标。如果夹持器具有比较多的运动自由度也有助于释放目标，如可以把目标搓至指尖处，就容易释放。比较粗糙的表面可以使范氏力减小。

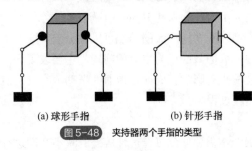

(a) 球形手指　　(b) 针形手指

图 5-48　夹持器两个手指的类型

3）微装配对夹持器的要求

微装配对夹持器的要求主要有 4 个方面：

① 非常高的定位精度。

② 适应非常微小的零件尺寸。

③ 适合在洁净空间里操作。

④ 由于零件数量少且没有实现标准化，因而自动化的微装配要求一种夹持器能够适应不同种类的零件。

在许多情况下，微型机电系统只能在洁净空间里进行装配。任何的润滑剂和材料磨损都会污染环境，所以只有不需要润滑也没有磨损的微装配系统才能满足这一要求。电子的、机械的和光学的零件的连接往往有特殊的要求，如：满足光的传递；某些要求导电，另外一些又要求绝缘；某些要求导热；某些要求能够承受机械载荷。因此，这些零件的连接需要多种连接技术。另外，为了避免频繁地更换夹持器和连接工具，微夹持器应该具有一定的柔性，即能够适应不同的装配对象。

目前，按驱动力类型不同，已经研制出静电力驱动、电磁力驱动、功能材料驱动等种类众多的微小尺度操作和微小尺寸的夹钳。

5.13.6　控制系统

控制系统是微机器人的关键和核心部分，控制着微机器人的全部动作，微机器人功能的强弱以及性能的优劣主要取决于控制系统。

（1）微机器人控制技术的发展

微机器人控制技术实际上是一直伴随着自动控制技术、计算机技术、微电子技术、电动机驱动技术以及传感器技术等相关技术的发展而发展的。进入 20 世纪 80 年代以后，随着微电子技术的发展，特别是随着微处理器的出现，机器人控制器也发生了革命性的变化：机器人控制器由过去的一个简易控制装置变成了一个由计算机控制的高性能控制器。它具有良好的人机界面，具有功能完善的编程语言，系统保护状态、监控诊断功能日趋完善，对外通信能力进一步加强。20 世纪 90 年代以后，计算机性能进一步提高，IC 的集成度也越来越高，机器人控制器的功能已变得非常强大，而机器人控制系统的体积却越来越小。此外由于计算能力的增强，过去的模拟控制已全部由数字化控制来代替，并且过去许多由硬件来实现的功能现在也完全可由软件来实现，因此，大大提高了系统的可靠性和柔性，同时降低了成本。

（2）视觉伺服控制技术

视觉伺服早在 20 世纪 70 年代就受到人们的重视，主要的应用是在工业机械手上配一个摄像头，也称手眼协调。主要目的是基于所谓的图像雅可比矩阵，实现图像空间到关节空间的映射。重要的是要将视觉包括在控制的闭环中，建立起一个数学模型（状态方程），然后再按照传统的控制理论设计控制器。

视觉伺服分为 4 种：

① 动态基于位置的 LOOK-AND-MOVE 结构。

② 动态基于图像的 LOOK-AND-MOVE 结构。

③ 基于位置的视觉伺服（PBVS）。

④ 基于图像的视觉伺服（IBVS）。

基于位置的运动控制是在世界坐标下进行的，由摄像头获取目标图像，要通过投影模型计算世界坐标，然后在世界坐标系中进行控制器的设计，如①和③。而视觉伺服是直接在图像坐标系中进行控制器的设计，如②和④。

基于图像的视觉伺服的优点是：由于不用转换到世界坐标中，降低了计算延时；不需要对图像进行解释；消除了传感器建模及摄像机标定带来的误差。其缺点是：因为处理是非线性、高度耦合的，给控制器设计带来了挑战。

1）基于高精度误差补偿的视觉伺服控制

微操作及微装配是许多尖端科技领域中的关键技术，如生物工程中的细胞操作、MEMS 技术中的微部件装配、通信领域中的光纤对接、微电子集成电路制造等。其共同特点是被操作对象外形尺寸十分微小（一般为微米级甚至纳米级），要求操作手具有很高的运动精度和分辨率。

为实现高精度，许多特殊的驱动器和机构形式被采用，如压电陶瓷驱动器（PZT）、柔性铰链机构。但由于微操作机构的结构特点和对精度的过高要求，很难找到理想的标定方法和仪器。即使标定实验中得到了满意的结果，但由于机构重力以及温度等环境因素的影响，机构结构参数会随着时间发生微小变化，进而导致运动模型发生变化。为了方便使用，微动机构经常采用简化的运动学模型以及经常更换操作工具（如在一次细胞操作中需多次更换注射针），这些都会导致运动模型不准确。为补偿这一误差，视觉伺服控制是一个好的选择。同时，视觉系统为微操作及微装配提供了必不可少的微观世界的观察手段。

为在制造业中提高生产效率降低成本，要求微操作及微装配必须能够实现较高的自动化水平。同时，要考虑微观物理量已经超出人的感知范围，以及微观物理现象不同于普通物理现象，只靠人的遥控操作很难实现理想的微操作与微装配。这也对自动操作提出了要求。微观世界是一个非结构化的环境，微对象（如细胞）不可能被预先定位在固定的位置上。而视觉系统是实现非结构化环境自动操作的理想外传感器。

2）显微图像分析和引导技术

微操作机器人一般只有一套显微监视系统，其操作控制方法是由操作者根据显微监视系统输出的图像，通过操纵手柄、指套、键盘等来遥控微操作机器人的运动。将显微视觉作为反馈控制源参与微操作机器人的伺服控制是最佳解决途径之一。

显微视觉技术是指系统对通过显微镜得到的实时图像进行处理，根据所得到的实时结果自动地对微操作工具的运动进行规划，以达到如同人眼参与的效果。图像数据的采集和处理延时一直是实现视觉伺服控制的主要障碍。为实现视觉实时闭环，提高控制品质与速度，研究视觉控制方案，许多研究机构正努力开发具有系统自标定功能的显微视觉伺服系统。

在面向生物实验的微操作机器人系统中，一个必须解决的问题是微操作工具在垂直于焦平面的方向（Z 方向）的定位。利用显微镜视觉技术解决的第一个问题是对微操作工具进行纵深方向 Z 轴的标定；另一个问题是自动引导工具末端进入视野，以便进行操作，即当微操作工具在显微镜视野之外时，如何定位到视野中央。要解决这个问题，首先，由图像获取模块与自动调焦模块配合得到一系列操作工具末端图像；其次，利用傅里叶变换对这些图像进行处理而获得最清晰的那幅图像，从而确定焦平面的位置。

微操作机器人系统是一个高度复杂的非线性系统，传递累积误差和超高精度微位姿实时监测的困难造成建立精确模型设计控制方案和获得准确的手端误差信号进行反馈控制比较困难，所以系统的微运动精度也难以保持稳定（鲁棒性差）。尝试新的控制算法是一条可行之路。

 思考题与习题

5-1　什么是机械手？机械手与机器人有何区别？

5-2　机械手在自动化生产上一般主要完成什么工作？

5-3　机械手采用什么机构？是如何抓取工件的？

5-4　在自动机械中，一般如何设计机械手的初始位置与初始状态？

5-5　工业机械手有哪些典型的运动模式？对于这些运动模式可以采用何种驱动元件来实现其运动？

5-6　机械手上最常用的驱动部件有哪些？

5-7　注塑机自动取料机械手上用于吸取塑料件的吸盘架一般采用什么材料制造？设计时要注意哪些方面？

5-8　机械手主要由哪些元件组成？用于机械手的结构零件一般采用哪些材料制造？

5-9　机械手的直线运动部件如何实现运动导向？

5-10　如何准确保证机械手的起停位置？需要采用哪些元件？

5-11　高速运动会带来冲击与振动，这种冲击与振动会使机械手产生较大的摆动，影响机械手的工作精度，在机械手结构上一般采用哪些减振措施减小上述影响？

5-12　气缸可以作为缓冲元件使用吗？如何可以，如何实现？

5-13　工业机器人的技术参数有哪些？

5-14　根据传感器在机器人上的应用目的和使用范围不同，传感器可分为哪几类？对每类进行举例说明。

第 6 章

间歇送料装置

 本章思维导图

扫码获取本书
配套资源

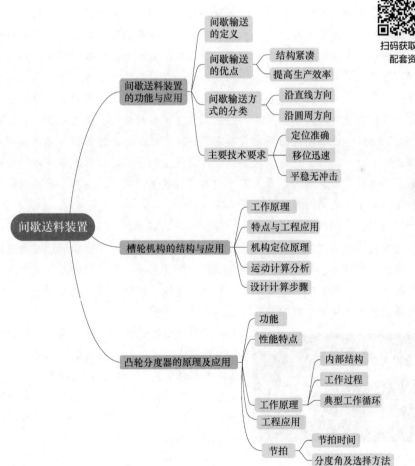

学习目标

（1）了解间歇送料装置的功能与应用；
（2）掌握典型的间歇送料机构的分类与结构形式；
（3）理解槽轮机构的工作原理、特点与工程应用；
（4）理解凸轮分度器的工作原理和内部结构组成；
（5）掌握间歇送料装置的运动计算分析。

　　无论是机械加工还是装配等各种操作，提高生产效率是降低产品制造成本的重要措施之一，对生产效率的追求是企业永恒的主题之一，因此，在设计生产方式的同时要千方百计地提高机器或生产线的生产效率。

　　在典型的全自动化或半自动化生产线上，皮带输送、链输送经常采用连续输送方式，皮带或链条连续不停地运行，工件或半成品在皮带或链条输送线上根据节拍时间在阻挡机构的作用下停止下来，由人工或自动化专机对工件进行装配或加工后再继续输送，各个工件或半成品的抓取、装配或加工是分别独立进行而不是间歇进行的。由于各专机的操作时间各不相等，上述各专机工序操作时间的差异实际上影响了生产线的生产效率。类似的情况也同样反映在手工装配流水线上，由于各工位的操作时间不均衡，手工装配流水线生产效率下降。

　　有没有可以使上述自动化生产线的生产效率进一步提高的方法呢？答案是肯定的。如果根据产品的生产装配工艺将各工序设置在输送线多个不同的工位上，但对生产模式稍作改变，在输送线停止运行的一段时间内使工序在不同的工位上同步地进行，使各工序的工作操作时间完全重合，然后输送线都在相同的时间内将各工位已经完成工序操作的工件或产品同步地依次传送到与之相邻的下一个工位，这样当产品经过输送线上的全部工位后也就完成了全部的装配或加工工序。显然这种生产方式可以最大限度地提高设备生产效率，当然要使输送线每一次输送的时间都相等，各工位之间的距离也必须相等。

　　基于上述设想，人们在工程上设计了一种特殊的送料方式，使各工位的工件完全同步地进行输送，也完全同步地进行装配等工序操作，输送的节拍、距离完全相同，在输送的过程中，各工序停止操作，输送停止后，各工位同时进行装配等工序操作，这样可以最大限度地缩短机器的总节拍时间，提高机器的生产效率。这种生产方式下的输送模式就是本章要介绍的间歇送料方式，实现这种特殊输送功能的装置称为间歇送料装置。

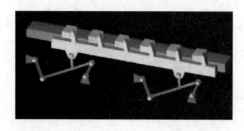

　　左图所示就是这样一种机构，上方的一系列工件在拨杆的作用下，每次被同步地向前推动相同的距离（两个相邻工件之间的距离），停留一定的时间后又重复下一个循环，因此，每个工件每次都同时向前移动一个步距。工件停留下来的时间就可以进行装配、加工等工序操作。

6.1　间歇送料装置的功能与应用

6.1.1　间歇输送的定义

在自动化装配或加工操作中，根据工艺的要求，沿输送方向以固定的时间间隔、固定的移动距离将各工件从当前的位置准确地移动到相邻的下一个位置，这种输送方式称为间歇输送。实现上述输送功能的机构称为间歇送料装置，工程上有时也称为步进输送机构或步进运动机构。间歇输送是相对于连续输送方式而言的，它既可以是沿直线方向上进行的输送，又可以是沿圆周方向上进行的输送。当在沿圆周方向上进行间歇输送时，通常更直观地将其称为分度机构。

6.1.2　间歇输送的优点

① 结构紧凑。它将输送过程与生产工艺过程有机地结合起来，不仅省略了连续输送方式下生产线上需要采用的分料、挡料机构，简化了生产线的结构，而且可以方便地将各种工序集成化，形成高效率的自动化专机。尤其是将各工序沿圆周方向进行集成时，可以将大量的工序集成在占用空间很小的一台机器上，最大限度减小了机器的体积及占用的空间，成为结构最紧凑的自动化专机。

② 提高机器的生产效率。采用间歇输送的自动化专机或生产线，由于将各工位的辅助操作时间（工件输送）、工艺操作时间分别完全重合，所以节省了大量的辅助操作时间，最大限度地缩短了机器的总节拍时间，提高了自动化专机或生产线的生产效率。

6.1.3　间歇输送方式的分类

根据输送方向的区别，间歇输送主要分为两类。

① 沿直线方向的间歇输送。沿直线方向的间歇输送，工件都在一条直线方向上从一个位置向相邻的下一个位置输送，各位置之间相隔相同的距离。

② 沿圆周方向的间歇输送。沿圆周方向的间歇输送，工件的输送轨迹全部在一个圆周上，工件在机构作用下从圆周的一个位置移动到相邻的下一个位置，各位置之间相隔相同的角度。采用这种输送方式的典型机构有槽轮机构、棘轮机构和棘爪机构等。除此之外，还有一种更典型的圆周方向间歇输送机构——凸轮分度器。

6.1.4　主要技术要求

间歇送料装置虽然在形式上有很多结构形式，但在原理上都是通过一定的变换机构，将主动件的连续运动转换为从动件的间歇运动，而且实现要求的运动时间/停顿时间比，因此它实际上是一种间歇输送装置。为了保证间歇送料装置的可靠运行，这种输送机构必须满足以下主要技术要求：

① 定位准确。间歇送料装置除了完成工件的间歇输送外，同时还对工件提供定位功能。为了将工件准确地移送到目标位置，保证各工序对工件定位精度的要求，间歇送料装置必须具有足够的定位精度，保证每一次输送后各工件位置的一致性。

② 移位（转位）迅速。间歇送料装置移位（直线方向间歇输送）或转位（圆周方向间歇输送）需要的时间属于辅助操作时间，为适应节拍时间的要求，通常希望移位或转位动作尽可能迅速，尽可能缩短辅助操作时间，这样可以提高机器的生产效率。

③ 平稳无冲击。运动平稳是保证间歇送料机构运动精度的必要条件，因此要求机构运动平稳，无冲击，必须采用相关的缓冲措施。

6.2 槽轮机构的结构与应用

槽轮机构是自动机械中广泛应用的一种间歇运动机构，又称马耳他机构或日内瓦机构，有平面槽轮机构和空间槽轮机构两种类型。平面槽轮机构又分外啮合和内啮合两种，典型的结构为外啮合平面槽轮机构，通常简称为槽轮机构，如图 6-1 所示。如图 6-2（a）所示，典型的平面槽轮机构由具有径向槽的槽轮 1 和带有拨销 2 的拨杆 3 组成。其中，拨杆为主动件，做连续周期性的转动；槽轮为从动件，在拨杆上面的拨销 2 驱动下做时转时停的间歇运动。其运动过程如图 6-2 所示。

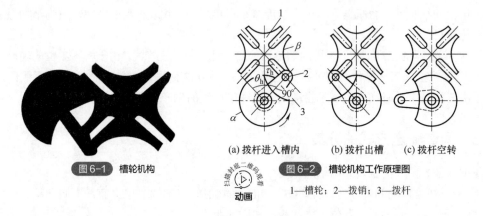

图 6-1 槽轮机构

(a) 拨杆进入槽内　(b) 拨杆出槽　(c) 拨杆空转

扫描封底二维码观看
动画

图 6-2 槽轮机构工作原理图
1—槽轮；2—拨销；3—拨杆

6.2.1 工作原理

当拨杆转过 θ_h 角时，拨动槽轮转过一个分度角 τ_h，由图 6-2（a）所示的位置转到图 6-2（b）所示的位置时，拨销退出轮槽；接下来拨杆空转，直至拨销进入槽轮的下一个槽内时才又重复上述循环。这样，拨杆（主动件）的等速（或变速）连续（或周期）运动就转换为槽轮（从动件）时转时停的间歇运动。

6.2.2 特点与工程应用

槽轮机构结构简单、工作可靠、机械效率高，而且能准确控制转角，工作平稳性较好，能够较平稳地间歇转位，但因为运动行程（槽轮的转角）是固定的，不可调节，而且拨销突然进入与脱离径向槽时传动存在柔性冲击，所以不适宜用于高速场合。此外，槽轮机构比棘轮机构复杂，加工精度要求较高，制造成本更高。槽轮机构一般应用于转速不高的场合，如自动机械、轻工机械、仪器仪表等。

6.2.3　机构定位原理

槽轮机构常采用销紧弧定位，即利用图 6-2 中所示拨杆上的外凸圆弧 α 与槽轮上的内凹圆弧 β 的接触锁住槽轮。运动过程为：图 6-2（a）所示为拨销开始进入轮槽时的位置，这时外凸圆弧面的端点离开凹面中点，槽轮开始转动；图 6-2（b）所示为拨销刚要离开轮槽时的位置，这时外凸圆弧面的另一端点刚好转到内凹圆弧面的中点，拨杆继续转动，该端点超过凹面中点，槽轮被锁住；图 6-2（c）所示为拨销退出轮槽以后的情况，这时外凸圆弧与内凹圆弧面密切接触，槽轮被锁住而不能向任何方向转动。根据上述工作的要求，拨杆上的外凸圆弧缺口应对称于拨杆轴线。由以上分析可知，这种槽轮机构中，槽轮开始转动的瞬时和转动终止的瞬时，其角速度都为零，因而无刚性冲击。这就要求在结构上保证拨销开始进入径向槽、自径向槽中退出时，径向槽的平分线必须与拨销中心的运动轨迹相切。

6.2.4　运动计算分析

槽轮机构有关的参数定义如下：

S——轮槽数量，简称槽数；

θ_h——对应槽轮运动的拨杆转角，rad；

θ_0——对应槽轮静止的拨杆转角，rad；

n_0——拨杆转速，r/min；

T_c——拨杆转动一周的时间，s；

T_h——槽轮运动时间，s；

T_0——槽轮停顿时间，s；

K_t——槽轮工作时间系数，为运动时间 T_h 与停顿时间 T_0 之比。

① 拨杆转动一周的时间。拨杆转动一周的时间实际上就是槽轮完成一个工作循环的时间，所以有

$$T_c = \frac{60}{n_0} \tag{6-1}$$

② 槽轮运动时间

$$T_h = \frac{\theta_h T_c}{2\pi} = \frac{30(S-2)}{n_0 S} \tag{6-2}$$

③ 槽轮停顿时间

$$T_0 = \frac{\theta_0 T_c}{2\pi} = \frac{30(S+2)}{n_0 S} \tag{6-3}$$

④ 槽轮的工作时间系数

$$K_t = \frac{T_h}{T_0} = 1 - \frac{4}{S+2} \tag{6-4}$$

间歇输送机构广泛应用在自动机械中作为送料驱动机构，所以间歇输送机构的运动过程对应的是送料过程，送料过程所需要的时间属于辅助操作时间。为了提高机器的生产效率，希望送料过程越快越好，即间歇输送机构的运动过程越快越好。

当间歇输送机构停止运动时设备才能进行装配或加工等工艺操作，与机构停顿过程相对应

的是设备的装配或加工操作过程。槽轮的停顿时间实际上就是设备完成工艺操作所需要的工艺时间。为了提高设备的生产效率，通常情况下，要减少设备完成工艺操作所需要时间的难度较大，而减少辅助操作时间则相对更容易，因此，希望送料过程占用的时间越短越好，或送料过程占用的时间与装配或加工等操作所占用的时间之比越小越好，也就是式（6-4）所示的工作时间系数 K_t 越小越好。

间歇输送机构每完成一个输送及停止的运动循环，机器也相应完成一个生产周期，机器每个循环周期内完成一件产品的加工或装配，该时间周期也称为机器的节拍时间。槽轮机构在自动机械中的典型应用之一就是在圆周方向进行间歇回转分度，也就是在圆周方向进行间歇输送。这种情况下都需要在槽轮上方或与槽轮相连接的轴上方安装一个转盘，转盘上面等分地安装工件定位夹具，在上述定位夹具的上方或转盘侧面再设置各种执行机构。每个工位对应不同的操作工序，供对应各工位上的工件进行不同的装配或加工操作，槽轮机构在机器中只是作为一种间歇回转分度装置驱动转盘进行间歇回转分度，槽轮的运动过程就是送料过程，槽轮的停顿过程就是自动机械的工艺操作过程。

对式（6-4）进行分析可知：

① 槽轮的工作时间系数 K_t 始终小于 1，即槽轮机构中槽轮的运动时间始终小于槽轮停顿时间。

② 对于槽数 S 一定的槽轮机构，其运动时间与停顿时间成固定的比例关系，槽数 S 越多，槽轮运动时间与停顿时间的比值越大，即机器花费在转位分度过程的时间越长，机器的生产效率越低。因此当采用槽轮机构来进行间歇分度时槽轮的槽数 S 一般不宜太多，以缩短作为机器辅助操作时间的槽轮运动时间，提高机器的生产效率。

③ 可以证明，槽轮的槽数越小，槽轮的最大角速度及最大角加速度越大，槽轮的运动越不均匀，运动平稳性越差。而增大槽轮的槽数，虽然可以提高槽轮机构的运动平稳性，但随着槽轮尺寸的增大，转位时槽轮的惯性力矩也增大，加大了系统的负载。

考虑到上述各种因素，通常将槽轮的槽数 S 设计在 4～8 之间，最典型的槽数为 4、5、6、8。

[例 6-1] 某产品的装配由一台采用槽轮机构在圆周方向进行间歇回转分度间歇输送的自动化专机完成，产品年生产计划为 10 万件/年，每年工作 50 周，每周工作 5 天，每天工作 7.5h，根据以往的经验，考虑机器的故障维修及其他意外情况后这种自动化专机的使用效率可以达到 96%，计算该机器的节拍时间最长为多少。

[解] 根据要求的年生产量且考虑机器的实际使用效率后，每小时至少应该完成的产品件数为

$$\frac{100000}{50 \times 5 \times 7.5 \times 0.96} \approx 55.6\,(件/h)$$

每完成一件产品的装配时间（也就是节拍时间）应该小于

$$\frac{1 \times 60}{55.6} \approx 1.08\,(min)$$

根据上述计算可知，要完成要求的年产量，在该专机上每完成一件产品的装配节拍时间不能大于 1.08min。

[例 6-2] 某自动装配机械的间歇回转分度转盘由一台采用单拨杆、槽数为 6 的槽轮机构

来驱动，拨杆的转速为 30r/min，计算机器的节拍时间、每个循环中可能用于装配操作的时间与用于转位分度的时间。

[解]　根据式（6-1）可以得出机器的节拍时间为

$$T_c = \frac{60}{n_0} = \frac{60}{30} = 2 \, (s)$$

槽轮的停顿时间就是机器每个工作循环中可能用于装配操作的时间，根据式（6-3）可以求出

$$T_0 = \frac{\theta_0 T_c}{2\pi} = \frac{30(S+2)}{n_0 S} = \frac{30 \times (6+2)}{30 \times 6} \approx 1.33 \, (s)$$

槽轮的运动时间就是机器每个循环中用于转位分度的时间，由式（6-2）可以求出

$$T_h = \frac{\theta_h T_c}{2\pi} = \frac{30(S-2)}{n_0 S} = \frac{30 \times (6-2)}{30 \times 6} \approx 0.67 \, (s)$$

6.2.5　设计计算步骤

下面以采用槽轮机构在圆周方向进行间歇输送这种典型的自动化装配专机为例，说明槽轮机构的设计计算步骤。

（1）设计条件

在设计采用圆周方向间歇输送机构的自动化装配专机时，首先要对产品的工艺过程进行分析，将产品装配过程分为多个工序，分析各工序的先后次序关系，对每道工序的装配时间进行试验测试，根据产品的年生产纲领（即产品年生产计划）计算出产品装配的总节拍时间。

设计条件一般为：工序数量；工序的先后次序（即工艺流程）；各工序的装配时间；希望设备能达到的总节拍时间。

（2）设计过程

① 工艺过程分析。工艺过程分析是指对产品的装配工艺进行分析，将产品的装配过程分为多个工序，分析各工序的先后次序关系，设备的装配次序必须与产品装配工艺的先后次序相符合。对每道工序的装配时间进行试验测试，如例 6-1 所示，根据产品的年生产纲领计算出机器的总节拍时间。

② 确定工位数量与相应的工序。工位数量是指自动装配机器上的工位数量，由于槽轮是与机器的转盘连接在一起同步运动的，所以槽轮机构的轮槽数量也就是间歇输送机构回转一周转盘停留的位置数量，即机器的工位数量。确定工位数量与工序设计是同时进行的，将需要在专机上完成的全部工序按一定的原则分配到各工位上。工位数量与产品装配的工序数量是有区别的，因为在自动装配机器上不一定每个工位只完成一个工序，可能完成两个或多个简单的工序，目的是提高设备的生产效率。

③ 确定转盘停顿时间。转盘停顿时间实际上就是槽轮的停顿时间。由于各个工位都是在相同的时间段——槽轮停止运动的时间内进行的，各工位完成装配所需要的时间各不相同，有的工位完成装配需要的时间长，有的工位完成装配需要的时间短，完成装配操作后就处于等待

状态，在各工位中必有一个工位需要的时间最长。槽轮机构的停顿时间必须能够使这一需要时间最长的工位完成装配操作，因此，槽轮停顿时间理论上应该不小于这一特定工序的装配操作时间。

在实际设计中，由于电动机的驱动与传动环节，实际的槽轮停顿时间不一定刚好等于所期望的理论停顿时间，有可能比理论停顿时间略长，但不能比理论停顿时间短，否则设备将无法完成正常装配动作。如果各个工位上完成装配所需要的时间相差过于悬殊，则其他工位的等待时间太多，这样设备的节拍时间就较长，单位时间内完成的产品数量较少，设备的生产效率较低，因此，需要对各工位的装配操作内容进行平衡，即尽可能地使各工位装配时间的差距缩小或接近一致，以最大限度地缩短设备的节拍时间，提高设备的生产效率。

④ 确定拨杆转速。周期性转动的拨杆带动与槽轮连接在一起的转盘做周期性的间歇转动，而拨杆的连续周期性转动是由电动机通过齿轮传动（或同步带传动、链传动）系统驱动的，槽轮或转盘的停顿时间实际上是由拨杆转速 n_0 决定的，两者之间具有定量的对应关系，因此确定拨杆转速 n_0 的过程实际上就是决定槽轮或转盘停顿时间的过程。

根据式（6-3），可以得到拨杆转速 n_0 与槽轮停顿时间 T_0 的关系：

$$n_0 = \frac{30(S+2)}{ST_0}$$

式中，T_0 为槽轮停顿时间，s；n_0 为拨杆转速，r/min。

⑤ 电动机选型及传动系统设计。确定拨杆需要的转速后，需要为主动件（即拨杆）设计一套电动机驱动系统，在这里拨杆就是电动机的负载。设计的电动机驱动系统必须满足的两个条件为：电动机经过传动系统后实现拨杆需要的转速；电动机的输出转矩能够驱动负载转矩。因此，需要根据拨杆需要的转速合理地设计传动比，同时需要对电动机的负载转矩进行计算，保证电动机的输出转矩大于负载转矩，而且还要考虑适当的安全系数。负载转矩与负载的转动惯量及转盘的最大角加速度有关，具体而言是与转盘的直径、转盘的质量、转盘上定位夹具及工件的质量、转盘最大角加速度有关。

6.3　凸轮分度器原理及应用

6.3.1　凸轮分度器的功能与性能特点

（1）功能

凸轮分度器在工程上也称为凸轮分割器，它属于一种高精度回转分度装置。其外部包括两根互相垂直的轴，一根为输入轴，由电动机驱动；另一根为输出轴，安装工件及定位夹具等负载的转盘就安装在输出轴上。凸轮分度器在结构上属于一种空间凸轮转位机构，在各种自动机械中主要实现以下功能：圆周方向上的间歇输送、直线方向上的间歇输送、摆动驱动机械手。凸轮分度器是一种典型的间歇输送装置，既可以在圆周方向上进行间歇输送，也可以通过机构变换应用在输送线上，完成直线方向上的间歇输送。摆动驱动机械手属于凸轮分度器的一种派生产品，也是一种空间凸轮转位机构，输出轴输出的是由旋转摆动运动与轴向直线运动组成的复合运动，因而在功能上实际是一种两坐标摆动式机械手。槽轮机构、棘轮机构等间歇输送机构都属于普通的圆周方向间歇分度机构，精度有限，通常只应用在对输送精度及装配精度要求不高的一般场合。与这些机构不同的是，凸轮分度器是一种专业化的、高精度的回转分度间歇输送装置，是一种为适应高度自动化、高速化、高精度生产装配场合而专门设计开发的自动机械核心部件。在凸轮分度器的上方加装圆盘形状的转盘、各种装配执行机构、上下料装置及控制系统后，就组成了一台高效率、高精度的自动化装配或检测专机。

（2）性能特点

凸轮分度器作为一种专业化的自动机械核心部件，在很多方面具有槽轮机构、棘轮机构、气动分度器等普通分度机构所无法比拟的优良性能，具体如下。

① 满足高速装配生产需要。凸轮分度器转位速度高，能满足现代高速装配生产的需要。在现代制造业中，生产高速化是区别于传统制造业的显著特点之一，生产高速化大大缩短了机器的节拍时间。机器的节拍时间是由用于工序操作的工艺操作时间和用于辅助作业的辅助操作时间两部分组成的。在圆周方向间歇输送的自动化专机中，要缩短用于装配操作的工艺时间难度较大，可以缩短的空间也非常有限，只有大幅缩短用于转位分度的辅助操作时间才有可能大幅缩短节拍时间，提高机器的生产效率。凸轮分度器能够实现很高的转位速度，因而辅助操作时间短，生产效率高，可满足高速装配生产的需要。

② 定位精度高。现代制造业中，除生产高速化外，高精度生产装配是区别于传统制造业的另一个显著特点，而高精度生产装配是通过执行机构的运动精度及工件的定位精度来保证的。凸轮分度器在工作过程中，由于各工位上方执行机构的位置及运动行程是相对固定的，只是工件随转盘周期性地分度转位，需要保证每次转位后各工位上工件的位置都分别与各执行机构的位置严格对应。因为凸轮分度器能提供极高的分度精度，因而能够在生产中提供很高的重复定位精度，在目前所有的自动分度装置中，这种装置的分度精度几乎是最高的。

③ 高刚性。在实际工程应用中，这种类型的自动机械要达到较高的装配精度，除执行机构的运动精度、工件的回转定位精度外，另一个必要的条件就是支撑部件必须具有足够的刚度。因为很多装配操作都是在一定的负载外力下进行的，如果支撑部件没有足够的刚度，在负载外力下就会发生不允许的变形，导致装配精度下降。

在采用凸轮分度器进行圆周方向间歇分度的自动化专机中，凸轮分度器除提供高精度转位分度功能外，同时还是这种自动机械上的主要承载部件，各种负载最终都是通过转盘靠凸轮分度器支撑的。如果凸轮分度器不能提供足够的刚性，则实际装配过程中在上述各种负载的作用下，承载部件就会产生变形，转盘就不能保证在一个平面内工作，工件的定位精度就会下降。凸轮分度器具有高刚性，能支撑上述负载而不产生超过允许值以外的变形。

④ 根据使用需要能得到灵活的转位时间与停顿时间比。在各种不同的使用场合，产品装配或加工所需要的工艺时间各不相同，同一台机器上不同工位所需要的工艺时间也各不相同。凸轮分度器能得到灵活的转位时间与停顿时间比，因而可以满足各种工艺条件下的转位分度要求，使用方便。

⑤ 简化机器设计制造过程。凸轮分度器是一种标准化的自动机械转位分度部件，工程上都是根据节拍时间及负载大小等要求向专业制造商订购，专业制造商还可以为客户配套设计好电动机驱动系统，用户只要在凸轮分度器的输出轴上设计安装好转盘及定位夹具即可使用，大大

简化了机器的设计及制造过程。

⑥ 维护简单。由于凸轮分度器内部采用高级润滑脂或润滑油进行润滑，在使用过程中维护简单，主要为定期更换合适的润滑油或润滑脂，不需要复杂的维护。一般除更换润滑油外，工作100000h以下都无须进行维修。

⑦ 价格。凸轮分度器早期价格较高，随着国内市场迅速扩大，除国内已有少数公司制造生产外，国外相关企业也在国内设立办事处或生产厂，已经部分实现了制造本地化，目前市场价格已经较以前大幅下降，降低了机器的制造成本。

6.3.2　凸轮分度器的工作原理

（1）凸轮分度器的内部结构

凸轮分度器是利用空间凸轮机构的原理进行工作的。凸轮分度器的外部有两根轴，一根为输入轴，另一根为输出轴，输入轴由电动机直接或通过皮带驱动，输出轴则与作为负载的转盘或链轮连接在一起，带动转盘或链轮旋转。图6-3所示为常用的两种凸轮分度器，其中图6-3（a）所示为蜗杆式凸轮转位机构，图6-3（b）所示为圆柱式凸轮转位机构。图6-4所示为蜗杆式凸轮分度器的内部结构。

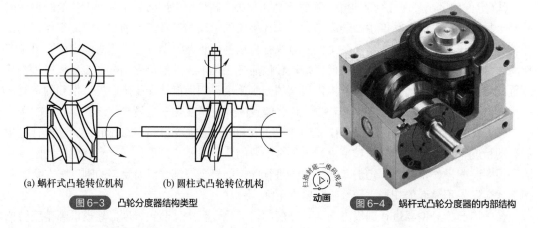

(a) 蜗杆式凸轮转位机构　　(b) 圆柱式凸轮转位机构

图6-3　凸轮分度器结构类型

动画

图6-4　蜗杆式凸轮分度器的内部结构

（2）凸轮分度器的工作过程

下面以蜗杆式凸轮分度器为例，说明其工作过程。

① 电动机驱动系统带动凸轮分度器的输入轴转动，由于输入轴与蜗杆凸轮是一体的，所以蜗杆凸轮与分度器输入轴是同步转动的。在工作中，输入轴一般是连续转动的。

② 凸轮分度器的输出端为一个输出轴或法兰，输出轴内部实际就是一个转盘，转盘的端面上均匀分布着圆柱形或圆锥形滚子，蜗杆凸轮的轮廓曲面与上述圆柱形或圆锥形滚子切向接触，驱动转盘转位或停止。当蜗杆凸轮轮廓曲面具有升程时，转盘就被驱动旋转；当蜗杆凸轮轮廓曲面没有升程时，转盘就停止转动。

③ 蜗杆凸轮的轮廓曲面由两部分组成：一部分为轴向高度没有变化的区域（即凸轮转动时曲面没有升程），在此区域内，由于蜗杆凸轮无法驱动转盘端面上的滚子，所以转盘在该对应时间内停止转动；另一部分是轴向高度连续变化的区域（即凸轮转动时曲面具有升程），在此区

域内，蜗杆凸轮驱动转盘端面上的滚子，使转盘在该对应时间内连续转动一定角度。

④ 蜗杆凸轮转动一周即完成一个周期，一个周期后转盘端面上的滚子与凸轮脱离接触，下一个相邻的滚子又与凸轮的轮廓曲面开始接触，进入第二个循环周期，如此不断循环，从而将输入轴（蜗杆凸轮）的连续周期转动转变为输出轴时转时停、具有一定转位时间和停顿时间比的间歇回转运动，而且每次转动相同的角度。

⑤ 输入轴（蜗杆凸轮）每转动一周（360°）称为一个周期，在此周期时间内，凸轮分度器输出轴完成一个循环动作，包括转位和停顿两部分，两部分动作时间之和与输入轴转动一周的时间相等。上述一个工作周期也就对应机器的一个节拍时间。

（3）凸轮分度器典型工作循环

凸轮分度器的工作循环方式主要有如图 6-5 所示的两种：转位分度循环、摆动循环。

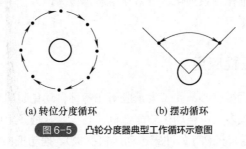

(a) 转位分度循环   (b) 摆动循环

图 6-5 凸轮分度器典型工作循环示意图

图 6-5（a）所示为转位分度循环，它是工程上最典型而且大量采用的工作方式，箭头表示转位过程，黑点表示分度器停止一段时间，对应的分度器也称为转位分度循环驱动器。

图 6-5（b）所示为摆动循环，箭头表示输出轴的往复摆动过程，黑点表示分度器停止一段时间，在摆动的起点及终点，输出轴做上下往复运动。摆动角度及上下运动行程可以根据设计需要进行设定、调整，也可以根据需要在摆动行程的中间点进行停留。对应的分度器也称为摆动循环驱动器，它的运动过程实际上是模仿典型的摆动式机械手的运动过程。

① 转位分度循环驱动器。转位分度循环驱动器就是自动机械中通常所使用的普通凸轮分度器，大量用于各种自动化专机及自动化生产线，其要点为：

a. 输入轴及输出轴的运动。凸轮分度器输入轴做连续周期性的转动，输出轴（与转盘连接在一起）按"停顿—转位—停顿—转位—…"的方式循环，也就是做间歇分度回转运动。通常输入轴转动一周，输出轴也同时完成一个工作循环，包括 1 个停顿动作+1 个转位动作。

b. 转位及停顿动作的意义。分度器每次转动一个固定的角度，角度大小等于两个工位之间的角度，因此，转位动作实际上就是使自动化专机转盘上的定位夹具及工件按固定方向依次交换一个操作位置。而分度器的停顿动作实际上就是使自动化专机转盘各工位上方或侧面的各种操作执行机构同时对所在工位的工件进行装配、加工、检测等工序操作。

c. 工件的工序过程。当转盘旋转一周（360°）后，所有工位上的工件都依次经过了机器上全部操作执行机构的各种装配、加工、检测等工序操作，也就是说，由第一个工位上料开始的原始工件变成经最后一个工位卸料的成品或半成品。

d. 工位数。凸轮分度器标准的工位数通常为 2、3、4、5、6、8、10、12、15、16、20、24、32，一般选型时选用标准的工位数，特殊工位数的分度器需要特殊定做，极少这样设计。

e. 使用方法。这种分度器通常有两种使用方法：一种情况就是通常大量采用的在圆周方向间歇回转分度，另一种情况就是通过机构转换应用于链条输送线或皮带输送线上，做直线方向上的间歇输送。工程上第一种情况使用较多。

② 摆动循环驱动器。摆动循环驱动器实际上就是一台二自由度的机械手，其输出轴的输出动作由摆动循环、摆动起点及终点的上下往复直线运动组合而成，这就是自动化装配中典型的"pick&place"运动循环。摆动循环驱动器在功能上实际上就是一种典型的摆动式搬运机械手。机械手虽然结构简单，制造成本低，在一般的自动化装配场合是很好的机构设计方案，但由于缺乏通用性，一般情况下需要进行专门的设计，考虑设计、采购、装配、调试等各种制造费用，实际的制造成本也就不低了，而且还存在难以高速化、需要维护保养等缺点。随着制造产业不断升级，自动化装备不断向高速化、自动化、精密化方向发展，在部分要求高速度、高精度、高可靠性的场合，机械手的应用就受到限制。有关的制造商设计制造了能够替代上述机械手功能的专门机构，并将其标准化、系列化、批量化生产，极大地方便了用户，这就是摆动驱动器的设计背景。

6.3.3　凸轮分度器工程应用

凸轮分度器作为自动机械核心部件，大量应用在各种自动化装配专机、自动化生产线上。主要的应用类型为：转盘式多工位自动化装配专机、与皮带或链条组成直线方向间歇输送的自动化生产线、自动化间歇送料机构（如冲床自动送料机构）、摆动机械手。在凸轮分度器的基础上，只要再完成以下工作就可以组成一台完整的自动化装配专机：

① 在凸轮分度器的输出轴上设计安装转盘。

② 在转盘上设计安装特定的定位夹具。

③ 在转盘各工位上方（或转盘外侧）设置各种执行机构（如机械加工、铆接、焊接、装配、标示等装置）。

④ 在需要添加零件的工位附近设置自动上料装置（如振盘、机械手等）。

⑤ 在卸料工位设置自动卸料装置（如机械手等）。

⑥ 设计传感器及控制系统。

图 6-6 所示为采用凸轮分度器的 8 工位转盘式自动化专机分度装置，电动机经过减速器后直接驱动凸轮分度器的输入轴，而转盘则安装固定在凸轮分度器的输出轴上，结构紧凑，安装方便。为了清楚地说明凸轮分度器的作用，图中未画出各工位对应的执行机构及自动上下料装置。图 6-7 所示为采用凸轮分度器的 4 工位自动化专机示意图，图中，在两个工位上分别有两台作为装配执行机构的工业机器人。

图 6-8 所示为采用凸轮分度器的 8 工位自动化专机分度装置示意图，电动机通过皮带（同步带或 V 形皮带）及带轮驱动减速器，减速器再与凸轮分度器输入轴连接在一起。这样可以很灵活地设计凸轮分度器输入轴的转速，更方便地调整凸轮分度器的节拍时间。输入轴的转速与凸轮分度器的节拍时间是相对应的，是输入轴的转速决定了凸轮分度器的节拍时间。专机的工位数是根据产品的装配工序数量选定的，工位上方的执行机构也是根据产品的装配工艺专门设计的，定位夹具则是根据产品或零件的形状、尺寸专门设计的，自动上下料装置也是根据产品或零件的形状、尺寸专门设计的。

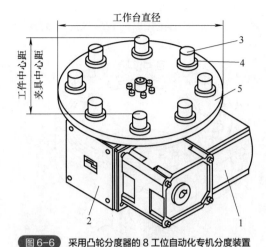

图 6-6　采用凸轮分度器的 8 工位自动化专机分度装置

1—电动机及减速器；2—凸轮分度器；

3—工件；4—定位夹具；5—转盘

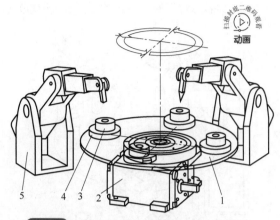

图 6-7　采用凸轮分度器的 4 工位自动化专机示意图

1—转盘；2—凸轮分度器；3—工件；

4—定位夹具；5—工业机器人

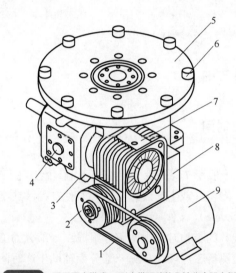

图 6-8　采用同步带或 V 形皮带驱动的凸轮分度器实例

1—同步带或 V 形皮带；2—同步带轮或 V 形带轮；3—电磁离合器；4—凸轮分度器；5—转盘；

6—定位夹具及工件；7—减速器；8—电磁制动器；9—电动机

　　如图 6-9 所示，凸轮分度器采用同步带传动，机器的工作节拍可以很方便地调整。在产品的装配过程中，既采用了机械手 1 作为自动上料机构，又采用了振盘送料装置 6 对某零件自动上料，作为执行机构的铆接机构 5 设置在转盘铆接工位的正上方。在工位的设计上，一个工位设计两套定位夹具，每次同时对两个产品进行装配，将机器的生产效率提高了一倍。

　　在某些生产场合需要极高的生产效率，需要将工位数设计得很大。例如，在某些电气部件的大型多工位热风软钎焊专机上，由于焊接部位要完成焊接需要有预热、焊接、保温、冷却等过程，工件在转盘上方的热风温度场中需要停留的时间较长，因此，一方面机器的工位数多达数十个，另一方面机器转盘的直径也很大，转盘的质量也会很大。转盘的直径越大，转盘的质量也越大，给凸轮分度器的负载阻力就越大，要驱动转盘转动就需要更大的驱动扭矩。过大的负载施加在凸轮分度器上显然是不利的，为了尽可能减小凸轮分度器的负载，在这种场合一般采用中空的转盘,以减轻转盘的质量。图6-10所示为采用大直径中空转盘的回转分度装置实例。

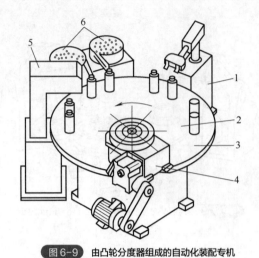

图 6-9 由凸轮分度器组成的自动化装配专机

1—机械手;2—定位夹具及工件;3—转盘;

4—凸轮分度器;5—装配铆接机构;6—振盘送料装置

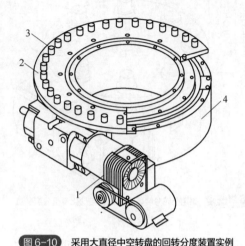

图 6-10 采用大直径中空转盘的回转分度装置实例

1—减速器;2—大型中空转盘;3—定位夹具及工件;

4—凸轮分度器

6.3.4 凸轮分度器的节拍

(1)凸轮分度器节拍时间

1)节拍时间

节拍时间简称为节拍,一般用 T_c 表示。它是指各种自动化专机或自动化生产线在正常连续工作、稳定运行的前提下,专机(或生产线)每生产一件产品(或半成品)所需要的周期时间间隔,单位为 min/件(min/cycle)、s/件(s/cycle)。

自动化专机(或生产线)的节拍时间由两部分组成:一部分为工艺操作时间,用于执行机构完成各种加工、装配、检测等工序操作;另一部分为辅助生产时间,用于各种辅助机构完成上下料、换向、夹紧等辅助操作。节拍时间是根据产品工艺的实际情况确定的,如果装配工序需要的时间长(短),则节拍时间就长(短)。

在凸轮分度器组成的自动化专机中,由于转盘与凸轮分度器是连接在一起且同步运动或停顿的,各工位的操作也是同步进行的,最后一个卸料工位也是以同样的节奏完成最后的卸料工序,因此转盘的运动周期实际上也就是凸轮分度器的运动周期。

转盘(或凸轮分度器)每完成一个转位+停顿动作循环的时间,即一个节拍时间,这一时间也就是这种自动化专机每生产一件产品的周期时间。因此,凸轮分度器组成的自动化专机的节拍时间就等于输出轴(转盘)的一个循环时间,即一个转位时间+一个停顿时间:

$$T_c=T_h+T_0 \tag{6-5}$$

式中, T_c 为节拍时间,s/件; T_h 为转位时间,s; T_0 为停顿时间,s。

显然,在转位时间一定的情况下,机器的节拍时间应该根据各工位中需要工序操作时间最长的工位来决定,只要该工位能够在转盘停顿时间内完成工序操作,其他工位的工序操作都可以在该时间内完成。所以有

$$T_0 \geqslant \max \ (T_{si}) \qquad (6\text{-}6)$$

式中，T_{si} 为自动化专机中各工位所需要的工序操作时间，$i=1$，2，…，n，n 为工位数；T_0 为停顿时间，s。

2）生产效率

生产效率是指专机（或生产线）在正常连续工作、稳定运行的前提下，每单位时间内所能完成产品（或半成品）的件数，一般用 R_p 表示，单位：件/h（cycles/h）、件/min（cycles/min）。

节拍时间 T_c 与生产效率 R_p 之间的关系式为

$$T_c = \frac{1}{R_p} \qquad (6\text{-}7)$$

[例 6-3]　若机器的节拍时间为 3s/件，计算机器的生产效率为多少件/h？

[解]　机器的生产效率为 60/3 = 20 件/min 或 1200 件/h。

（2）凸轮分度器的分度角及选择方法

1）分度角、停止角

凸轮分度器有两根轴：一根为输入轴，由电动机驱动，做连续周期性转动；另一根为输出轴，带动凸轮分度器上方的转盘做时转时停的间歇回转运动。输入轴每旋转一周（360°），输出轴就完成两部分动作：一个转位动作+一个停顿动作，构成一个工作循环。假设将输入轴旋转一周的角度 360° 分为两部分，一部分对应输出轴转位的时间，工程上称为分度角；另一部分对应输出轴停顿的时间，工程上称为停止角。分度角、停止角之和为 360°，即

分度角+停止角=360°

分度角确定后，停止角实际上也就确定了，因此描述凸轮分度器的分度特性时使用分度角就足够了，一般只对凸轮分度器定义分度角，选型时也只选择分度角。进一步分析可知，分度角的大小实际上决定了分度器输出轴转位、停顿两个动作时间的比值。凸轮分度器的分度角越小，它的转位时间就越短，或者说转位速度就越快。如果凸轮分度器的分度角为 120°，则与此对应的停止角为 240°，如果该凸轮分度器的转位时间为 1s，则其停顿时间为 2s，总节拍为 3s，以此类推。所以一般情况下，希望分度角尽可能小。当分度角为 360° 时，实际上就是连续转动了，一般没有 360° 的分度角。

2）分度角的选择方法

① 分度角的标准。为了满足各种用户与各种使用条件的需要，凸轮分度器的专业制造商一般设计有多种结构系列的产品，每个系列的分度角都包括了一系列标准规格，供不同用户根据需要选用。表 6-1 所示为日本三共（SANKYO）公司 ECO 系列凸轮分度器的分度角标准。

表 6-1　日本三共公司 ECO 系列凸轮分度器的分度角标准

工位数	分度角								
	90°	120°	150°	180°	210°	240°	270°	300°	330°
2	—	—	—	—	—	—	○	○	○
3	—	—	○	○	○	○	○	○	○
4	—	○	○	○	○	○	○	○	○

续表

工位数	分度角								
	90°	120°	150°	180°	210°	240°	270°	300°	330°
6	○	○	○	○	○	○	○	○	○
8	○	○	○	○	○	○	○	○	○
12	○	○	○	○	○	○	○	○	○

注："○"表示有标准产品；"—"表示无标准产品。

② 分度角的选择方法。在自动化装配生产中，一般希望节拍时间（转位时间+停顿时间）尽可能短，以提高生产效率。

选择分度角的原则通常为：

a. 凸轮分度器的转位速度必须与转盘的质量、负载、转盘直径相适应，在此条件下，尽可能选择较小的分度角。因为分度角越小意味着转位时间越短，机器生产效率越高。

b. 转盘直径越大，质量越大，转盘的转动惯量也越大，转盘转动时的惯性扭矩也越大，因此转盘的转位速度应尽量小（转位时间长），需要选择较大的分度角。一般大型的转盘都选择270°的分度角。

c. 小型的转盘直径较小、质量较轻、允许较短的转位时间，所以可以选择较小的分度角。一般选择120°或180°的分度角，90°的分度角较少选用。

 思考题与习题

6-1 什么叫间歇输送？

6-2 采用间歇输送有哪些优点？

6-3 分别举例说明在直线方向上及圆周方向上间歇输送有哪些结构类型。

6-4 对间歇输送机构有哪些技术要求？

6-5 在其他条件完全相同的情况下，如果减少槽轮机构中的槽数，则在拨杆转动一周的情况下会有什么影响？

6-6 已知单拨杆外槽轮机构的槽数 $S=5$，拨杆的转速为 75r/min，分别计算槽轮的转位分度时间和停顿时间。

6-7 某单拨杆槽数为 4 的外槽轮机构，要求槽轮在停顿时间内完成工序动作，完成工序动作所需时间为 30s，试分别计算：①拨杆的转速；②槽轮转位所需的时间。

6-8 凸轮分度器在自动机械中主要有哪些功能？

6-9 凸轮分度器主要有哪些运动循环模式？

6-10 选择凸轮分度器时应如何选择其分度角？

6-11 如何选择凸轮分度器的工位数量？最常用的标准工位数量有哪些？

第 7 章

工件的分隔与换向

本章思维导图

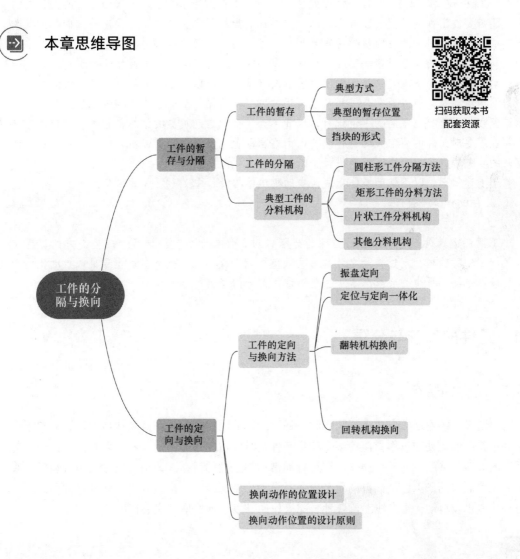

扫码获取本书
配套资源

学习目标

> （1）了解工件分隔与换向的概念；
> （2）熟悉典型工件的分料机构；
> （3）掌握工件的暂存与分隔方式；
> （4）掌握工件的定向与换向方法。

在自动化专机或自动化生产线中，工件的自动化输送、自动上下料、自动装配（或加工）为必不可少的重要部分，其中自动化输送、自动上下料为自动装配或加工的必要辅助操作。然而，在自动化输送与自动上下料工序中，经常会碰到以下问题：

在输送线上，工件之间既可能是间隔排列的，也可能是连续排列的，对于连续排列的工件，机械手可能无法抓取。这种情况下就需要对工件的位置进行处理，也就是对连续排列的工件进行分隔处理。

在对工件进行加工或装配时，加工或装配并不总是在工件某个固定的表面进行的，不同的工序可能需要在工件的不同表面进行。由于刀具或装配执行机构通常处在固定的方向，如果改变刀具或装配执行机构的方向显然比较麻烦，而且不经济，最简单的方法就是改变工件的姿态方向使其适应不同的加工或装配工序，这样就需要对工件的姿态方向进行频繁的改变。

自动机械的一个基本规律是，对工件的装配（或加工）以从上而下的方式进行时，所需要的机器结构最简单，所以通常是采用从上而下的方式进行设计。由于在不同的工序之间，对工件的装配或加工需要在不同的方位进行，因此，为了简化自动机械的结构，在同一台自动化专机上可能需要对工件的姿态方向进行改变，而在自动化生产线的不同专机之间，工件在加工或装配时的姿态方向经常不同，需要进行不断的调整变化。

基于上述原因，以下辅助操作就成为自动机械结构设计中必不可少的内容：

① 工件的分隔与暂停。

② 工件的换向。

对工件在输送线上的位置进行暂存与分隔、对工件在专机或输送线上的姿态方向进行调整，是继工件的输送、定位夹紧之外的另两项重要辅助操作，这也是自动化专机或自动化生产线结构设计中必不可少的环节，本章主要对这两部分内容进行详细介绍。

7.1 工件的暂存与分隔

7.1.1 工件的暂存

工件通过连续输送的方式进行输送时，通过一定的阻挡机构，在被其他自动输送机构连续输送并不断向前运动的过程中，使某个特定工件暂时停留在某一固定位置，以方便对该工件进行后续的取料、装配或加工等操作，该过程通常称为工件的暂存。该临时位置是相对装配（或加工）位置而言的。不管是在自动化专机还是自动化生产线上，都需要对工件进行暂存处理。在自动化专机及自动化生产线上，各种装配操作通常以下列典型方式进行：

① 直接在输送线上进行。对于某些简单的工序操作，并不需要工件处于静止状态，可以直接在输送过程中进行，如喷码打标、条码贴标等，因此也就不需要设计阻挡机构使工件在输送线上停留。对于另外某些简单工序，当对工件定位没有很高的要求，也不需要对工件进行夹紧时，为了简化设备，通常就直接在输送线上设计阻挡机构使工件停留，然后进行工序操作，如激光打标等。

② 将工件从输送线上移送到各专机上进行。除在输送线上直接进行的部分简单工序外，大多数工序操作对定位都有较严格的要求，而且很多情况下还需要对工件进行夹紧，这时就不一定适合在输送线上进行了，必须采用专门的工作站（或自动化专机）来进行，将工作站设计在输送线的上方，由多台工作站（或自动化专机）组成自动化生产线。最典型的结构就是在工作站上使用上下料机械手，将工件从输送线上抓取后移送到工作站上的定位夹具上进行工序操作，工序完成后又将工件送回输送线。

机械手是按固定的设计程序进行工作的，其取料点、卸料点、运动轨迹都是固定的，而且不能抓取运动中的工件，必须使工件在输送线上某一固定位置停留，否则无法按要求工作。为了方便机械手抓取工件，必须在输送线上设计一系列阻挡机构，使工件在需要的固定位置上停留，这一过程就是工件的暂存。在卸料过程中，由机械手将完成工序操作后的工件从专机的定位夹具上移送到输送线上，显然这时不再需要阻挡机构使工件停留。

③ 将工件从振盘输料槽上移送到专机的工序操作位置进行工序操作。这种方式是自动化专机的典型结构方式，通常将工件的定位夹具设计成活动的结构，在气缸的驱动下，夹具在两个位置之间直线运动或摆动，一个位置为夹具取料位置，另一个位置为工序操作位置（如装配位置）。图 7-1 所示为这种结构的原理示意图。

（1）典型的暂存位置

在自动机械中最典型的暂存位置主要有以下两类：

① 在振盘输料槽的末端设置阻挡块。振盘送料装置一般通过一个外部输料槽将工件向外连续输送，在外部输料槽的末端设置一个挡块就可以使工件停止向前运动，然后机械手直接从上述暂存位置抓取工件送入装配位置，如图 7-2 所示。

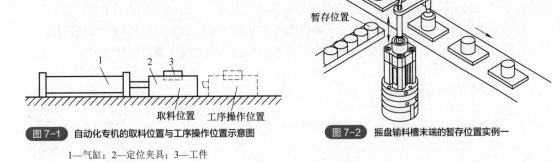

取料位置　工序操作位置

图 7-1　自动化专机的取料位置与工序操作位置示意图

1—气缸；2—定位夹具；3—工件

暂存位置

图 7-2　振盘输料槽末端的暂存位置实例一

还有另外一种方法，就是设计一个带工件定位槽或孔的滑板，当滑板上工件定位槽没有与输料槽末端对齐时，工件就在输料槽中被阻挡，最后的一个工件位置就是暂存位置；当滑板上工件定位槽与输料槽末端刚好对齐时，在振盘的作用下，工件自动输送到滑板上的定位槽中，如图 7-3 所示。

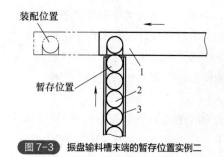

装配位置

暂存位置

1
2
3

图7-3　振盘输料槽末端的暂存位置实例二

② 在输送线上设置阻挡机构。在输送线上设置阻挡机构是非常普遍的方式，在皮带输送线、链条输送线、滚筒输送线上设置阻挡机构，使随输送线运动的工件停止前进。在皮带输送线或平顶链输送线的上方设置一个挡块或挡条就可以在输送线继续运行的情况下实现工件的暂停。在倍速链输送线及滚筒输送线上，一般在输送线的中央设置一种专用的阻挡气缸，阻挡气缸伸出时使输送线上的工装板或工件停止运动，供人工或自动进行工序操作，当工序操作完成后，阻挡气缸缩回，工装板或工件继续向前运动。

为了使控制系统确认阻挡机构所在的暂存位置是否存在暂存的工件，必须在暂存位置设置相应的传感器，只有在暂存位置存在工件的条件下机械手才会按PLC程序进行抓取工件的动作，否则将一直等待工件进入暂存位置。根据工件材料的区别，可以设置电感式接近开关、电容式接近开关或光电开关。

（2）挡块的形式

倍速链输送线及滚筒输送线上一般设置一种专用的阻挡气缸来实现工件的暂停，而对皮带输送线或平顶链输送线而言，通常在输送线的上方设置一个挡块或挡条。根据工件在该位置是否还需要继续向前运动，这种挡块或挡条又分为以下两类。

① 固定挡块。如果工件在该暂存位置被某台专机抓取并完成一定的加工或装配操作后不再需要沿原输送线继续向前输送，在输送线该部位的挡块就可以设计成固定的方式，通常称其为固定挡块，工程上也将其简称为"死挡块"。

② 活动挡块。如果工件在该暂存位置被某台专机抓取并完成一定的加工或装配操作后仍然需要继续沿原输送线向前输送，工件在该位置的停留只是临时的，在输送线该部位的挡块就不能设计成固定的方式，而必须设计成活动的形式，通常称其为活动挡块，工程上也将其简称为"活挡块"。

例如，当活动挡块位于放行前的状态时，工件被挡住，该位置作为自动化生产线上某个工作站的暂存取料位置，机械手在输送线该暂存位置抓取工件后移送到工作站定位夹具上，由工作站完成相应的装配等工序操作，然后机械手又将完成工序操作后的工件从工作站定位夹具上送回到输送线的同一暂存位置，此时，活动挡块上的驱动气缸已经按PLC程序在工序操作的过程中提前将挡块打开到放行状态，工件放入该位置后即可随输送线自由通行前进。

7.1.2　工件的分隔

在振盘输料槽、皮带输送线、平顶链输送线上，当通过活动挡块或固定挡块将工件挡住后，后续的工件都会在振盘或输送线的驱动作用下依次自动排列并紧贴在一起，机械手抓取的是紧贴着挡块的第一个工件，即暂存位置的工件。当机械手采用真空吸盘吸取工件时，一般情况下，吸盘是在工件的上方吸取的，紧密排列在一起的工件不会对吸盘的吸取动作带来妨碍，将该工件取出并移走后，紧挨着的下一个工件就会在输送线（如输送皮带）的驱动下自动补充到暂存位置。

但当机械手采用气动手指（也称气爪）夹取工件时，有可能出现机械手无法抓取工件的情况。因为机械手的运动方向是固定的，因而机械手夹取工件的方向也是固定的，气动手指经常需要在工件沿输送线上运动方向的前后两侧夹取，无论气动手指从工件的上方夹取还是从侧面夹取，由于气动手指的手指部分具有一定的结构尺寸，需要占用一定的空间，如果暂存位置的工件与其相邻的下一个工件紧密排列在一起，两工件之间没有多余的空间，则机械手的气动手指会与相邻的下一个工件发生干涉而无法完成夹取动作。最典型的情况如矩形工件，当工件紧密排列在一起时，相邻的两个工件之间就完全没有空间了。

为了解决上述问题，可以在输送线上暂存位置的前方设置一种特殊的分料机构，在工件到达暂存位置之前就将连续排列的工件分隔开，每次只放行一个工件到达暂存位置，即放行最前面的一个工件，同时将后面的工件挡住，逐次放行工件，这样工件到达暂存位置后其周围就有足够的空间让机械手方便地抓取。当该工件被移走、暂存位置出现空缺后分料机构再放行下一个工件，开始下一个循环。工程上把上述将连续排列的工件逐个分隔开来的过程称为分隔，相关的机构称为分料机构。同样，为了控制分料机构的动作，也需要在分料机构上设置与工件材料种类相适应的传感器，以确认机构的前方是否存在需要分隔的工件。

7.1.3 典型工件的分料机构

使用气动手指夹取工件时，在输送线或振盘输料槽上进入暂存位置的只能是单个工件，而从振盘或输送线上输送过来的工件经常是连续的，为此必须采用一种特殊的分料机构，将连续排列的工件进行分隔，逐个放行工件，这样就可以保证进入暂存位置的工件是单个工件。通常在实际应用中，工件的形状、尺寸是各不相同的，不同形状的工件采用的分料机构可能完全不同，因此，为了解决工程设计中的实际问题，需要掌握对常见形状的工件进行分隔的方法。大多数情况下，工件的形状主要分为以下类型：具有一定高度的圆柱类工件、具有一定高度的矩形类工件、厚度较小的板状或片状类工件。工件的形状不同，要将它们从连续排列的状态分隔为单个状态所需的分料机构也相应不同，但同一种类型工件的分隔方法与分料机构却是类似的，只是尺寸大小的区别。

（1）圆柱形工件的分隔方法

圆柱形工件（或球形工件）是形状最简单的一类工件，其分料机构也相对比较简单。因圆柱形工件或球形工件紧密排列时，工件之间除接触点外仍存在较大的弧形空间，因此只要用一个薄的插片即可轻易地将工件分开。

1）采用分料气缸分料

为适应这种需要，气动元件设计人员专门设计开发了一种分料气缸，作为标准元件，用户采购回来后只需在气缸上加装两块片状挡片，使其能够顺利插入相邻的两个工件之间即可直接使用。图7-4所示为日本SMC公司双手指MIW系列分料气缸的外形示意图，图7-5所示为该系列分料气缸的应用实例。该气缸实际上是由两只同步联动的、动作相反的气缸组合而成的，两个气缸活塞杆分别驱动两只手指，在气路上保证两气缸方向始终相反并且动作始终同步，一只气缸伸出（缩回），另一只气缸则必然缩回（伸出），而且通过一个锁定夹将两气缸的状态锁定。同时，两只气缸的行程可以分别通过各自的行程调节器进行调整，从而调节手指的工作行程。

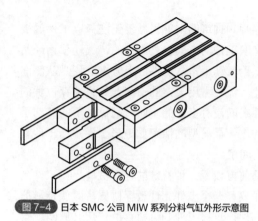

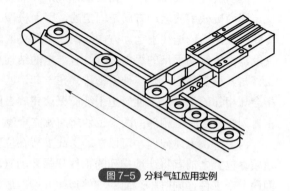

图 7-4 日本 SMC 公司 MIW 系列分料气缸外形示意图

图 7-5 分料气缸应用实例

2）采用分料机构分料

采用上述分料气缸来对圆柱形工件进行分料是最简单的方法，但使用气缸的成本相对较高，尤其是在生产线上较多地方重复使用时。图 7-6 所示是一种圆柱形工件的典型分料机构，气缸每完成一个缩回、伸出的动作循环，机构放行一个工件。由于只采用一只气缸，因而较低了制造成本，可以作为一种标准的机构模块使用。

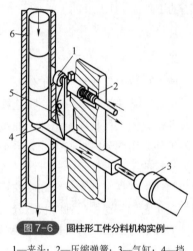

图 7-6 圆柱形工件分料机构实例一

1—夹头；2—压缩弹簧；3—气缸；4—挡杆；5—杠杆；6—料仓

该机构的工作过程如下：

① 工件在竖直方向或倾斜方向依靠自重在料仓 6 中自动向下输送，通过该分料机构，将上方连续排列的工件在下方逐个向下放行。

② 气缸 3 图示状态为伸出状态，挡杆 4 挡住一个工件，而夹头 1 则同步地处于放松状态。

③ 气缸 3 缩回，挡杆 4 将挡住的一个工件放行，同时压缩弹簧 2 自动推动夹头 1 将紧挨着的一个工件夹住，防止其下落或下滑，两个动作是同步的。挡杆 4 尚未完全退出料仓时，夹头 1 就已经将后一个工件夹住了，所以一次只放行一个工件。

④ 下方的工件放行后，气缸 3 再伸出，挡杆 4 带动杠杆 5，将弹簧 2 压缩，夹头 1 自动松开，下一个工件自动下落到准备状态，准备下一个循环。上述动作也是同步完成的。

该机构巧妙地利用了工件的自重，工件的输送不需要外力，只需利用工件所受的重力即可。该机构分料的对象既可以是圆柱形工件，也可以是矩形工件，只不过对圆柱形工件分料时夹头应设计成弧形的，而对矩形工件分料时夹头应设计成平面形状。

图 7-7 所示为圆柱形工件的另一种分料机构，该机构采用了凸轮，凸轮在气缸驱动下每进行一次往复运动放行一个工件。图示状态为机构放行一个工件而将下一个工件阻挡住，该机构具有结构简单、使用方便、成本低廉等特点。

3）圆柱形工件分料的应用场合

圆柱形工件的分料一般应用在以下场合：皮带输送线、

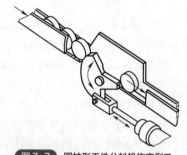

图 7-7 圆柱形工件分料机构实例二

平顶链输送线、振盘外部的输料槽、倾斜或竖直的输料槽或料仓，既可以应用在水平方向上也可以应用在竖直或倾斜方向上。

当分料气缸用在皮带输送线或平顶链输送线上时，工件依靠皮带或链板与工件间的摩擦力运动。当分料气缸用在振盘外部的输料槽上时，工件依靠振盘的驱动力或输料槽下方的直线送料器提供向前的驱动力。这些情况下，分料气缸的挡料杆承受的都是输送载体提供给排列在一起的一系列工件的总摩擦力。

当分料气缸用在倾斜或竖直的输料槽或料仓时，工件依靠自身的重力下滑或下落，这种情况下，分料气缸的挡料杆承受的是上方一系列工件的总重力。所以在设计这种分料机构时必须考虑分料气缸的挡料杆能够承受的载荷大小。

（2）矩形工件的分料方法

圆柱形工件的分料是最简单的，相比之下，矩形工件的分料比圆柱形工件要复杂。当矩形工件在输送线上输送时，工件经常是连续排列的，工件之间是平面与平面接触，相邻的工件之间无空间间隔。如果采用机械手对这样紧密排列的工件进行抓取，经常出现机械手末端的气动手指无法抓取的情况，因此，必须先对紧密排列的工件进行分隔处理，让一个工件单独停留在暂存位置。在这种情况下，依靠类似于圆柱形工件的插片式分料气缸是难以进行的，必须针对此类工件采用专门的分料机构才能进行分料。

图7-8所示为工程上一种典型的矩形工件分料机构，主要由挡料杆1、铝型材机架2、驱动气缸3、夹料杆4、安装座5、连杆6组成。其中，挡料杆1对工件进行阻挡及放行；铝型材机架2通常是组成皮带输送线或链输送线的结构材料，直接将分料机构通过螺钉从侧面安装在输送线两侧铝型材的安装槽孔中；气缸为驱动元件，驱动连杆6摆动，从而带动挡料杆1及夹料杆4在安装座的导向孔中交替前后反向运动。为了节省空间并简化安装，该机构采用了短行程系列标准气缸。

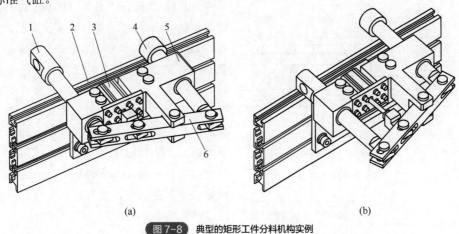

(a)　(b)

图7-8　典型的矩形工件分料机构实例

1—挡料杆；2—铝型材机架；3—驱动气缸；4—夹料杆；5—安装座；6—连杆

该机构的工作过程如下：图7-8（a）所示气缸为缩回状态，挡料杆将输送线上依次排列的工件全部挡住，挡料杆端部的安装孔安装有接近开关，确认有工件被阻挡住并将工件确认信号反馈给PLC控制器。当输送线前方的工件已经被处理完毕（如装配、检测等），需要分料机构向前方放行一个工件时，PLC 控制器向与驱动气缸安装在一起的电磁换向阀发出输出信号，电磁换向阀动作，控制气缸活塞杆伸出，在连杆 6 的作用下，挡料杆缩回，将阻挡住的第一个工件放行。由于夹料杆与挡料杆是同步运动的，所以夹料杆同步地伸出，将紧接着的下一个工件从侧面夹紧。由于对夹料杆与挡料杆的初始长度及工作行程进行了准确的设计，能够保证机构工作过程中夹料杆首先从侧面夹住第二个工件，接着挡料杆才缩回到位将第一个工件放行，这就是图 7-8（b）所示状态。当挡料杆的放料动作完成后，气缸上的磁感应开关向 PLC 发出确认信号，PLC 控制器又向电磁换向阀发出信号使其动作，从而控制气缸缩回，机构又回到图 7-8（a）所示的挡料准备状态，被夹料杆从侧面夹紧的工件在输送线的驱动下自动前进到挡料杆的位置，等待下一次工作循环。

该机构可以大量应用在由皮带输送线、平顶链输送线组成的自动化装配检测生产线上，将该机构安装在输送线的侧面。由于被输送的工件尺寸是相同的，所以经常要在一条自动化生产线上多处重复使用该机构，该机构也可以应用在其他使用条件类似的输送系统中。

（3）片状工件分料机构

除圆柱形工件及矩形工件外，另一类典型的工件为厚度较小的板状或片状类工件，如常见的钣金冲压件。

1）片状类工件的特点

此类工件的特点为厚度较小，重量较轻，而且经常采用振盘进行自动送料，所以对此类工件的分料经常是在振盘外部的输料槽上进行的，其分料机构的设计非常灵活，需要根据具体工件的形状特点进行设计。所采用的分料机构动作行程往往很小，所采用的气缸一般也是尺寸较小、输出力较小的微型气缸。

2）片状类工件分料机构实例

[例 7-1] 图 7-9 所示为英国 RANCO 公司某传感器自动化焊接专机上的分料机构实例。工件为直径 22mm、材料厚 0.07mm 的不锈钢波纹圆片状冲压件。工件的中央有一直径约 4mm、高约 2mm 的凸起部分。工件在水平状态下由振盘送料装置自动送料，由于焊接装配是对工件逐个进行的，而工件在振盘输料槽内是紧密排列的，因此在振盘输料槽需要设计一个分料机构，逐个放行工件。图 7-9（a）所示为工件被阻挡的状态，图 7-9（b）所示为分料机构动作、工件被放行的状态。在分料机构的前方通常还设计有一个暂存工位，供其他机构拾取工件后再送往焊接夹具。

机构工作原理：图 7-9 所示机构利用了工件上方的凸起部分，工件在振盘输料槽 5 内紧密排列向前输送。在输料槽的上方根据工件形状专门设计了一个特殊的、两端带倒钩的挡料爪 2，挡料爪可以绕固定销转动。挡料爪的一端由安装在其上方的气缸 1 驱动，另一端由压缩

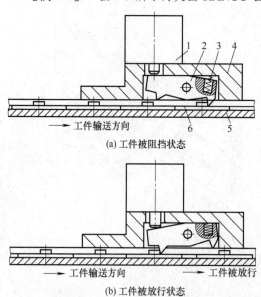

(a) 工件被阻挡状态

(b) 工件被放行状态

图 7-9 片状工件分料机构实例一

1—气缸；2—挡料爪；3—压缩弹簧；4—安装座；
5—振盘输料槽；6—工件

弹簧 3 驱动。图 7-9（a）所示为气缸缩回状态，在压缩弹簧 3 的作用下，挡料爪前方的倒钩正好挡住工件上方凸起将要通过的位置，工件在输料槽中运动到此时被阻挡住。

当分料机构前方暂存工位上的一个工件被取走后，PLC 向与气缸相连的电磁换向阀发出输出信号，电磁换向阀动作，压缩空气驱动气缸伸出，挡料爪克服压缩弹簧阻力转动到图 7-9（b）所示的状态。在挡料爪转动的过程中，前方的倒钩避开工件凸起的部位，第一个工件被放行，同时后方的倒钩同步地向下运动挡住紧挨着的下一个工件。当工件被放行移动一段距离后，PLC 通过电磁换向阀驱动气缸缩回，这时后面的工件又自动向前运动到图 7-9（a）所示状态，准备下一次循环。

图 7-9 所示机构利用了片状工件上的凸台，假设工件为规则的圆片状零件，对于这种工件又有不同的分料方法，下面举例说明。

[例 7-2]　图 7-10 所示为英国 RANCO 公司某传感器自动化焊接专机上的另一个分料机构实例。工件为直径 22mm、材料厚 0.07mm 的不锈钢波纹圆片状冲压件。焊接工序用于工件与中央凸起部分的精密电阻凸焊，工件同样由振盘送料装置自动送料，但输送工件的输料槽 1 改在竖直方向，也就是说工件以立式姿态输送，但焊接之前工件中央还没有凸起部分这一特殊的形状可以利用。

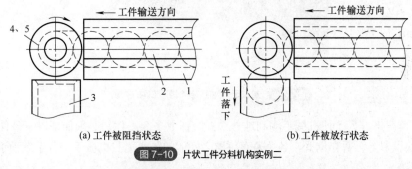

(a) 工件被阻挡状态　　　　　　　　　　(b) 工件被放行状态

图 7-10　片状工件分料机构实例二

1，3—输料槽；2—圆片状工件；4—转盘；5—摆动气缸

该机构设计了一个特殊的转盘 4，转盘由其后面的摆动气缸 5 驱动。转盘的转动角度为90°，转盘内设计有一特殊带开口的、容纳工件的圆孔状型腔。当转盘处于图 7-10（a）所示状态时，转盘型腔的开口方向刚好对准右侧输料槽的方向，所以在输料槽内的工件在振盘驱动下能够顺利进入转盘内。在转盘的下方设计有一个槽型输料槽 3，只要转盘位于图 7-10（a）所示状态，转盘内就始终容纳有一个工件，同时其他工件被阻挡。当需要放行工件时，摆动气缸带动转盘顺时针方向转动 90°，由图 7-10（a）所示状态回到图 7-10（b）所示状态，这时转盘型腔的开口向下，转盘中的工件在重力作用下自动落入下方的输料槽 3 中，并通过该输料槽运动到暂存位置。

工件被放行落入输料槽 3 中后，摆动气缸带动转盘逆时针方向再转动 90°，又回到图 7-10（a）所示的待料状态自动装入下一个工件，准备下一个工作循环。

3）片状工件分料机构设计方法

片状工件由于工件形状的特殊性，其分料机构的设计方法可以总结如下。

① 尽可能利用工件形状上的特点。例如，工件某个部位存在凸台、圆孔等形状特征，可以优先在工件的前方设置可活动的阻挡物对工件进行阻挡，因为这种阻挡不仅不会对工件的形状及尺寸产生任何不良影响，而且机构简单，容易实现。

② 对工件进行夹紧。如果工件上没有凸台、圆孔等形状特征，难以实现对工件进行阻挡，

就可以考虑在工件厚度方向上设计可活动的夹紧机构对工件进行夹紧。由于片状类工件多数厚度较小，工件尺寸精度要求高，某些情况下极容易使工件产生变形，影响其形状及尺寸精度，所以夹紧机构只需要很小的夹紧力。在工件材料厚度很薄的情况下除了需要严格控制夹紧力（如采用微型弹簧夹紧），还需要选择合适的夹紧部位，以防止因夹紧力使工件产生变形。

（4）机械手一次抓取多个工件时的分隔与暂存

一般情况下，机械手一次抓取一个工件，只要在暂存位置保留一个工件就可以了，即只在输送线上设置一个暂存位置，同时在输送线上暂存位置的前方设置一套分料机构。但工程上也经常有一台专机同时对多个工件进行加工或装配的情况，采用机械手上下料时也相应一次抓取多个工件，即在机械手末端同时设置多个气动手指，同时抓取或释放多个工件。图 7-11 所示为机械手一次抓取多个矩形工件的实例。

图 7-11　机械手一次抓取多个矩形工件的实例

在这种情况下，为了使机械手顺利地一次同时抓取多个工件，必须保证以下条件：

① 依次设置多个暂存位置，各个暂存位置之间的间隔距离与机械手上各个气动手指之间的间隔距离相等。

② 设法使工件逐个依次输送到各个暂存位置，保证每个暂存位置上只存放一个工件。

为了保证上述条件，必须首先在输送线上机械手取料暂存位置的前方设置一套如图 7-8 所示的分料机构，然后在输送线上机械手各个气动手指对应的抓取位置依次设置多个挡块。由于工件需要逐个通行，所以上述挡块需要设计成活动挡块。当机械手一次抓取多个工件送往工作站时，由于机械手抓取工件并在工作站上完成装配操作后改由另一条平行的皮带输送线向下输送，所以最先到达的一个工件对应的挡块设计为固定挡块，而后到达的多个工件对应的挡块设计为活动挡块，这样将多个工件按一定的间隔距离依次排列在多个暂存位置上。与单个挡块的情况相似，由于是机械手自动抓取工件，所以每个活动挡块上都要设置相应的传感器，以检测该位置是否确实有工件已经到位。如果输送系统设计为单条输送线，工件在该工作站完成装配操作后依然要通过原来的输送线向下输送，这种情况下多挡块都要设计为活动挡块。

（5）其他分料机构

图 7-12 所示为另一种连杆式分料机构，只要工件上带有台阶形状，无论圆柱形工件或矩形工件都可以使用。图 7-12 所示状态为气缸缩回状态，工件在皮带输送线上输送，前方的挡杆将工件放行，后方的挡杆同步地将紧挨着的下一个工件挡住。当工件被放行后，气缸再伸出，前

方的挡杆又伸出准备第二次挡料，后方的挡杆同步地缩回，将被挡住的下一个工件放行，让其进入前方挡杆的挡料位置。如此循环，将连续排列的工件逐个放行到暂存位置。本机构利用了相邻工件之间因工件的台阶而形成的空间，因为工件带有台阶，所以有空间使分料机构的一个挡杆伸向两相邻工件之间而不与工件发生干涉。如果工件没有上述台阶，则这种机构难以完成分料动作。

对于尺寸较小的带台阶圆柱形工件，最典型的实例就是电器制造行业的银触头、铆钉等。在这类工件的自动化铆接装配中，银触头或铆钉通常都是由振盘来自动送料的，工件从振盘出口出来时都是紧密排列，需要再通过一段输料槽输送到装配部位。在这段输料槽中只能一次放行一个工件，因此经常采用如图 7-13 所示的分料机构。在图 7-13 所示的分料机构中，工件 2 经过振盘自动送出，在自身重力的作用下，工件沿一倾斜的输料槽 1 下滑。在输料槽 1 的末端设计了一块阻挡弹簧片 4，所以工件都依次紧密排列在一起。由于每次装配循环只需要一个工件，所以在弹簧片的下方适当位置设计了一件夹具 3，当夹具向前方运动时自动克服弹簧片 4 的压力使工件自动套入夹具中，因此当夹具每单向通过一次时自动套入一个工件。

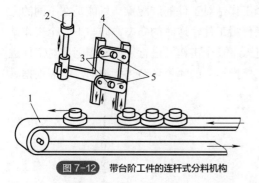
图 7-12　带台阶工件的连杆式分料机构
1—皮带输送线；2—气缸；3—固定铰链；4—挡杆；5—连杆

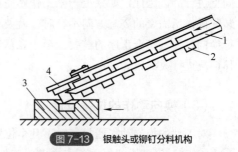
图 7-13　银触头或铆钉分料机构
1—输料槽；2—工件；3—夹具；4—弹簧片分料器

常见的多种类型工件的分料方法与分料机构的共同特点：
① 一套分料机构通常只采用一个气缸，部分机构使用弹簧作为辅助外力，降低制造成本。
② 都具有两个手指或类似于手指的挡杆结构，其中前方的一个手指用于挡料或放行工件，后方的一个手指用于将相邻的下一个工件在前方挡住或从侧面夹住。
③ 两个手指在连杆机构的作用下都是同步运动且方向始终相反。

7.2　工件的定向与换向

7.2.1　工件的定向与换向

（1）工件的定向

在进行装配之前，工件的空间状态必须确定为一定的姿态方向。通过一定的机构使工件具有符合工艺要求的姿态方向的过程称为定向。

由于机器上的各种执行机构（如刀具、装配机构等）都处在确定的位置和方向，因此对工件的任何操作（如加工、装配、调整、检测等）都必须在工件也位于对应的姿态方向时进行，即工件要在一定的位置、一定的姿态方向，同时还必须在夹紧固定状态下才能进行工序操作。对大多装配等自动化工序而言，定向、定位、夹紧都是必不可少的先决条件，只不过少数情况下可以省去对工件的夹紧措施。

在实际工程中，将工件放入定位机构并加上可能需要的夹紧措施后，工件的姿态方向自然就确定了。对工件姿态方向进行处理的工作是指经常在自动化专机或自动化生产线的各个工作站上改变工件的姿态方向，即对工件进行换向。

（2）工件的换向

换向是指根据装配等工艺操作的需要，通过一定的机构使工件发生翻转、旋转等动作，改变工件的姿态方向。

在自动化专机上，可能需要对工件进行不止一个方向的加工，而自动机械的一个显著特点就是各种执行机构通常都设计成沿着竖直方向、从上往下进行装配或加工操作，因此在完成一种工序操作后经常需要改变工件的姿态方向。各个工作站对工件的装配操作可能是在不同的方向上进行的，因此，如果上一个工作站完成装配操作后工件输送时的姿态方向与下一个工作站装配操作所需要的姿态方向不符时，就要在工件进入下一个工作站进行工序操作之前对工件进行换向，使其符合工序的需要。至于在从输送到工序操作前的哪个环节进行换向，则需根据具体情况进行灵活设计。

（3）换向动作的位置设计

对工件的换向动作通常在以下几个位置进行：
① 在输送线上机械手抓取之前对工件进行换向。
② 在机械手抓取的过程中通过机械手进行换向。
③ 在工件被移送到工作站的定位夹具后再与定位夹具一起进行换向。

（4）换向动作位置的设计原则

① 首先要考虑尽可能减少工件换向的次数。自动化生产线设计的第一阶段就是进行总体方案设计，在总体方案设计过程中，首先要对自动化生产线的生产工艺流程进行工艺设计。在各工作站的工序中，可能部分工序要求的工件姿态方向有差异，但生产线上都是采用相同的输送系统（如皮带输送系统、链条输送线等），如果对工件频繁换向，势必增加换向机构的数量，使设备变得复杂。因此，要合理安排工序的流程，尽可能将要求工件姿态方向相同的工序对应的专机或工作站安排在相邻的位置，以减少工件的换向次数，减少换向机构，简化设备结构，降低设备成本。

② 尽可能在输送线上进行换向。输送线通常具有一定的长度，输送线上方及侧面具有较大的空间，换向机构在输送线上比较容易安排。另外，在输送线上比较容易采用相同的换向机构，降低制造成本。

③ 尽量避免在工件被移送到专机定位夹具后再进行换向。一般尽量避免在工件被移送到专机定位夹具后再对工件进行换向，因为在定位夹具上一方面空间通常较紧张，另一方面还要考虑工件在换向的过程中不能因为自重的原因而落下或改变位置，所以除定位机构外可能还需要

增加额外的夹紧机构，涉及的机构更多，使机构更复杂，制造成本更高。

在机械手抓取的过程中进行换向的方案主要视工件的形状而定，当工件在其他部位换向机构较复杂而在机械手上换向机构较容易时采用这种方案为最佳。

7.2.2　定向与换向方法

（1）振盘定向

振盘具有两大功能：自动送料、自动定向。它既能完成工件的自动输送，同时又可对工件进行定向。振盘螺旋输料槽上的各种挡块、挡条、缺口、压缩空气喷嘴等机构就是专门完成各种选向、定向动作的，最终使工件按要求的姿态方向连续排列，经输料口送出，这种姿态方向也是自动化专机上对工件进行取料或装配的姿态方向。

（2）定位与定向一体化

当被机械手抓取的工件只能以特定的方向放置在指定的定位装置（定位夹具）上时，定位装置同时也是定向装置，因此，在很多情况下，工件的定位夹具同时具有定位和定向的功能。

例如，矩形工件的定位夹具可以设计为与工件形状一致但具有一定间隙的型腔，当工件放入定位夹具后，工件的转动自由度就被限制，因而工件的方向也就确定了。

对于回转类形状的工件，如圆柱形工件，如果工件的形状是完全对称的，当工件放入定位夹具后，工件的转动自由度可以不加限制。如果工件的形状不是完全对称的，则必须在工件上设计专门的定位结构，如设计销孔或者将圆柱面的一部分改为平面，当工件放入定位夹具后工件的方向也就确定了。

（3）翻转机构换向

在自动化生产线上，经常需要改变工件的姿态方向，如将工件由竖直状态放置改变为水平状态放置，或者由水平状态放置改变为竖直状态放置，因而需要或者在输送线上翻转换向，或者在装配工作站上翻转换向。这种换向需要用专门的换向机构来实现，翻转的角度可以为90°、180°或任意角度。

1）气动翻转机构

要实现工件的翻转，最简单的方法就是利用气缸作为驱动元件使工件及夹具同时翻转。这种气动翻转机构的驱动元件采用标准气缸，将气缸的直线运动转换为定位夹具做一定角度的翻转运动，使工件随定位夹具一起实现翻转，翻转的角度以90°情况居多。

图7-14所示为某自动化装配检测生产线上的气动翻转机构实例。该机构用于生产线上的某自动化点胶专机，其功能为将工件（塑壳断路器）连同定位夹具一起翻转90°。工件在皮带输送线上是以竖直的姿态方向放置并输送，自动点胶专机需要对工件进行工序操作的表面位于工件的侧面，由于工序操作一般是按从上而下的方向进行，所以需要在改变工件的姿态方向后再进行工序操作。

机构在翻转时必须考虑工件是否会在重力的作用下落下或改变位置，所以经常需要考虑是否采用夹紧措施。例如，在本例中通过将气缸活塞杆缩回的速度调整到较低值就可以避免工件的位置发生移动，从而省略夹紧措施，气缸伸出时的速度就可以相对快些。此外，如果采用在机械手的末端进行翻转，由于机械手都采用真空吸盘将工件吸住或用气动手指将工件夹住，也不需要考虑夹紧措施。

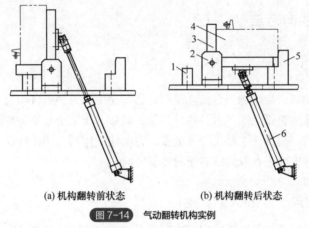

(a) 机构翻转前状态　　　　　　　(b) 机构翻转后状态

图 7-14　气动翻转机构实例

1—定位块 A；2—支架；3—翻转夹具；4—工件；5—定位块；6—气缸

2）通过改变机械手在工件上的夹持位置在机械手上实现工件的自动翻转

在机械手的末端采用气动手指时，有一种方法可以很容易地实现工件的自动翻转，只要改变气动手指在工件上的夹持位置，同时对气动手指两侧的夹块稍加改造，即在两侧夹块上各加装一只微型深沟球轴承，轴承外圈与夹块紧配合，轴承内圈则与夹块紧配合连接在一起，因此两侧的夹块相对气动手指是可以自由转动的，夹块夹紧工件后依靠工件的偏心就可使工件 180°自动翻转。图 7-15 所示为气动手指夹块结构示意图。

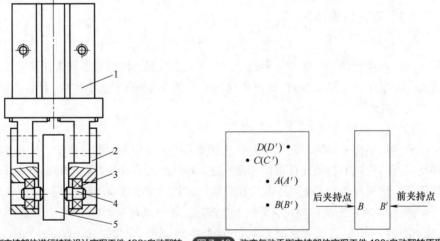

图 7-15　对气动手指夹持部位进行特殊设计实现工件 180°自动翻转　　图 7-16　改变气动手指夹持部位实现工件 180°自动翻转原理

1—气动手指；2—夹块；3—深沟球轴承；4—夹头；5—矩形工件

要实现工件 180°自动翻转，除需要对气动手指的夹块进行改进设计外，还需要选择工件上合适的夹持点进行夹持。在图 7-16 中，假设矩形工件为均匀材质，其重心位于其几何中心 A 点位置，B（B'）点位于前后夹持面几何中心的正下方（对称），机械手上气动手指的夹持点就选

为 B（B'）点，而 C（C'）、D（D'）点则位于工件前后夹持面的左右上方。当可以自由旋转活动的气动手指夹块夹持在工件 B（B'）点时，由于工件自重的作用，工件处于不稳定状态，会随着活动手指夹块自动做 180°翻转；当手指夹在 C（C'）或 D（D'）点位置时，则工件在重力作用下只会发生一定角度的偏转，而不会做 180°翻转。如果夹持点选择在工件重心的正下方，则工件被夹住后在重力作用下将保持原姿态方向。

该方法的设计要点为：

① 必须对气动手指两侧加装的夹块加以改造。

② 在工件上选择合适的夹持点。

3）在输送线上方设置挡块或挡条实现工件的自动翻转

在自动化生产线上经常采用皮带输送线、平顶链输送线等实现工件的自动化输送，各专机上完成的工序操作内容不同，工件在进行上述工序操作时的姿态方向也不同。为了简化专机的结构，经常在输送线上实现工件的换向，最典型的情况如使工件自动翻转 90°。许多机械都利用了重力的作用，在换向机构设计中更是如此。对于具有一定高度且重心较高的工件，可以在输送线上方设置一个固定挡块（或挡条）实现工件的 90°自动翻转。例如，输送线在工件底部对工件施加一个向前的摩擦驱动力，而工件在上方受到挡块的阻挡，因此工件的重心逐渐发生偏移直至最后翻倒，实现工件的 90°自动翻转。需要注意的是，这种方法只适用于具有一定高度、重心较高的工件，当工件重心较低时就无法用这种方法实现翻转了。

（4）回转机构换向

除翻转机构外，还有一类对工件进行换向的简单方法，就是各种回转机构。多数情况下是使工件绕竖直轴线进行回转，也有少数情况下是使工件绕水平轴线进行回转。很多场合都需要对工件进行部分回转和连续回转动作。

1）在机械手末端进行回转

机械手以一定的方向吸取或夹取工件后，机械手同时使工件旋转一定的角度（如旋转 90°、180°等）后放置在卸料位置。这种回转只需要在机械手末端（吸盘或气动手指）的上方增加一只摆动气缸即可实现，这也是机械手上最典型的结构。图 7-17 所示为注塑机摇臂式自动取料机械手末端的回转机构实例，该机械手末端带有一只专用的 90°摆动气缸，机械手从注塑机上吸取塑料件后手臂以倾斜状态伸出注塑机，手臂末端需要旋转 90°后将工件以最大面积方向自由放下，这样就可以避免工件落下时产生变形。

扫描封底二维码观看
动画

图 7-17　机械手末端的回转机构实例

2）对定位夹具及工件同时进行回转

如果需要在圆周方向连续或多点对工件进行装配或加工，一般的做法是使工件进行回转、装配执行机构位置不变。在这种场合需要使工件回转一定角度或一周，最好的方法就是对定位夹具及工件同时进行回转，这是工程上最常用的方法。这种方法的好处是充分利用了电动机的控制特性，电动机的启动、停止、回转角度都很容易进行精确控制。

还有一种典型情况，在自动化装配生产线中，经常需要使工件在连续回转状态进行工序操作，最典型的情况为回转类工件的自动环缝焊接（电弧焊接、激光焊接、氩弧焊接、等离子焊接等）、胶水环形自动点胶等，通常需要使工件连续回转 360°（通常为了保证焊缝、胶环的完整或密封要求，实际的回转角度要比 360°稍大），随着工件的连续回转，执行机构可对工件进行焊接等连续操作。图 7-18 所示为自动环缝焊接设备。连续回转机构的工作原理为：将需要连续回转的定位夹具（包括工件）通过传动系统与步进电动机相连，通过控制步进电动机来控制工件的启动、停止及回转速度。

图 7-18　自动环缝焊接设备

3）倍速链输送线上的顶升旋转机构

由倍速链输送线组成的自动化生产线大量应用于各种制造行业，经常需要在这样的生产线上就工件的不同方向进行装配、检测等工序操作。由于工件是放置在专门的工装板上，工装板是放置在倍速链上运动的，需要使工件绕竖直轴线做一定角度的回转动作，如旋转 90°、180°，为完成这种换向动作，经常需要在倍速链输送线上采用一种标准的顶升旋转机构。该机构主要由顶升机构、回转机构两部分组成。

工装板直接放置在机构上方的托盘上，顶升机构安装在托盘的下方，在竖直方向上安装有驱动气缸及 4 根导柱——直线轴承导向装置。气缸伸出时，托盘向上顶升，将倍速链上的工装板（连同工件）顶升至高出输送链的高度，使工装板及工件脱离倍速链链条，然后旋转机构驱动托盘进行回转。回转动作完成后顶升气缸缩回，将工装板又放回到倍速链上。

回转机构由水平方向的驱动气缸及齿轮齿条机构组成，气缸活塞杆与齿条相连，齿条与安装在托盘下方旋转轴上的齿轮啮合。当驱动气缸伸出时，齿条的直线运动驱动托盘下方的齿轮旋转，将气缸的直线运动变换为齿轮的旋转运动，使托盘回转一定的角度（如 90°或 180°）。该机构的目的是将工装板及工件进行换向，以便从工件不同的方向进行装配等工序操作。通过改变水平气缸的行程即可改变齿轮（托盘）旋转的角度，从而改变工装板旋转的角度，一般用于实现 90°或 180°旋转，也可以实现任意角度的旋转。

 思考题与习题

7-1　什么叫工件的暂存？通常采用哪些方法实现工件的暂存？

7-2　通常在自动化生产线的哪些部位对工件实现暂存？

7-3　为什么要在自动化生产线的输送线上对连续排列的工件进行分隔？

7-4　如何在自动化生产线上的某个部位实现每次只暂存一个工件？

7-5　当机械手需要在输送线上一次同时抓取多个工件时，如何进行工件的分隔与暂存？

7-6　如何在水平输送线上用最简单的方法对圆柱形工件进行分隔？

7-7　如何在水平输送线上对矩形工件进行分隔？

7-8　如何在水平输送线上对材料厚度较小的片状工件进行分隔？

7-9　什么叫工件的定向？什么叫工件的换向？为什么要对工件进行换向？

7-10　在自动化生产线上如何确定换向机构的位置？

7-11　通常有哪些方法可以实现工件的换向？

7-12　在机械手的夹持部位采取哪些措施可以实现工件的 180°上下自动翻转？

7-13　对于具有一定高度、重心较高的工件，如何在皮带输送线或平顶链输送线上实现 90° 自动翻转？

7-14　如何在机械手上对所夹持的工件实现 90°或 180°自动回转？

7-15　简述通常在倍速链输送线上采用的顶升旋转机构的工作原理。

第 8 章

工件的定位与夹紧

 本章思维导图

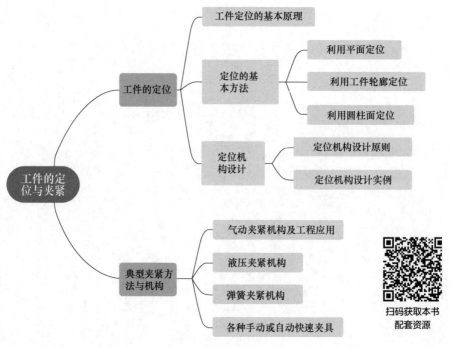

扫码获取本书
配套资源

📚 **学习目标**

（1）掌握工件定位与夹紧的概念；

（2）掌握工件定位的基本原理；

（3）掌握工件定位的基本方法；

（4）掌握定位机构的设计原则；

（5）熟悉典型夹紧方法与机构。

　　在介绍工件的定位与夹紧之前，先通过一个简单的自动化装配过程来了解定位与夹紧装置在自动机械中的作用。

　　图 8-1 所示为一个典型的自动装配工作站示意图，事实上，它也代表了一个基本的自动化装配（也可以是机械加工或检测）工作过程。工件经过料仓自动上料装置到达装配位置后，首先需要确定工件在装配或加工时的位置，也就是通过定位装置对工件进行定位。为了使工件在加工或装配时位置不会发生松动及变化，还需要采用夹紧机构（夹紧气缸）对工件进行夹紧，然后再进行装配、加工等操作（一般在工件上方，未表示出来）。最后夹紧机构放松，自动卸料机构（卸料气缸）将上一个完成工序操作后的工件推出，工件依靠自身的重力沿斜坡滑落到储料部位，完成一个自动装配（或加工）操作循环。

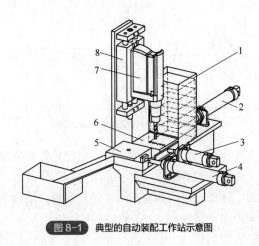

图 8-1　典型的自动装配工作站示意图

1—料仓；2—送料气缸；3—夹紧气缸；4—卸料气缸；5—已加工工件；6—待加工工件；7—电钻；8—钻孔驱动气缸

　　虽然图 8-1 所表示的都是最简单的动作，但很好地说明了自动化装配的典型工作过程，其中就包含了两个重要动作：定位与夹紧。

8.1　定位的基本原理

（1）工件定位的概念

1）定位的基本概念

　　对工件的任何机械加工、装配等操作而言，都存在一定的尺寸精度要求，部分情况下精度要求高，部分情况下精度要求较低甚至无精度要求。无论是自动机械加工设备还是自动化装配设备，各种机构的工作都是在固定的位置重复进行的，因此不管精度要求如何，加工或装配操作都是在以下最基本的前提条件下进行的：被加工或装配的对象（即工件）都必须以确定的姿态方向处在确定的空间位置上，而且在大批量生产中，每一个被加工或装配对象的姿态方向及空间位置都必须具有重复性。

使工件具有确定的姿态方向及空间位置的过程称为定位。对单个工件而言，工件多次重复放置在定位装置中时都能够占据同一个位置；对一批工件而言，每个工件放置在定位装置中时都必须占据同一个准确位置。定位是进行各种加工、装配等操作的先决条件，没有定位，对工件的加工或装配就难以准确地按要求进行。因此，定位机构是自动机械结构的重要部分。

图 8-2 所示为对圆形片状工件进行定位的实例。圆形片状工件中央加工有一圆孔，要求圆形片状工件与下方工件的圆孔必须对正，如果用手工来完成这一工作非常困难，尤其是当工件的尺寸较小时更困难，如图 8-2（a）所示。如果采用图 8-2（b）所示的结构，在另一工件上预先设计加工一个与圆形片状工件外径匹配的圆孔，将圆形片状工件简单地放入该孔中就可以轻易地自动对正了。

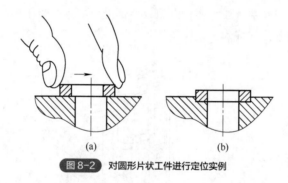

(a)　　　　　　　　　　　　(b)

图 8-2　对圆形片状工件进行定位实例

在此例中，下方的工件就起到了定位装置的作用，定位装置的位置是固定的，当工件放入定位装置的定位孔中时，工件的位置就已经确定了。当然，工件与定位孔之间有一定的间隙，保证工件能自由放入或取出，这就是定位装置的尺寸设计问题。因为上述间隙造成的工件相对位置偏差就是由定位而带来的定位误差。

2）定位机构与自由度

工件位置确定后，为了进行后续的加工或装配，工件在某些方向必须允许其自由运动，而在其他某些方向则禁止其自由运动。为了达到这一目的，在设计定位机构时，要保留需要的自由度，限制不需要的自由度。有些自由度是由定位机构限制的，而有些自由度则是由夹紧机构限制的，定位与夹紧是紧密结合在一起的整体。定位及定位机构的基本概念如下：

① 工件的定位过程实际上就是限制工件自由度的过程。

② 每个工件在定位前可以视为一个自由的刚体，在空间坐标系中有 6 个自由度：沿 X、Y、Z 方向的平移自由度，绕 X、Y、Z 轴方向的转动自由度。

③ 如果将工件的 6 个自由度全部限制，称为完全定位。

④ 在实际工程应用中，许多情况下工件的加工或装配等操作经常并不需要完全定位，而只需要限制部分自由度即可，这样就简化了定位机构。通常把这种定位方式称为不完全定位，工程上大多属于此类情况。

⑤ 设计定位机构时，如果根据加工或装配要求存在应该限制而未限制的自由度，通常称为

欠定位。这种欠定位的情况是不允许的，因为它无法满足加工或装配要求。

⑥ 与欠定位相反，设计定位机构时也可能存在重复限制同一个自由度的情况，这种情况通常称为过定位。这种过定位的情况也是不允许的，因为它人为地使机构复杂化了。

（2）定位的目的

对工件进行定位，主要是为了在各种加工、装配或检测工序操作中满足以下几个方面的需要：

① 满足工件尺寸的需要。例如在机械加工中，为了使加工出来的工件都具有符合要求的尺寸，必须对工件进行正确的定位。在产品的装配工序中也是一样，只有对工件进行正确的定位才能满足产品的装配工艺要求。

② 实现尺寸精度的要求。对工件定位要选择加工精度最高的表面。加工过的表面的精度要好于未加工过的表面，当有多个加工过的表面可以定位时，要选择最精确的加工表面作为定位面。

③ 约束工件的自由度。在没有约束的情况下，工件允许的自由度包括沿 X、Y、Z 轴的全部移动及绕 X、Y、Z 轴的全部转动，定位就是根据需要限制工件上述全部或部分自由度。

④ 定位机构应该使工件上料及卸料更容易、更快速，目的在于降低产品制造成本。

（3）定位机构的组成与特点

使工件相对于机器的执行机构具有正确的、确定的空间位置并在工序操作中保持该空间位置的装置，通常称为定位机构或定位装置，工程上也将其简称为定位夹具。

1）定位夹具的组成

定位夹具通常包含以下几部分结构：

① 定位元件。工件在工序操作中相对于各种执行机构（如机床上的刀具）需要具有正确的位置，定位元件的作用就是根据执行机构的空间位置及运动轨迹，对工件进行精确的定位。

② 夹紧元件。为了使工件在工序操作中保持上述固定位置，还需要承载工序操作中可能产生的附加操作力，必须将工件可靠地固定在定位位置，通常需要使用夹紧元件对工件进行可靠的夹紧。

③ 导向及调整元件。完成对工件的定位后，还要根据工序的需要对机器各种执行机构的位置进行准确调整，将执行机构调整到正确的位置，将工具（执行机构）的方向或位置调整正确。

2）定位夹具的优点

① 提高生产效率。定位夹具完全消除了在单件生产中对单个工件进行的划线、移动及频繁的调整，减少了操作时间，因而能大幅提高生产效率。因此，定位夹具也是批量生产必不可少的基本设施。

② 互换性。定位夹具更容易使产品在制造过程中获得一致的质量，不需要进行选择性的装配，产品的任何零件都能够在装配中进行正确的配合，所有类似的零件都能够进行互换。

③ 降低对工人技能的要求。定位夹具简单地对工件进行定位及夹紧，导向及调整元件能够使执行机构相对工件调整到正确的位置，不需要对工件进行复杂的调整。任何具有中等技能程度的工人都可以通过培训熟练地使用定位夹具，可以将具有更高技能的人员替换下来进行更有创造性的工作，因而定位夹具可以降低劳动力成本。

④ 降低产品制造成本。使用定位夹具后，可以获得更高的生产效率，废品率降低，装配更

容易，劳动力成本进一步降低，因而可以降低单件产品的制造成本。

8.2 定位的基本方法

对工件定位主要有以下 3 种方法：利用平面定位、利用工件轮廓定位、利用圆柱面定位。

（1）利用平面定位

对于具有规则平面的工件，通常都简单、方便地采用平面来定位。

① 一个平整的平面可以采用 3 个具有相等高度的球状定位支撑钉来定位。一个立方体可以通过 6 个定位钉来限制沿 X、Y、Z 轴的全部移动及绕 X、Y、Z 轴的全部转动。

② 粗糙而不平整的平面或倾斜的平面需要采用 3 个可调高度的球状定位支撑钉来定位。

③ 机加工过的平面可以采用端部为平面的垫块或球状定位支撑钉来定位。

④ 为了防止工件在工序操作（如机加工）过程中产生振动和变形，有必要采用附加的可调支撑。调整可调支撑所需要的力必须最小，以免使工件位置发生变化或抬高工件。

⑤ 为了避免工件上的毛刺及尘埃影响工件的定位，在定位夹具上工件的转角部位应设计足够的避空空间。

（2）利用工件轮廓定位

对于没有规则平面或圆柱面的工件，通常利用工件的轮廓面来定位。

① 利用工件轮廓定位的一种方法就是采用一个具有与工件相同的轮廓、周边配合间隙都相同的定位板来定位，这是一种较粗略的定位方法，如图 8-3 所示。

② 利用工件轮廓定位的另一种方法就是采用定位销来对工件轮廓或圆柱形工件进行定位，在工件轮廓的适当部位设置定位销，如图 8-4 所示。

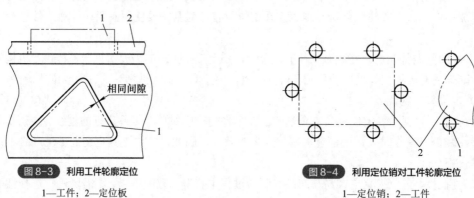

图 8-3 利用工件轮廓定位
1—工件；2—定位板

图 8-4 利用定位销对工件轮廓定位
1—定位销；2—工件

③ 在不同批次工件的尺寸有一定变化的情况下，可以采用一种可以转动调整的偏心定位销来定位，使定位机构适应不同批次工件尺寸上的变化，如图 8-5 所示。在图 8-5 所示的工件中，工件右侧有一个经过铣削加工的平面，在每一批工件中，该面与工件中心的距离 F 都具有一致性，只要针对每一批工件旋转调整可调偏心定位销 3 到适当的位置，最后将螺钉 4 固定即可完成定位尺寸调整。

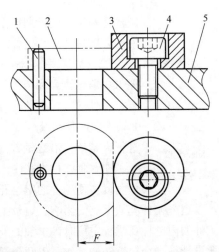

图 8-5　利用可调偏心定位销对尺寸有变化的工件进行定位

1—定位销；2—工件；3—可调偏心定位销；4—螺钉；5—夹具底板

④ 采用定位板对工件轮廓定位。由于零件的加工主要采用普通机械加工、冲压、注塑等工艺，一般情况下工件的尺寸变化都较小，可以采用一种称为定位板的方法对工件轮廓进行定位，如图 8-6 所示。定位板的内孔轮廓与工件的实体外部轮廓匹配并设计有合适的配合间隙，工件可以很容易地放入定位板的内孔轮廓中，同时又可以提供足够满足工序需要的定位精度，这也是在自动化装配中大量采用这种定位方法的原因。定位板既可以与工件的全部轮廓匹配，如图 8-6（a）所示，也可以与工件的部分轮廓匹配，如图 8-6（b）所示。定位板的高度必须低于工件的高度，以保证机械手手指或人工能够方便地取出工件，对于厚度较薄的板材冲压件，需要设计卸料专用的卸料槽。定位板相对于夹具底板的位置调整完毕后采用定位销来固定其位置，并通过螺钉与夹具底板连接固定。

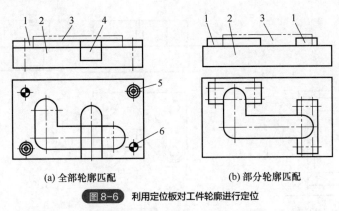

(a) 全部轮廓匹配　　　　　　(b) 部分轮廓匹配

图 8-6　利用定位板对工件轮廓进行定位

1—定位板；2—夹具底板；3—工件；4—卸料槽；5—螺钉；6—定位销

（3）利用圆柱面定位

利用工件上的圆柱面进行定位是轴类、管类、套筒类工件或带圆孔的工件最常用的也是最方便的定位方式。当一个圆柱工件通过端面及中心定位后，它就只能转动，其他运动全部被约束。利用圆柱面进行定位主要有以下 3 种方法：利用圆柱销对工件的内圆柱孔进行定位；利用

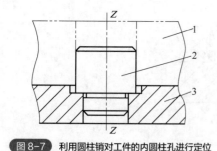

图 8-7 利用圆柱销对工件的内圆柱孔进行定位

1—工件；2—定位销；3—夹具底板

圆柱孔对工件的外圆柱面进行定位；利用 V 形槽对工件的外圆柱面进行定位。

① 利用圆柱销对工件的内圆柱孔进行定位。如图 8-7 所示，当利用工件的内圆柱孔进行定位时，只要将工件放入配套的定位销中即可，这样工件沿 X、Y 轴方向的移动及绕 X 轴的转动都被限制，当从上方进行夹紧后，沿 Z 轴方向的移动最后也被限制。

在这种定位方式中，定位销的入口端部必须设计倒角以方便工件的定位孔顺利套上定位销，在定位销下方的根部必须设计避空槽，以避开工件孔边毛刺的影响。定位销通过紧配合装配固定在定位夹具底板上。利用圆柱销对工件的内圆柱孔进行定位时，单独的一个定位销还不能限制工件绕定位中心的转动，因此还需要设计第二个定位结构，如采用两个圆柱销来定位，就可以保证工件被完全约束。为了提高工件的定位精度，两个销钉之间的距离要设计得尽可能远。

② 利用圆柱孔对工件的外圆柱面进行定位。如图 8-8 所示，当需要对工件的外圆柱面进行定位时，只要将工件放入专门设计的定位孔中即可。在这种定位方式下，为了提高定位夹具的工作寿命及可维修性，通常采用一种衬套来实现，衬套孔口必须设计足够的倒角，以方便工件顺利放入定位孔中。此外，在衬套长度较大的情况下，衬套定位圆孔的中部必须避开工件，以实现工件的快速装卸。

③ 利用 V 形槽对工件的外圆柱面进行定位。

a. 粗略的定位。V 形槽大量用于对外圆柱面进行定位，如图 8-9 所示，将工件外圆柱面紧靠 V 形槽的两侧，工件的中心就确定了。这种固定的 V 形槽只用于粗略的定位，通常用螺钉及定位销与夹具连接固定在一起。

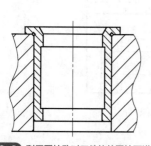

图 8-8 利用圆柱孔对工件的外圆柱面进行定位

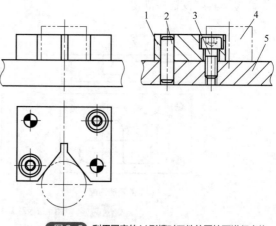

图 8-9 利用固定的 V 形槽对工件外圆柱面进行定位

1—V 形槽；2—定位销；3—螺钉；4—工件；5—夹具底板

b. 精密定位。考虑工件尺寸的变化，更精确的 V 形槽定位装置必须将 V 形槽设计成可调的，使 V 形槽能够沿其中心移动。这种移动既可以通过调整螺钉来实现，也可以通过凸轮或手动偏心轮来实现。为提高定位机构的效率，可以采用弹簧机构提供凸轮返回初始位置的回复力，V 形槽的移动还必须通过导向板来导向。通常将 V 形槽的槽边设计成带轻微的斜度，这样可以在夹紧工件后对工件产生一个向下的夹紧分力。

　　c. V 形槽的安装方向。V 形槽的安装必须有正确的方向,以便在这种定位方式下即使工件尺寸发生变化也不影响工序操作。以圆柱形工件的钻孔加工为例,当需要在垂直于工件轴心的位置上钻一个孔时,必须将 V 形槽安装在竖直方向,如图 8-10(a)所示,这样当工件的直径存在误差时工序始终能够保证加工出的孔垂直通过工件中心。如果将 V 形槽安装在水平方向,如图 8-10(b)所示,当工件的直径发生变化时,钻出的孔会偏离工件中心位置,如当工件直径变小时会产生尺寸偏移量 A。

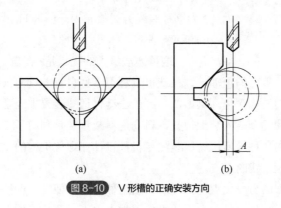

(a)　　　　　　　　　(b)

图 8-10　V 形槽的正确安装方向

8.3　定位机构设计

(1)定位机构设计原则

　　定位机构是自动机械必不可少的重要结构,那么在进行定位机构设计时应该遵循哪些设计原则呢?根据从事自动机械设计及使用维护的经验,下面总结了部分原则和经验:

　　① 设计定位机构时应该在满足加工或装配要求的前提下限制最少的自由度,以简化机构,但不允许出现欠定位或过定位的情况。

　　② 选择定位基准时,应该尽可能选择将设计基准作为定位基准,以减少定位误差。

　　③ 在自动化装配生产中,工件的定位主要根据具体工件的外形、设计基准等因素具体分析确定,使定位机构结构尽量简单,加工调整方便,定位误差对装配精度的影响最小。

　　④ 在大批量生产中,由于定位机构可能损坏或失效,需要定期更换,因此一般将其设计成可以拆卸的模块化结构。这样一旦定位机构的有效工作部件磨损或损坏时,可以及时更换单个的零件或部件,而不必更换整块机构,既降低成本,又可以使维修快速、方便。这种模块化结构也是各种自动机械结构的共同特点。

　　⑤ 在部分精度要求较高的多工位装配设备场合,如采用凸轮分度器的各种自动化专机上,对各个工位的零件定位要求有严格的一致性。不仅要求各定位机构尺寸具有严格的一致性,在定位机构装配过程中还必须对各工位的定位精度进行严格的检验,一般用打表的方法进行测试,并定期对定位机构进行检验和调整。

　　⑥ 定位机构的基本要求为定位准确,在保证定位误差能满足工艺要求的前提下尽可能结构简单。

图 8-11　金字塔式装配方法示意图

⑦ 尽可能采用自上而下的装配或加工方式——金字塔式装配方法。

在自动化装配生产中，由于从侧面或下方进行加工或装配等操作将增加自动化机构的难度，使机构更复杂，而利用工件重力的作用可以使机构大大简化，所以在多数情况下采用自上而下的装配方式，即所谓金字塔式的装配方法。在手工装配操作中，工人们都很自然地采用了这种方式，因为这种装配方式最省力。图 8-11 所示为金字塔式装配方法的示意图。

这种方法最大的优点是：在自上而下的装配方式下，每个零件都放置在已安装零件的顶部，这样就可以利用零件自身的重力来帮助送料和放置零件，因而可以使自动机械的结构简化。例如，螺钉的自动化送料装置中经常采用塑料导管，使螺钉沿竖直方向的塑料导管逐个落入装配位置，料仓送料装置也是利用了工件的重力作用使其自由落下。所以自动机械的各种送料机构、装配专机都设计在定位机构的上方，自动化生产线上各种装配专机都设计在输送线的上方。

自上而下进行装配的另一优点为：可以利用工件的重力使工件保持其定位状态，工件依靠底面和周边进行定位，即使有垂直向下的操作附加力也不需要从工件上方对工件进行起紧，如压印、铆接、贴标等，因而大大简化了定位机构的结构。采用自上而下的装配方式是自动机械结构设计的基本规律，从总体方案到局部模块设计，绝大部分情况下都采用这种方式，除非因为某些原因使得这种方式极难实现时才采用其他方式。例如：

① 机器的装配执行机构一般设计在定位机构上方而进行自上而下的操作。
② 机械手上料、卸料时都使工件通过重力落下放置到需要的位置。
③ 各种料仓送料装置利用工件的重力下落。
④ 各种胶水点胶、润滑油或润滑脂涂布等操作都自上而下进行。
⑤ 螺钉螺母连接、铆接。
⑥ 液体的罐装。
⑦ 各种包装操作。

（2）自动化装配定位机构设计实例

在继电器、开关、仪表、传感器等行业，许多装配工艺都是铆接、螺钉螺母连接、焊接等，大量采用了各种银触头，银触头的铆接是上述产品制造过程中重要的工序之一。

银触头作为直接使电路接通或断开的电接触元件，它一般是由紫铜基体材料与银合金材料复合而成，这些材料都是高导电材料。一对银触头在相互接触状态下具有很低的接触电阻（如 50mΩ 以下），同时具有较高的通断使用寿命（如 10 万～30 万次）。银触头材料都具有较低的硬度，便于铆接时材料的变形。图 8-12 所示为常用银触头形状。图 8-13 所示为典型的两种铆钉型银触头结构。在银触头的自动化装配工艺中，银触头普遍采用振盘送料装置自动送料，需要将上述银触头零件与其他导电零件（如接线端子、高导电弹簧片等）通过使银触头变形的方式铆接在一起。那么在铆接过程中如何对银触头零件进行定位呢？

图 8-12 常用银触头形状

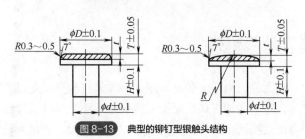

图 8-13 典型的铆钉型银触头结构

首先要对银触头零件的形状、重要尺寸、铆接工艺要求进行深入分析,以确定最佳定位方案。

如前所述,采用自上而下的装配方式是最简单的方式,所以将零件都设置在竖直方向进行定位、装配。铆接过程中让零件在高度方向上进行变形,铆接时零件只承受自上而下的垂直压力,所以只需要在 X、Y 水平面内将银触头零件的位置进行定位,高度方向上采用一个端面在定位机构中定位即可。需要铆接变形的部位为小直径端,很显然需要用零件的大面积端面进行定位,如果该面是平面形状,就用平面来定位。以球形触头为例,大面积端面是圆弧球面,所以需要在定位机构上设计加工一个与该曲面在形状上吻合的曲面来定位。定位装置的结构如图 8-14 所示。

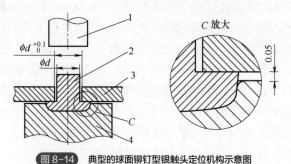

图 8-14 典型的球面铆钉型银触头定位机构示意图

1—铆接上模;2—工件 A(银触头);3—工件 B;4—铆接下模

为此,必须根据工件的特殊形状设计一个专用的定位装置,该装置的功能为:将工件 A、工件 B 按先后次序放入该装置后,两个工件自动具有确定的相对位置,而且不损坏工件表面。由于银触头的材料硬度较低,表面粗糙度较小,为了在铆接过程中不致使其定位面发生变形或表面粗糙度降低,作为定位机构的一部分,铆接下模的支撑曲面必须保证与银触头端的形状完全吻合,同时还要具有较小的表面粗糙度和较大的硬度。由于银触头零件的尺寸较小,要在铆接下模上加工出与银触头球面完全相反的曲面，在工艺上存在较大的难度，这既是定位机构的设计要点，也是制造工艺上的难点。

工程上最好的方法就是银触头零件的生产厂家在制造银触尖零件的同时，按照需方企业的零件尺寸配套加工出相应的定位下模，这样就可以保证定位下模的支撑面形状与银触头零件的曲面形状完全吻合，保证在铆接时不会破坏银触头表面的形状，从而保证产品的性能。为了保证工件 B 放入时，其孔中心自动与银触头零件的中心重合，还需要在铆接下模的上方采用搭接方式设计一个类似图 8-6 所示的定位板（未画出）来定位工件 B。另外，为了在铆接过程中使两个工件完全贴紧，铆接下模的定位孔深度应该适当低于银触头零件的厚度，使其具有约 0.05mm 的高度差。

8.4　典型夹紧方法与机构

在自动化生产中，对工件的夹紧一般是采用各种夹紧机构自动完成的，在加工或装配操作之前对工件进行定位与夹紧，在加工或装配操作完成之后还需要将工件松开。因此，夹紧机构需要完成自动夹紧和自动放松两个动作。根据驱动方式的不同，工程上采用的自动夹紧机构主要有以下几种类型：气动夹紧机构、液压夹紧机构、弹簧夹紧机构、手动快速夹具。

（1）气动夹紧机构及其工程应用

由于气动夹紧机构结构简单、成本低廉、维护简单，因而在工件体积不大或质量较小、附加操作力不大的场合大量采用这种夹紧机构。

1）气动夹紧机构原理

气动夹紧机构的原理非常简单，在气缸活塞杆端部安装一块夹紧板，工件放置在定位机构中后，气缸活塞杆伸出时夹紧板将工件夹紧，然后机器设备上的各种执行机构对工件进行机械加工或装配操作。工序操作完成后，气缸活塞杆缩回，撤销对工件的夹紧状态。由于对工件的夹紧要求夹紧板在夹紧及放松时的工作行程很小，所以夹紧机构采用的气缸通常只需要很小的行程，为了使夹紧机构结构紧凑，尽可能只占用最小的空间，所以工程上通常采用 FESTO 公司的紧凑型气缸（ADVU 系列、ADVUL 系列）、SMC 公司的短行程气缸或薄型气缸（CQ2 系列、CQS 系列）。夹紧机构夹紧力的大小是通过选定气缸的合适缸径及调整气缸压缩空气进气压力来保证的。首先，根据需要的夹紧力选择合适缸径的气缸，在某些对夹紧力要求非常精确的工序操作（如超薄金属材料的电阻焊接）中，夹紧力属于一项重要的工艺参数，可以通过精确调节气缸的进气压力来获得精确的夹紧力。自动化装配及其他场合大量采用了气动夹紧机构。气缸夹紧的方向既可以自上而下夹紧从下向上夹紧，也可以在水平方向上进行夹紧。

2）通过连杆机构改变夹紧力的方向、作用点或夹紧力的大小

由于在工程应用中工件的形状、大小、需要夹紧的部位、夹紧方向等经常是各不相同的，受到夹紧方向、夹紧部位、气缸安装空间等因素的限制，经常需要改变夹紧力的方向、作用点或作用力的大小，所以需要根据实际情况灵活地设计夹紧机构。采用连杆机构就是最常用的方法之一，这样可以使夹紧机构避开自动机械上的其他机构（如执行机构等），以方便其他重要机构的设计。图 8-15 所示为几种典型的气动夹紧机构。

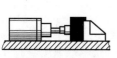
(a) 普通的水平方向夹紧

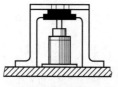
(b) 普通的竖直方向夹紧

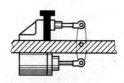
(c) 通过一个杠杆机构改变气缸作用力的方向对工件进行夹紧(一)

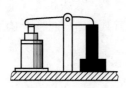
(d) 通过一个杠杆机构改变气缸作用力的方向对工件进行夹紧(二)

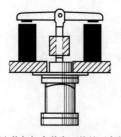
(e) 将气缸安装在工件的下方使气缸缩回时对工件进行夹紧,可以节省结构空间

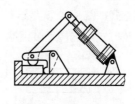
(f) 属于偏心夹紧机构,气缸缩回时对工件在两个方向进行夹紧

图 8-15　几种典型的气动夹紧机构

图 8-16 所示为自动机械中广泛采用的一种力放大机构,利用机构的传力特性,改变气缸 A 输出力的方向、力的作用点,同时大幅提高机构的输出力。该机构不仅广泛用于夹紧机构,还广泛用于自动化装配中的铆接、压印等工序,也可用作冲压机构。

图 8-16 所示机构中包含了一个重要的力学问题,在自动机械的夹紧机构中,为了使机构尽可能紧凑,占用的空间最小,不希望采用大缸径的气缸,经常需要对气缸的输出力进行放大,也就是说,采用一只小缸径的气缸就可以使机构获得很大的工作输出力。这种力放大机构经常是通过采用连杆机构来实现的,不仅减小了机构占用的空间,更有效地降低了机器的制造成本和使用成本,很多机器设备都利用了这种力学原理。

3) 工件较宽时的夹紧

对于宽度不大的普通工件,一般采用一只气缸单点或小平面就可以实现可靠夹紧。但经常会碰到一些较长或较宽的工件,仅靠一只气缸在单点夹紧是不可靠的,这种情况下必须采用两只(或多只)气缸加上具有一定宽度的挡板在平面上进行夹紧。

图 8-17 所示为较长工件的气动夹紧机构实例,将两个气缸活塞杆与一个具有一定宽度的挡板连接在一起,通过挡板在平面上进行夹紧。由于两只气缸工作时需要同步动作,因此这种情

图 8-16　自动机械中的典型夹紧机构

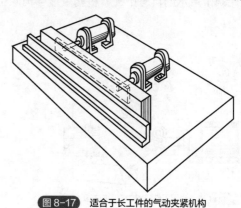
图 8-17　适合于长工件的气动夹紧机构

况下的气动回路就是典型的同步气动控制回路，两只气缸的进气口和排气口分别与同一个节流调速阀连接在一起，如图 8-18 所示。

这种夹紧机构在装配调试时还需要仔细地调整气缸的安装位置，也就是挡板与活塞杆之间的相对位置，使挡板平面与工件待夹紧平面保持平行，保证工件在整个挡板平面上可靠夹紧，同时也避免气缸活塞杆承受弯曲力矩而损坏气缸。当然夹紧气缸也可以不采用刚性连接而分别在工件的不同部位进行夹紧。当工件长度较长和宽度较宽时，从两侧对工件用挡板进行夹紧也是常用的方式，图 8-19 就是这种从两侧用挡板进行夹紧的例子。两侧的夹头和气缸都采用耳轴耳环的安装方式，这样气缸活塞杆末端的运动轨迹为弧形，保证气缸活塞杆能够自由活动。

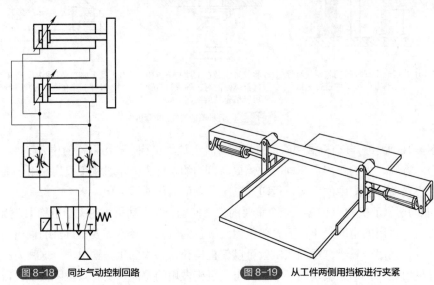

图 8-18　同步气动控制回路　　　　　　　图 8-19　从工件两侧用挡板进行夹紧

4）自对中夹紧

在很多场合，需要气动夹紧机构自动找正工件的中心，消除工件尺寸变化带来的影响，即当工件尺寸发生变化时夹紧机构能够使工件总是处于夹紧机构的中心。图 8-20 所示为典型的矩形工件自对中夹紧机构，它可以将工件尺寸的变化均匀地分配到夹紧机构的两侧。自对中夹紧机构最典型的例子就是圆柱形工件的夹紧，圆柱形工件的中心是对工件进行加工或装配时的定位基准，必须保证工件的中心在需要的位置。由于工件的外径尺寸具有一定的分散性，采用图 8-21 所示的自对中夹紧机构就能够消除工件外径尺寸误差的影响。

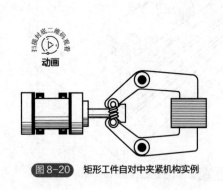

图 8-20　矩形工件自对中夹紧机构实例

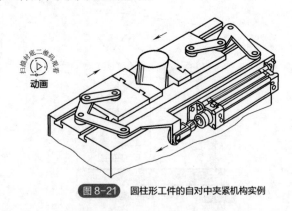

图 8-21　圆柱形工件的自对中夹紧机构实例

5）轴套类工件的自动夹紧机构

在自动化加工过程中，大量使用各种回转类工件，如轴类、管类、套筒类等工件，需要在加工前将工件自动夹紧。这类工件的夹紧机构最特殊，要求夹紧快速、可靠且具有自对中功能。通常采用一种被称为弹簧夹头的自动夹紧机构，它是五金、机械加工等行业的标准夹具之一，大量使用在自动车床、铣床等自动化加工及装配设备上，圆柱形工件是其中最简单的夹紧对象。图 8-22 所示为典型的弹簧夹头外形示意图。

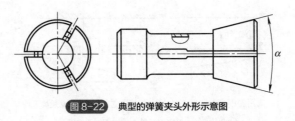

图 8-22　典型的弹簧夹头外形示意图

弹簧夹头是一种典型的自动定心夹紧装置，它同时对工件实现定位与夹紧。通过工件的外圆进行定位，在外圆上夹紧。如图 8-22 所示，在弹簧夹头上通常沿纵向加工出 3~4 条切槽，使其在径向具有较小的刚度（一定的弹性），并在头部设计成具有一定角度 α 的锥头，工件则放入弹簧夹头的中心孔中。弹簧夹头必须与夹具体及操作元件装配在一起才能使用，图 8-23 所示为弹簧夹头使用的原理示意图。

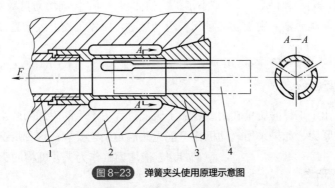

图 8-23　弹簧夹头使用原理示意图

1—操作元件；2—夹具体；3—弹簧夹头；4—工件

在图 8-23 中，夹具体 2 上设计加工有与弹簧夹头 3 锥头角度配套的锥孔，弹簧夹头的尾部则与操作元件 1 连接在一起。当工件 4 放入弹簧夹头的中心孔中后，操作元件 1 对弹簧夹头施加向后方向的轴向拉力 F 时，在滑动锥面的作用下，弹簧夹头带锥度的夹紧部位在径向产生微小的弹性变形，孔径变小。与此同时，弹簧夹头也会在轴向产生微小的位移，从而对工件实现均匀的夹紧。当对工件完成加工后，操作元件的外加拉力取消，弹簧夹头在本身的刚度作用下，弹性变形消失，孔径变大，撤销对工件的夹紧状态，工件即可人工或自动取出。弹簧夹头夹紧工件的驱动动力一般采用气缸，将气缸的拉力作用在弹簧夹头尾端的操作元件即可。由于其工作行程很小，所以夹紧放松动作都非常快。弹簧夹头具有以下突出的特点：结构简单，使用及安装方便；能够对工件进行精确定位、快速夹紧、快速放松；不仅适用于待加工或装配的工件，还适用于机床的刀具（如铣刀、钻头等）固装；在不损坏工件的前提下具有较高的重复精度；可以消除工件的尺寸误差对定位的影响。

弹簧夹头已经是一种标准的通用夹具，既可以直接从供应商处采购，也可以自行加工。目前市场上还有一种专门设计制造的带弹簧夹头的气动夹紧部件，将专用气缸与弹簧夹头集成在一起，用户只要在气缸上接上气管即可使用，同时还可以在一定范围内更换弹簧夹头的规格，使用非常方便。

6）斜楔夹紧机构

斜楔夹紧机构是利用斜面楔紧的原理来夹紧工件的，它是夹紧机构中最基本的形式，很多夹紧机构都是在此基础上发展而来的。斜楔夹紧机构的工作原理如图8-24所示。

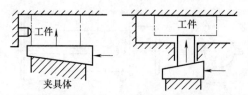

(a) 采用斜楔直接夹紧工件　(b) 斜楔通过过渡件间接夹紧工件

图 8-24　斜楔夹紧机构工作原理示意图

斜楔夹紧机构的主要优点之一是通过改变驱动元件作用力的方向和作用点，使夹紧机构占用的空间减少到最小。由于采用液压系统太复杂，而气动元件成本低廉，所以很多情况下都采用气缸驱动。由于对工件夹紧并不需要太大的行程，因此采用较小行程的气缸就可以了。此外，斜楔夹紧机构可以将驱动元件（如气缸）的输出力进行放大，因而采用较小缸径的气缸就可以获得较大的夹紧力，既降低了成本，又减小了机构的体积。为了提高增力倍数，减小摩擦损失，斜楔与传力连杆的接触通常采用滚动接触代替滑动接触，所以工程上经常直接采用微型滚动轴承作为传力连杆。

（2）液压夹紧机构

在某些行业，由于工件的质量较大或者加工装配过程中产生的附加力较大，需要夹紧机构具有更大的输出夹紧力，如果采用气动机构可能无法满足工艺要求，这种情况下就可以用液压缸或气-液增力缸作为夹紧机构的驱动元件。

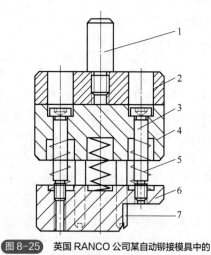

图 8-25　英国 RANCO 公司某自动铆接模具中的

弹簧预压紧机构

1—模柄；2—连接板 A；3—导柱；4—连接板 B；
5—预压压缩弹簧；6—压紧块；7—铆接刀具

（3）弹簧夹紧机构

在工程上也大量采用简单的弹簧对工件进行夹紧，最典型的例子就是冲压模具中对工件材料的预压紧机构、铆接模具中对工件的预压紧机构。在冲压和铆接过程中都必须首先对材料或工件进行夹紧，然后才进行冲压和铆接动作，防止材料及工件移位。图 8-25 所示为英国 RANCO 公司某控制开关自动铆接专机铆接模具的上模结构，其中就采用了典型的弹簧预压紧机构，该铆接模具用于某电气部件的自动化装配检测生产线。

铆接模具的预压紧机构通常较简单。铆接过程一般首先由人工或自动装置（如振盘或料仓等）将工件送入模具下模中的定位夹具中，由模具下模对工件进行定位及支撑，然后模具上模在竖直方向从上往下对工件施加压力完成铆接工序。在铆接过程中必须防止工件发生移动，但很多情况下并不采用对工件设计专门夹紧机构的方法，而是在上方的模具上模中设计弹簧预压紧机构，利用压缩弹簧的压力将工件从上往下夹紧。

在图 8-25 所示结构中，由于铆接刀具 7 在高度尺寸上比压紧块 6 的底面内缩 1~2mm，在上模下行的过程中，首先是压紧块 6 接触工件，预压压缩弹簧 5 逐渐被压缩，并将弹簧的压力通过压紧块 6 将待铆接的工件从上往下预先夹紧，模具上模继续向下运动时铆接刀具才接触工件进行铆接操作。模具上模返回过程中，压缩弹簧变形恢复，自动使工件与模具上模脱离。从图 8-25 还可以看出，铆接模具是一种模块化的结构，一般最容易损坏的零件是铆接刀具。当刀具磨损至无法满足使用要求时，只要将刀具拆下更换就可以了，不需要将整个部件报废，既降低了使用成本，又方便快速维修。

（4）各种手动或自动快速夹具

除在机械加工及自动化装配行业大量使用气动夹紧机构及液压夹紧机构外，还有一些行业大量采用人工操作或自动操作的快速夹紧夹具，用于对工件或产品进行快速夹紧，如电子制造、五金等行业。图 8-26、图 8-27 分别为部分手动及气动快速夹具。这些快速夹具利用了著名的四连杆机构的死点原理，具有以下特点：

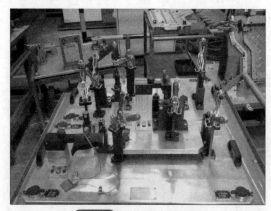

图 8-26 手动快速夹具应用

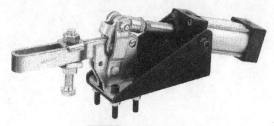

图 8-27 气动快速夹具

① 夹紧快速，放松快，开口空间大，不妨碍装卸工件。
② 力放大倍数高。
③ 施以很小的作用力就可以获得较大的夹紧力。
④ 自锁性能好。

⑤ 足以承受加工工件时产生的附加力，并保持足够的压力对夹紧状态进行自锁。

⑥ 体积小，操作轻巧、方便。

⑦ 制造成本低廉。

思考题与习题

8-1 什么叫定位机构？在自动化装配或加工过程中为什么要对工件进行定位？

8-2 定位夹具主要由哪几部分组成？各部分起什么作用？

8-3 工程上有哪些基本的定位方法？

8-4 在设计定位机构时，应该如何选择限制工件的自由度数量？为什么要避免过定位和欠定位？

8-5 在设计定位机构时如何选定定位基准？

8-6 在设计定位机构时，工件的哪些尺寸与定位有关？

8-7 为什么在自动化加工或装配过程中都普遍采用自上而下的方式？

8-8 举例说明在自动机械中哪些环节巧妙地利用了重力的作用。

8-9 什么叫夹紧机构？在自动化装配或加工过程中为什么要对工件进行夹紧？

8-10 哪些情况下需要对工件进行夹紧？哪些情况下不需要对工件进行夹紧？

8-11 夹紧机构应具有哪些基本要求？

8-12 工程上主要采用哪些类型的自动夹紧机构？

8-13 简述弹簧夹头的工作原理。

8-14 斜楔夹紧机构主要有哪些特点？

第 9 章

装配流水线节拍与工序设计

本章思维导图

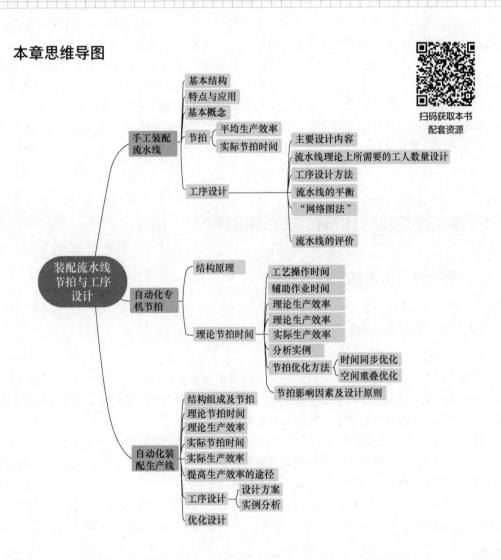

扫码获取本书
配套资源

基本结构
特点与应用
基本概念
节拍 — 平均生产效率
　　　 实际节拍时间
手工装配
流水线
　　　　　主要设计内容
　　　　　流水线理论上所需要的工人数量设计
　　　　　工序设计方法
工序设计 — 流水线的平衡
　　　　　"网络图法"
　　　　　流水线的评价

装配流水线
节拍与工序
设计

结构原理
　　　　　工艺操作时间
　　　　　辅助作业时间
　　　　　理论生产效率
　　　　　理论生产效率
理论节拍时间 — 实际生产效率
自动化专　分析实例
机节拍　　节拍优化方法 — 时间同步优化
　　　　　　　　　　　　空间重叠优化
　　　　　节拍影响因素及设计原则

结构组成及节拍
理论节拍时间
理论生产效率
实际节拍时间
实际生产效率
自动化装　提高生产效率的途径
配生产线　　　　　设计方案
工序设计 — 实例分析
优化设计

学习目标

（1）了解手工装配流水线的基本结构；
（2）掌握手工装配流水线的节拍和工序设计方法；
（3）掌握由单个装配工作站组成的自动化专机节拍；
（4）了解自动化装配生产线的结构组成；
（5）掌握自动化装配生产线的节拍和工序设计方法。

　　手工装配流水线作为一种技术含量不高的生产模式，大量应用于各种制造业，目前制造业相当多的产品都是在这种生产方式下装配制造出来的，而且在今后相当长时期内，这种生产模式仍将继续在制造业中发挥重要作用。由于自动化装配（或加工）都是在手工操作的基础上发展起来的，自动化生产线也是在手工装配流水线的基础上发展起来的，在理解手工装配流水线的基础上才能更好地理解自动化专机及自动化生产线的设计过程。

　　自动化专机或自动化生产线的生产效率及节拍时间是在总体方案设计阶段就必须设计确定的，是自动机械设计的重要内容之一。一个设计人员如果不熟悉节拍时间的设计，也就难以进行总体方案设计。为了使读者熟练掌握自动机械的节拍设计原理，为从事工程设计及管理工作打好基础，本章将详细介绍工程上各种典型自动化专机的节拍时间设计过程，在此基础上再介绍自动化生产线的节拍时间设计原理。

9.1　手工装配流水线节拍与工序设计

9.1.1　手工装配流水线的基本结构

（1）手工装配流水线的特点与应用

1）手工装配流水线的工程应用

手工装配流水线这种制造方式目前仍然存在于国内的家电、轻工、电子、玩具等制造行业中，相当多产品的装配都是在手工装配流水线上进行的。由于上述生产线主要用于进行产品的装配作业，所以一般将这些生产线称为手工装配流水线。

　　① 适合采用手工装配流水线生产的产品。通常在以下情况下可以考虑采用手工装配流水线进行生产：产品的需求量较大；产品相同或相似；产品的装配过程可以分解为小的操作工序；采用自动化装配在技术上难度较大或成本上不经济。

　　② 适合在手工装配流水线上进行的工序。通常有：采用胶水的粘接工序、密封件的安装、电弧焊、火焰钎焊、锡焊、点焊、开口销连接、零件的插入、挤压装配、铆接、搭扣连接、螺

钉螺母连接等。

2）手工装配流水线的优点

采用手工装配流水线组织生产具有以下特点：

① 成本低廉。可以充分利用劳动力资源，而且由于每一个工人长期专门从事某项或某几项工序操作，工人的操作可以达到相当熟练的水平并具有相当的技巧。

② 生产组织灵活。能够适应多品种小批量生产的需要，某些多品种小批量产品的类型、规格需要经常更换，不适合组织自动化生产。

③ 某些产品的制造过程更适合采用手工装配流水线，因为手工装配流水线比自动化生产线更容易实现。如果要实现自动化生产，设备的技术要求比较高，制造成本昂贵。

④ 很多情况下，成本最低的制造方法经常是自动化生产与人工生产相结合进行的。在实际工程中，市场竞争越来越激烈，用户对产品的要求是质量更高、新产品周期更短、产品价格更低，企业追求的目标始终是时间更短、质量更高、成本更低，降低成本成为企业竞争的重要手段之一。由于某些产品的部分或全部工序中，采用手工装配流水线的制造成本仍然是最低的，因此很多情况下，成本最低的制造方法经常是自动化生产与人工生产相结合进行的，即使在目前设备自动化程度较高的企业，也可能是自动化专机、自动化生产线与手工装配流水线并存。

⑤ 手工装配流水线是实现自动化制造的基础。自动化生产线都是在手工装配流水线的基础上发展起来的，工业发达国家早期的制造业就是大量采用了这种手工装配流水线，之后，为了降低人工成本，提高产品质量，再在此基础上逐步发展自动化生产线。手工装配流水线是实现自动化制造的重要基础。

当然，手工装配流水线这种生产方式的不足之处也是很明显的，它主要用于技术含量较低的劳动密集型企业。这在企业发展的初期是必要的，但要进一步提高产品的技术层次和市场竞争力就受到限制。

（2）手工装配流水线的基本结构

手工装配流水线就是在自动化输送装置（如皮带输送线、链条输送线等）基础上由一系列工人按一定的次序组成的工作站系统，如图 9-1 所示。每位工人（或多位）作为一个工作站或一个工位，完成产品制造装配过程中的不同工序，当产品经过全部工人的装配操作后即完成全部装配操作，并最终变为成品，如果生产线只完成部分工序的装配检测工作，则生产出来的就是半成品。

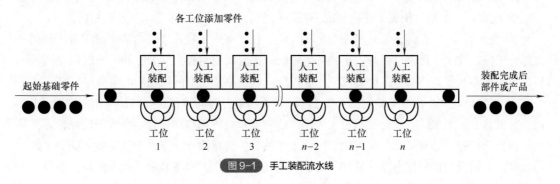

图9-1 手工装配流水线

1）手工装配流水线基本要点

对手工装配流水线的组成，需要理解以下要点：

① 在手工装配流水线上，产品的输送系统有多种形式，如皮带输送线、倍速链输送线、滚筒输送线、悬挂链输送线等。输送的方式既可以是连续的，也可以是间歇式的。

② 工人的操作方式：

a. 直接对输送线上的产品进行装配，产品随输送线一起运动，工人也随之移动，操作完成后工人再返回原位置。

b. 将产品从输送线上取下，在输送线旁边的工作台上完成装配后再送回到输送线上。

c. 工件通过工装板在输送线上输送，工装板到达装配位置后停下来重新定位，由工人进行装配，装配完成后工装板及工件再随输送线运动。

③ 工人的工作既可以坐着进行，如一些零件较小的小型产品的装配；也可以站立进行，如在大型产品（如轿车、电冰箱、空调器等）的悬挂链输送线（或滚筒输送线）上，工人可以在工位的一定区域内活动，边装配边随输送线上的产品同时移动位置直到完成装配为止。

④ 根据工序所需要的时间长短区别，每个工位的操作工序既可以是工序时间较长的单个工序，也可以是工序时间较短的多个工序。

⑤ 每个工位的排列次序是根据产品的生产工艺流程要求经过特别设计安排的，一般不能调换。

⑥ 每个工位既可以是单个工人，也可以是多个工人共同进行操作。

⑦ 工人在操作过程中可以是手工装配，但更多地使用了手动或电动、气动工具。

⑧ 在手工装配流水线上，可以有少数工序是由机器自动完成的，或者在工人的辅助操作下由机器完成。

⑨ 在生产线上如果大部分工序都由机器自动完成，只采用少数工人进行辅助工作，这就变成由手工装配与自动化装配设备共同组成的半自动化生产线。如果全部都由机器自动完成，就变成全自动化生产线。

⑩ 根据实际产品的生产工艺，在手工装配流水线上可以进行各种装配操作，如焊接、放入零件或部件、螺钉螺母装配紧固、胶水涂布、贴标签条码、压紧、包装等。

2）手工装配流水线基本概念

① 工位。生产线由一系列工位组成，每个工位由一名工人工作，也可以由多名工人共同完成工作，其工作内容可能为一项装配工序，也可能为多项装配工序。

② 工艺操作时间。某一工位进行装配等作业时实际用于装配作业的时间称为工艺操作时间，一般用 T_{si} 表示。显然，根据工序内容的不同，每个工位的工艺操作时间是各不相同的。

③ 空余时间。在一定的生产节奏（或节拍）下，由于每一工位所需要的装配时间各不相同，大部分工位完成工作后各自尚有一定的剩余时间，该时间通常称为空余时间，一般用 T_{di} 表示。后工位的工作需要等待前一工位完成后才能进行，以使整条生产线以相同的节奏进行。

④ 再定位时间。在手工装配流水线上，经常需要部分时间进行一些辅助操作，例如，工件在随行夹具上随流水线一起运动，工人边操作边随流水线一起移动位置，完成工序操作后又马上返回到原位置开始对下一个刚完成上一道工序的工件进行操作；工件在工装板上随流水线一起运动，工装板输送到位后需要通过一定的机构（如定位销）对工装板进行再定位，然后工人

才开始工序操作。

通常将上述时间称为再定位时间，再定位时间包括工人的再定位时间、工件（工装板）的再定位时间或两者之和（如果同时存在），尽管每个工位的再定位时间会有所不同，但分析时一般假设各工位上述时间相等且取各工位上述时间的平均值，通常用 T_r 表示。

⑤ 总装配时间。总装配时间为在流水线上装配产品的各道装配工序时间的总和，一般用 T_{wc} 表示。

⑥ 瓶颈工位。因为不可能将产品的全部装配工作平均地分配到每个工位，所以在流水线上的一系列工位中所需要的工艺操作时间是各不相同的，有的工位工艺操作时间短，有的工位工艺操作时间长，但必有一个工艺操作时间最长的工位。一条流水线至少有一个工位为瓶颈工位，它所需要的工作时间最长，而空余时间最短。瓶颈工位决定了整条流水线的节拍速度，或者说，流水线的节拍时间主要受瓶颈工位抑制和确定。

⑦ 平均生产效率。平均生产效率是指手工装配流水线单位时间内所能完成产品（或半成品）的件数，一般用 R_p 表示，单位为件/h、件/min。对自动化专机或自动化生产线而言，其平均生产效率也具有同样的意义，即自动化专机或自动化生产线单位时间内所能完成产品（或半成品）的件数。

⑧ 节拍时间。节拍时间是指手工装配流水线在稳定生产前提下每生产一件产品（或半成品）所需要的时间，一般用 T_c 表示，单位为 min/件、s/件。由于流水线是以相同的节奏进行的，节拍时间就是指流水线稳定生产时每完成相邻两个产品之间的时间间隔，它也是每个工位的平均占用时间（包括再定位时间、工艺操作时间、空余时间）。对于自动化专机或自动化生产线，节拍时间就是自动化专机或自动化生产线每完成相邻两个产品之间的时间间隔。

图 9-2 所示为手工装配流水线上各工位的时间构成示意图。根据手工装配流水线的工作原理可知，每一工位在时间上构成以下关系：

$$T_c = T_{si} + T_r + T_{di} \tag{9-1}$$

式中，T_c 为节拍时间，min/件、s/件；T_{si} 为各工位工艺操作时间，min/件，s/件，$i=1, 2, \cdots, n$；T_r 为再定位时间，假设各工位该时间都相等，min/件，s/件；T_{di} 为各工位空余时间，min/件，s/件，$i=1, 2, \cdots$。

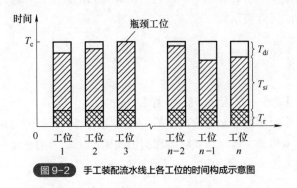

图 9-2 手工装配流水线上各工位的时间构成示意图

对每一工位而言，节拍时间在时间上等于该工位的再定位时间、工艺操作时间、空余时间三者之和。虽然各工位上的再定位时间、工艺操作时间、空余时间可能各有差别，但流水线上每一工位的节拍时间是相同的，或者说各工位都是以相同的节拍时间来进行生产作业的，各工位的区别仅在于各自的操作内容、工艺操作时间、再定位时间、空余时间互不相同而已。

9.1.2 手工装配流水线节拍

（1）平均生产效率

手工装配流水线在设计时就是为了满足某类产品一定的产量需要，而这通常都是用年产量来表示的。管理人员经常要决定每周开多少班、每班开多少小时，因此必须知道流水线的生产能力。这种生产能力通常用平均生产效率来表示，也就是装配流水线单位时间内需要生产完成产品的平均数量，它可以由年产量计划除以一年中总有效生产时间得出，因此可以表达为

$$R_p = \frac{D_a}{50SH} \qquad (9\text{-}2)$$

式中，R_p 为平均生产效率，件/h；D_a 为年产量计划，件/年；S 为每周工作天数；H 为每天工作时间，h。

式（9-2）中，$50SH$ 代表每年 50 周的总工作小时数。

（2）实际节拍时间

平均生产效率表示流水线的生产能力，但在设计流水线时通常要确定流水线的节拍时间，也就是流水线每生产一件产品（或半成品）需要多少时间。

① 流水线使用效率。确定流水线的节拍时间时必须考虑流水线的实际情况，流水线在实际运行时经常会因为种种原因导致实际工作时间的损失，如设备故障停机、意外停电、零件缺料、产品质量问题、工人健康问题等。因此，流水线每班的工作时间利用率就达不到 100%，也就是说流水线的实际开工运行时间要少于理论上可以运行的时间，这种时间损失通常用流水线的使用效率 η 来表示。显然流水线的使用效率 η 总是小于 100%，实际工程中手工装配流水线的使用效率一般可以达到 90%~98%。

② 实际节拍时间。节拍时间与生产效率都是描述设备或生产线的生产能力，只是单位不同而已。既然平均生产效率是指单位时间内平均生产产品的数量，那么反过来，每生产一件产品所需要的平均时间也就很容易计算出来了，它们两者互为倒数关系。考虑流水线的实际使用效率后，实际的节拍时间可以表示为

$$T_c = \frac{60\eta}{R_p} \qquad (9\text{-}3)$$

式中，η 为流水线使用效率；T_c 为实际节拍时间，min/件。

节拍时间是由工序操作的复杂程度决定的，在稳定生产条件下通常是大致不变的，而生产效率则由于输送线故障检修、停电、缺料等原因影响而产生较大的变化。在最理想的情况下，也就是当流水线的使用效率为 100%时，流水线的理想生产效率为

$$R_c = \frac{60}{T_c} \qquad (9\text{-}4)$$

式中，R_c 为流水线的理想生产效率，件/h。

显然，式（9-4）得出的理想生产效率要比所需要的平均生产效率 R_p 高，因为流水线的使用效率 η 低于 100%，因此流水线的使用效率 η 也可以表示为

$$\eta = \frac{R_p}{R_c} \times 100\% \tag{9-5}$$

由于瓶颈工位决定了整条流水线的节拍时间，而该工位上工人的操作速度是有变化的，因此整条流水线的实际节拍时间不是固定的，而是动态变化的，通常所指的整条流水线的节拍时间实际上是平均节拍时间。

9.1.3　手工装配流水线工序设计

（1）手工装配流水线的主要设计内容

流水线的设计内容主要为工序流程设计、工人数量设计、各工位工时定额设计、生产线节拍设计计算。在手工装配流水线生产方式下，人工成本在产品制造成本中占有的比例较大。在满足生产能力和产品质量的前提下，如何以最低的制造成本组织生产，始终是流水线设计的关键内容。

实际上，只有进行工序设计，确定工位数量、工人数量后，流水线才能以一定的节拍组织生产，而只有合理地进行工序设计，才能在满足年生产计划要求的前提下以最少数量的工人（即最低的制造成本）来组织生产，这也是流水线的设计目标，所以，如何确定流水线所需要工人的数量并使之最小是流水线设计的重要内容。

（2）影响流水线所需要工人数量的因素

设计手工装配流水线上所需要工人数量的原则是：在满足生产能力的前提下，以工人数量最少为最优目标。影响流水线所需要的工人数量主要因素有：

① 完成产品装配所需要的工序数量。
② 产品制造工序的难易程度。
③ 产品的设计质量与装配工艺性能。
④ 产品的年生产计划。
⑤ 是否采用快速有效的装配作业方法、工具。
⑥ 工人的技能水平与熟练程度。

在上述因素中，部分因素是通过技术人员的努力可以改善、提高的，从而减少所需要的工人数量，如改善产品设计、提高产品的装配工艺性能、改善作业方法、提高工人的熟练程度等，这也始终是产品设计及工序设计努力的方向。

（3）流水线理论上所需要的最少工人数量

流水线上所需要的最少工人数量通常用 W 表示，下面先在以下最简单的假设条件下计算所需要的工人数量：假设把产品的总装配时间 T_{wc}（单位为 min）平均分配到各个工位上，或者说每个工位的装配作业所需要的时间是均等的；每个工位上只由一名工人来承担工作；每个工位上没有再定位时间和空余时间，全部时间都用于装配操作；由于每个工位都按同样的节奏进行，所占用的全部时间都是节拍时间 T_c。

由于在流水线上装配的产品各工序装配时间的总和被平均地分配到各工位，每个工位都用与节拍时间相等的时间来装配作业，各工位上又只有一名工人，所以工位数量 W 也就等于工人数量并可由以下公式计算：

$$W = 最小整数 \geqslant \frac{T_{wc}}{T_c} \tag{9-6}$$

式中，T_{wc} 为总装配时间，min；T_c 为节拍时间，min/件。

式（9-6）表明，工位数量 W 为不小于总装配时间 T_{wc} 与节拍时间 T_c 之比的最小整数。

上述计算是在最理想的情况下算出的最少工人数量，实际工程上所需要的工人数量一定比该计算结果多，因为实际的流水线不可能与上述假设的条件相同，例如存在以下情况：

① 由于各工位的工序操作内容各不相同，因此不可能用均等的时间完成各自的工序操作，有的工位工艺操作时间长，有的工位工艺操作时间短。

② 各工位不可能没有空余时间。

③ 再定位时间——在每一个工位上，有时需要部分时间对工件或工装板进行再定位。因此，该工位实际所需要的时间变长了。

④ 检查前工序质量所需要的时间——后工序对前工序质量进行检查是生产过程中的重要质量保证措施之一，在生产中不可避免地需要部分时间对前工序的质量进行检查，需要考虑这一变化因素。

⑤ 零件缺陷或前工序质量问题——当出现有缺陷的零件或前工序质量存在问题时，该工位的工人需要处理缺陷零件或重新进行前工序的装配，因而工作会适当延迟。

⑥ 装配时间的均衡问题——实际上不可能将产品的总装配时间平均地分配到每一个工位上，部分工位的装配所需要的时间将少于实际的节拍时间——这必然会使所需要的工人数量增加。

（4）流水线的工序设计

产品的装配过程是由一系列的工序组成的，流水线就是按一定的合理次序完成产品的装配过程，因此工序设计是流水线设计的重要内容。工序设计主要包含以下两方面的问题：

① 各工序的安排次序必须符合产品本身的装配工艺流程。

② 根据需要对工序进行分解，但工序的分解及安排必须考虑流水线的平衡问题，即如何在满足节拍时间的前提下使流水线所需要的工人数量最少。

（5）流水线的平衡

在设计手工装配流水线时，在同样的节拍时间下，流水线上实际所需要的工人数量必须是一种最优的方案，即在满足节拍要求的前提下所需要的工人数量必须是最少的，这就取决于如何合理地进行流水线的工序设计，尽可能缩小各工位之间的工艺操作时间差距，尽可能缩短各工位的空余时间，减少人力资源的浪费，使所需要的工人数量最少，实现最低的制造成本，这就是通常所说的生产线的平衡问题。因此，在流水线的设计过程中需要具有一定的理论基础和技巧。

在实际的手工装配流水线设计过程中，通常采用以下措施进行流水线的平衡：

① 将复杂工序尽可能分解为多个简单工序，直接缩短流水线的节拍时间。

② 对于实在无法分解为多个简单工序的复杂工序,可以在该工位上设置 2 名或多名工人同时从事该工序的操作,从而满足更短节拍时间的要求。例如,某流水线的节拍时间为 0.6min/件,而某复杂工序的工序操作时间为 1.1min/件,在该工位上设置 2 名工人都独立进行该工序的操作,该工位就相当于平均 0.55min 完成 1 件产品的工序操作,这样就可以满足流水线 0.6min/件的节拍时间要求。

③ 将普通的直线形流水线设计为相互错开、相对独立的多个工段,这样每个工段可以根据某些工序的特点实现更高的生产效率,从而提高整条流水线的生产效率。

④ 在某些含有机器自动化操作或半自动化操作的流水线上(这实际上属于混合型的自动化生产线),将人工操作与机器的自动化操作或半自动化操作结合起来,可以充分利用工人的闲暇时间,提高流水线的生产效率。

通过上述措施,可以实现流水线的平衡,使流水线所需要的工人数量最少,提高整条流水线的生产效率,从而达到将制造成本降为最低的目标。

(6)流水线实际所需要工人数量的设计

流水线实际所需要工人数量要比理论最少工人数量大,科学的工人数量设计方法是与工序分配同时进行的,国外广泛使用一种被称为"网络图法"的设计方法,一般按以下步骤进行设计:

① 将总装配工作量分解为合理的、最小的、不能再细分的一系列单个工序,每个工序都需要对应的工艺操作时间。

② 根据产品的年生产计划计算出流水装配线的节拍时间。

③ 将上述一系列工序以单个(或多个)工序分配给每一个工位,分配的原则是:

a. 尽可能使每个工位的工人分配到工艺操作时间相近的工作量,缩小各工位之间工艺操作时间的差距。

b. 每个工位的总工艺操作时间都不能超过瓶颈工位(工艺操作时间最长的工位)的工艺操作时间。

c. 瓶颈工位的工艺操作时间不得高于节拍时间。

d. 各工位上的工序内容同时还必须严格符合产品的装配工艺先后次序。

④ 采用"网络图法"对全部工序向各工位进行分配。

a. 将全部装配工作分解为合理的、最小的、不能再细分的单个工序。

b. 将各工序按工艺流程的先后次序以节点的形式画成网络图,节点序号即表示工序号,并将该工序对应的工艺操作时间写在序号旁,箭头方向表示两相邻工序的先后次序,如图 9-3 所示。

c. 从网络图最初的节点(工序)开始,将相邻的、符合工艺次序且总工艺操作时间不超过允许的工艺操作时间(节拍时间)的一个(或多个)工序分配给第 1 个工位,如果可能超过允许的工艺操作时间,则将该工序分配到下一个工位。

d. 从剩余的最前面的节点开始,继续按上述

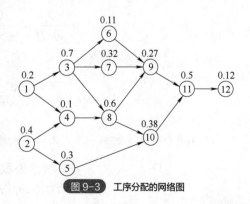

图 9-3 工序分配的网络图

要求依次分配给第 2、3、…个工位，直到将全部的工序分配完为止，全部的工位数就是所需要的工人数量。

[**例 9-1**] 某小型电器产品（电动搅拌器具）的生产装配由一手工装配流水线来完成，每个操作工序所需要的时间及工序的次序见表 9-1，产品生产计划为 10 万件/年，每年工作 50 周，每周工作 5 天，每天工作 7.5h，根据以往的经验，流水线的效率可以达到 96%，每道工序的再定位时间约为 0.08min（约 5s）。

表 9-1 工序内容与装配时间

工序号	工序内容	工序装配时间/min	工序次序（在工序××后）
1	将零件框中的支架放入定位夹具中	0.2	—
2	在电源线上装上插头，插头包上塑料保护套	0.4	—
3	将底座安装到支架上	0.7	1
4	将电源线连接到电动机上	0.1	1，2
5	将电源线连接到开关上	0.3	2
6	将机构装配到底座上	0.11	3
7	将叶状刀片部件装到底座上	0.32	3
8	将电动机装到底座上	0.6	3，4
9	将叶状刀片部件连接到电动机上	0.27	6，7，8
10	将开关装配到电动机底座上	0.38	5，8
11	装入盖子、检查、测试	0.5	9，10
12	将产品放入包装盒	0.12	11

试计算：

① 总装配时间 T_{wc}；

② 为达到年生产量所需要的生产效率 R_p；

③ 实际节拍时间 T_c；

④ 理论上需要的最少工人数量 W；

⑤ 瓶颈工序的工艺操作时间 T_s。

[**解**] ① 总装配时间。总装配时间等于各工序装配工艺操作时间之和：

$$T_{wc}=0.2+0.4+0.7+0.1+0.3+0.11+0.32+0.6+0.27+0.38+0.5+0.12=4.0（min）$$

② 根据式（9-2），为达到 10 万件/年的年生产量，所需要的生产效率至少为

$$R_p = \frac{D_a}{50SH} = \frac{100000}{50\times5\times7.5} = 53.33（件/h）$$

③ 实际节拍时间。根据式（9-3），实际节拍时间为

$$T_c = \frac{60\eta}{R_p} = \frac{60\times0.96}{53.33} = 1.08（min/件）$$

④ 理论上所需要的最少工人数量。根据式（9-6），理论上所需要的最少工人数量为

$$W = 最小整数 \geqslant \frac{T_{wc}}{T_c} = \frac{4.0}{1.08} = 3.7$$

$$W=4（人）$$

通过后面的分析会发现，实际的流水线是 4 人无法完成的，即可能无法按规定的要求由 4 人分担全部工序。

⑤ 瓶颈工位的工艺操作时间。瓶颈工位的工艺操作时间等于节拍时间与再定位时间之差：

$$T_s=1.08-0.08=1.00（min）$$

[**例9-2**] 试对例 9-1 按实际流水线的设计方法进行工序分配，并进行工序平衡，使流水线实际需要的工人数量最少。

[**解**] ① 将每个工序按工艺操作时间的长短次序排序，如表 9-2 所示。

表9-2 各工序按工艺操作时间长短排序

工序号	工序装配时间/min	工序次序（在工序××后）	工序号	工序装配时间/min	工序次序（在工序××后）
3	0.7	1	5	0.3	2
8	0.6	3，4	9	0.27	6，7，8
11	0.5	9，10	1	0.2	—
2	0.4	—	12	0.12	11
10	0.38	5，8	6	0.11	3
7	0.32	3	4	0.1	1，2

② 按工艺次序画出网络图如图 9-4 所示，"〇"内的序号表示工序号，序号旁数字表示工序所需要的装配时间。

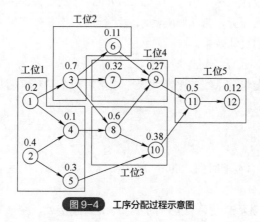

图9-4 工序分配过程示意图

对上述各工序按前面所述的分配原则进行分配，要求每个工位分配到的总装配时间小于已计算出的节拍时间 1.08min，而且符合工序的先后次序要求，同时对生产线进行平衡，使生产线实际需要的工人数量最少。

分配结果为 5 个工位，采用 5 名工人，分配的工序内容如图 9-5 所示。

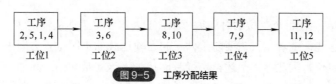

图9-5 工序分配结果

每个工位分配的工序及工艺操作时间如表 9-3 所示。由表 9-3 可知，工位 1 的总工艺操作时间最长，因此该工位为瓶颈工位。

表 9-3 各工位分配工序及工艺操作时间

工位	分配的工序	工序装配时间/min	工位总工艺操作时间/min
1	工序 2	0.4	1.0
	工序 5	0.3	
	工序 1	0.2	
	工序 4	0.1	
2	工序 3	0.7	0.81
	工序 6	0.11	
3	工序 8	0.6	0.98
	工序 10	0.38	
4	工序 7	0.32	0.59
	工序 9	0.27	
5	工序 11	0.5	0.62
	工序 12	0.12	

（7）流水线的评价

手工装配流水线的设计目标是用最少的工人数量，达到最大的劳动生产效率。由于手工装配流水线的设计可能因人而异，直接影响流水线运行的效果和效率。目前，通常从以下三个方面评价手工装配流水线的设计效果。

① 流水线平衡效率。由于不可能均等地将总装配时间分配给各工位，因此也就不可能获得理想的平衡效果。为了衡量流水线的平衡效果，通常用一个参数来衡量，这就是流水线的平衡效率，通常用 η_b 来表示：

$$\eta_b = \frac{T_{wc}}{WT_s} \times 100\% \qquad (9\text{-}7)$$

式中，T_{wc} 为产品各工序总装配时间，min；W 为实际工人数量；T_s 为各工位中的最大工艺操作时间，min/件。

平衡效率 η_b 越高，表示产品总装配时间 T_{wc} 与 WT_s 越接近，空余时间越短，生产线平衡效果越好，因而平衡效率 η_b 可以表示流水线平衡的优劣。最理想的平衡水平为平衡效率等于100%，实际工程中比较典型的平衡效率一般在 90%~95%之间。

② 流水线实际使用效率。流水线实际的开工运行时间要少于理论上可以运行的时间，因此流水线的使用效率 η 总是小于 100%，实际大小取决于设备的管理维护水平及生产组织管理工作的质量。

③ 再定位效率。在每个工位的时间构成中，工人需要将工件从输送线上取下，完成装配后将工件又送回输送线，或者工人需要随工件一起在输送线的不同位置之间来回移动，或者需要对工装板进行再定位，因此存在上述再定位时间损失，这就是前面所述的各工位平均再定位时间 T_r。通常将流水线各工位中的最大工艺操作时间 $\max\{T_{si}\}$ 与整条流水线节拍时间 T_c 的比值定

义为再定位效率，通常用 η_r 表示：

$$\eta_r = \frac{\max\{T_{si}\}}{T_c} \times 100\% = \frac{T_c - T_t}{T_c} \times 100\% \qquad (9\text{-}8)$$

式中，$\max\{T_{si}\}$ 实际上就是瓶颈工位的工艺操作时间 T_s；T_r 为各工序平均再定位时间。

考虑流水线的平衡效率 η_b、再定位效率使用效率 η_r、使用效率 η 后，生产线实际需要的工人数量 W 为

$$W = 最小整数 \geqslant \frac{R_p T_{wc}}{60\eta\eta_b\eta_r} = \frac{T_{wc}}{T_c\eta_b\eta_r} = \frac{T_{wc}}{T_s\eta_b} \qquad (9\text{-}9)$$

式中，T_{wc} 为总装配时间，min；T_c 为实际节拍时间，min/件；η_b 为生产线的平衡效率；η_r 为生产线的再定位效率；T_s 为瓶颈工位的工艺操作时间，min。

[**例 9-3**]　计算例 9-2 中流水线的平衡效率。

[**解**]　根据式（9-7），流水线的平衡效率为

$$\eta_b = \frac{T_{wc}}{WT_s} = \times 100\% = \frac{4.0}{5 \times 1.0} \times 100\% = 80\%$$

9.2　自动化装配生产线节拍与工序设计

自动化专机或自动化生产线的节拍时间就是专机或生产线每生产一件产品或半成品所需要的时间间隔，而生产效率就是专机或生产线在单位时间内能够生产出来的成品或半成品的数量，这与手工装配流水线的节拍时间及生产效率是类似的。节拍时间在数值上与生产效率互为倒数关系，工程上一般在讲设备的生产能力时使用生产效率，而讲设备的生产速度快慢时则使用节拍时间。

9.2.1　由单个装配工作站组成的自动化专机节拍

由于自动化生产线制造成本较高，一次性投入较大，因此在国内制造业中的使用受到限制；相反，由单个装配工作站组成的自动化专机由于是单台的专机，一次性资金投入较自动化生产线大幅降低，因而普及的速度较快。由单个装配工作站组成的自动化专机是自动装配机械的基本形式，由于各种自动化标准部件的大量采用，如气动元件、直线导轨机构、直线轴承、滚珠丝杠机构、各种执行电机、各种铝型材及连接件等，使得自动化专机的设计制造日益简化，制造成本大幅降低，制造周期越来越短。

（1）专机结构原理

各种复杂的自动化装备都是由各种各样的直线运动模块组合而成的，坐标式移载机械手也属于这种结构类型。直线运动机构组成的自动化装配专机通常的结构有：

① 在水平面上互相垂直的左右、前后方向上分别完成零件的上料、卸料动作（或将工件从零暂存位置移送到装配操作位置），上下方向则通常设计各种装配执行机构，完成产品的各种加工、装配或检测工艺工作（如螺钉螺母连接、铆接、焊接、检测等）。

②　上料、卸料动作通常采用振盘、料仓送料装置、机械手等装置完成，也可以采用人工辅助完成，这时就成为半自动化专机。图 9-6 所示为这种类型自动化专机的结构原理。

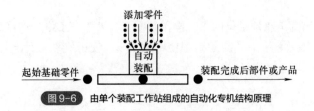

图 9-6　由单个装配工作站组成的自动化专机结构原理

（2）由单个装配工作站组成的自动化专机节拍

1）理论节拍时间

由单个装配工作站组成的自动化专机大量采用了各种直线运动部件，如气缸、直线导轨机构、直线轴承、滚珠丝杠机构等，这是一类非常具有代表性的自动化专机结构，这种设计方法大量使用在各种行业的自动化装配、加工、检测等制造工序。它们的节拍时间都是由以下部分组成的：

①　工艺操作时间——直接完成机器的核心功能（如各种装配等工序动作）占用的时间。由于受工艺要求的限制，工艺操作时间往往在机器节拍时间中占有较大的比例。

②　辅助作业时间——一个循环周期内完成工件的上料、换向、夹紧、卸料等辅助动作所需要的时间。

因此，在假设各种操作动作没有重叠的前提下，这类自动化专机的理论节拍时间可以根据下式计算：

$$T_c = T_s + T_r \tag{9-10}$$

式中，T_c 为专机的理论节拍时间，min/件或 s/件；T_s 为专机工艺操作时间的总和，min/件或 s/件；T_r 为专机辅助作业时间的总和，min/件或 s/件。

辅助作业时间在机器的节拍时间中也是必不可少的。在上料动作中，通常采用料仓送料、振盘送料、机械手上料等各种送料方式。在某些同时采用振盘及机械手上料的场合，振盘通常只将工件输送到暂存位置，然后由机械手或其他机构将工件从暂存位置移送到装配操作位置，这时振盘的补料动作是与机器的其他动作重叠的，因此振盘的补料动作并不占用机器的节拍时间。在某些半自动化专机中采用人工上料或卸料操作，替代某些复杂、昂贵的自动上下料机构，这时人工上料或卸料操作时间也属于辅助作业时间，需要通过实际人工操作来进行测试确定。

2）理论生产效率

专机的生产效率表示专机在单位时间内能够完成加工或装配的产品数量，单位通常用件/h 表示，在理论节拍时间的基础上就可以计算出机器的理论生产效率：

$$R_c = \frac{60}{T_c} = \frac{60}{T_s + T_r} \tag{9-11}$$

专机的生产效率与节拍时间都是衡量机器生产能力的参数，节拍时间从完成单个产品所需要的时间方面进行描述，而生产效率从单位时间内机器能够完成的产品数量进行描述。

3）实际节拍时间

必须注意到，式（9-10）、式（9-11）是以机器的理想状态为前提进行计算的。实际上，在自动化装配生产中存在一种特殊的现象，这就是经常会因为零件尺寸不一致而造成供料堵塞、机器自动暂停的现象，这个问题始终是自动化装配生产中最头痛的问题，而在自动化加工生产中通常不存在这一问题。因此，实际的节拍时间应该考虑零件送料堵塞停机带来的时间损失，专机实际的生产效率也会因此而降低。

考虑这一问题的方法如下：通常这种自动化装配专机都由一些零件添加动作及连接（如螺钉拧紧、铆接等）动作组成，对于零件质量问题导致的送料堵塞可以用该零件的质量缺陷率及一个缺陷零件会造成送料堵塞停机的平均概率来衡量，对于那些不涉及零件添加的连接动作，也可以采用每次会发生停机的概率来表示。因此，每次装配循环（即一个节拍循环）有可能带来的平均停机时间及实际节拍时间分别为

$$p_i = q_i m_i \tag{9-12}$$

$$F = \sum_{i=1}^{n} p_i \tag{9-13}$$

$$T_p = T_c + FT_d \tag{9-14}$$

式中，p_i 为每个零件在每次装配循环中会产生堵塞停机的平均概率，或不添加零件动作的平均概率，$i=1, 2, \cdots, n$；m_i 为零件的质量缺陷率，$i=1, 2, \cdots, n$；q_i 为每个缺陷零件在装配时会造成送料堵塞停机的平均概率，$i=1, 2, \cdots, n$；n 为专机上具体的装配动作数量；F 为专机每个节拍循环的平均停机概率，次/循环；T_d 为专机每次送料堵塞停机及清除缺陷零件所需的平均时间，min/次；T_c 为专机的理论节拍时间，min/件；T_p 为专机的实际平均节拍时间，min/件。

4）实际生产效率

实际的生产效率为

$$R_p = \frac{60}{T_p} \tag{9-15}$$

考虑上述送料堵塞停机的时间损失后，专机的实际使用效率为

$$\eta = \frac{T_c}{T_p} \times 100\% \tag{9-16}$$

式中，R_p 为专机的实际生产效率，件/h；η 为专机的使用效率。

[例 9-4]　某电器开关的部分装配在一台由单个工作站组成的自动化装配专机上进行，专机一次装配循环共需要装配 3 个不同的零件，然后再加上 1 个连接动作，各个零件的缺陷率及每个缺陷零件在装配时会造成送料堵塞停机的平均概率如表 9-4 所示。

表 9-4　专机工艺参数

动作序号	操作内容	需要时间/s	零件缺陷率	每个缺陷零件造成停机的平均概率	每次节拍循环造成停机的平均概率
1	添加接线端子	4	2%	100%	
2	添加弹簧片	3	1%	70%	
3	添加铆钉	3.5	2%	80%	
4	铆钉铆接	5			1.5%

添加基础零件的时间为3s，完成装配后卸料所需要时间为4s，每次发生零件堵塞停机及清除缺陷零件所需要的平均时间为1.6min。试计算：

① 专机的理论节拍时间；

② 理论生产效率；

③ 专机的实际节拍时间；

④ 实际生产效率；

⑤ 专机的使用效率。

[解]　① 专机的理论节拍时间。根据式（9-10）得专机理论节拍时间为
$$T_c = T_s + T_r = (4+3+3.5+5) + (3+4) = 22.5 \text{（s/件）}$$

② 理论生产效率。根据式（9-11）得专机理论生产效率为
$$R_c = \frac{60}{T_c} = \frac{60}{22.5} \approx 2.67 \text{（件/min）} \approx 160 \text{（件/h）}$$

③ 专机的实际节拍时间。根据式（9-14）得专机实际节拍时间为
$$T_p = T_c + FT_d = 22.5 + (0.02 \times 1.0 + 0.01 \times 0.7 + 0.02 \times 0.8 + 0.015) \times 1.6 \times 60 \approx 28.1 \text{（s/件）}$$

④ 实际生产效率。根据式（9-15）得专机实际生产效率为
$$R_p = \frac{60}{T_p} = \frac{60}{28.1} \approx 2.14 \text{（件/min）} \approx 128 \text{（件/h）}$$

⑤ 专机的使用效率。根据式（9-16）得专机的使用效率为
$$\eta = \frac{T_c}{T_p} \times 100\% = \frac{22.5}{28.1} \times 100\% \approx 80.1\%$$

通过例9-4的计算可知，由于零件的质量缺陷导致送料堵塞停机，使机器的实际节拍时间比理论节拍时间长，机器的使用效率也随之降低，因此保证零件的质量在自动化装配生产中非常重要。工程实践也证明了这一点，应给予高度重视。

（3）节拍分析实例

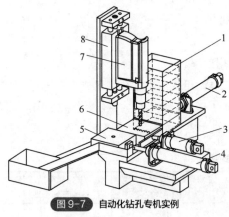

图9-7　自动化钻孔专机实例

1—料仓；2—送料气缸；3—夹紧气缸；4—卸料气缸；
5—已加工工件；6—待加工工件；7—电钻；
8—钻孔气缸

[例9-5]　某自动化钻孔专机如图9-7所示，工件采用料仓自动送料，试设计机构中各气缸的动作次序，并计算分析专机的节拍时间。

[解]　①机器工作过程。在图9-7中，各部分的动作过程如下：a. 工作叠放在料仓中，送料气缸自动推出料仓最下方的待加工工件6，气缸的运动行程由已加工工件5来决定，工件6在前进方向由工件5来定位，在宽度方向则依靠两侧的挡板进行导向和定位。b. 工件6被推送到加工位置后，夹紧气缸伸出，对工件6从宽度方向进行夹紧，然后钻孔气缸驱动旋转的钻孔工具向下运动至要求的高度，将工件6在规定的位置钻孔至规定的深度后驱动气缸再返回，完成钻孔过程。c. 完成钻孔过程后，夹紧气缸缩回，对工件6撤销夹紧状态。夹紧气缸缩回到位后，送料气缸也缩回。卸料气缸伸出将上一循环完成的

已加工工件 5 推出，工件 5 沿倾斜的滑道滑下落入储料仓，卸料气缸伸出到位后自动缩回，完成一个工作循环。这时送料气缸可以开始下一次循环的送料动作。

② 机器动作次序。a. 送料气缸伸出，将工件 6 推送到加工位置；b. 夹紧气缸伸出，从工件宽度方向对工件 6 进行夹紧；c. 钻孔气缸驱动旋转的钻孔工具向下运动至要求的高度；d. 钻孔气缸驱动旋转的钻孔工具向上缩回；e. 夹紧气缸缩回，撤销夹紧状态；f. 夹紧气缸缩回到位后，送料气缸缩回；g. 卸料气缸伸出将工件 5 推出；h. 卸料气缸缩回。根据上述工作过程，可以将各气缸的动作次序用位移-步骤图表示，如图 9-8 所示。

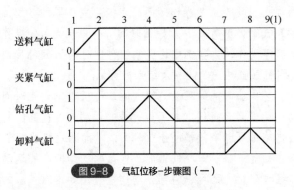

图 9-8　气缸位移-步骤图（一）

假设机构的速度经过仔细调整后，各气缸的动作时间分别如下：a. 送料气缸伸出所需时间为 $t_1=0.5s$，缩回时间为 $t_2=0.3s$；b. 夹紧气缸伸出所需时间为 $t_3=0.3s$，缩回时间为 $t_4=0.3s$；c. 钻孔气缸伸出所需时间为 $t_5=1.2s$，缩回时间为 $t_6=0.8s$；d. 卸料气缸伸出所需时间为 $t_7=0.6s$，缩回时间为 $t_8=0.4s$。

③ 节拍时间计算。目前在实际工程中，各种自动机械的控制系统普遍采用 PLC 控制系统，机器的节拍时间直接与 PLC 控制程序有关。为了分析机器的节拍时间组成原理，下面将每一只气缸的动作分别用位移-时间图来表示，如图 9-9 所示。根据图 9-8、图 9-9，将各气缸的位移-时间图按实际时间关系合成在一起，结果如图 9-10 所示。

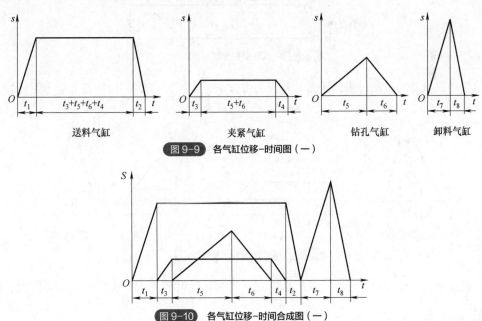

图 9-9　各气缸位移-时间图（一）

图 9-10　各气缸位移-时间合成图（一）

由图 9-10 可以看出，全部 4 只气缸的 8 个动作都是分步连续进行的，各动作之间没有重叠的动作。因而不难看出，整台机器完成一个工作循环的时间为各气缸全部动作时间之和，所以该机器的节拍时间为

$$T_c=t_1+t_3+t_5+t_6+t_4+t_2+t_7+t_8=0.5+0.3+1.2+0.8+0.3+0.3+0.6+0.4=4.4（s/件）$$

④ 节拍时间优化。由上述分析计算可见，整台机器的节拍时间等于各气缸全部动作时间之和。在实际工程中，都希望机器具有最高的生产效率，即希望节拍时间越短越好。机器的各种动作的时间主要分为两类：一类为工艺操作时间，直接完成机器的装配、加工、检测或包装等工序操作，如本例中钻孔气缸伸出时间 t_5 及缩回时间 t_6；另一类为辅助作业时间，完成工件的上料、换向、夹紧、卸料等动作，如本例中送料气缸伸出时间 t_1 及缩回时间 t_2、夹紧气缸伸出时间 t_3 及缩回时间 t_4、卸料气缸伸出时间 t_7 及缩回时间 t_8。

通常情况下，降低工艺作业时间的难度是很大的，降低辅助作业时间则容易得多，如将进行辅助作业的气缸运动速度提高、将气缸非工作行程的运动速度提高、将辅助作业时间在允许的情况下重叠等，这些措施都可以降低辅助作业时间，从而缩短机器的节拍时间。从图 9-9 中也可以看出，送料气缸、钻孔气缸、卸料气缸非工作行程（缩回）的运动速度明显比工作行程（伸出）运动速度高。经过分析，还可以将部分动作重叠，如送料气缸的缩回动作完全可以与其他动作同时进行而不影响机器的加工工艺，以缩短机器的节拍时间。这样优化后的气缸位移-步骤图如图 9-11 所示。

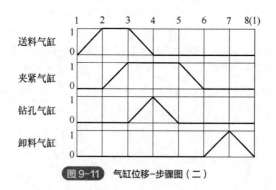

图 9-11　气缸位移-步骤图（二）

为了计算机器的节拍时间，采用类似前面的方法将各气缸的位移-时间图表示为图 9-12。

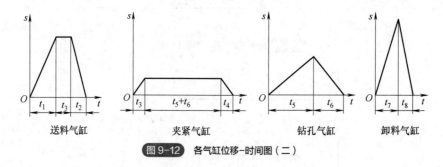

图 9-12　各气缸位移-时间图（二）

根据图 9-11、图 9-12，将各气缸的位移-时间图按实际时间关系合成在一起，结果如图 9-13 所示。

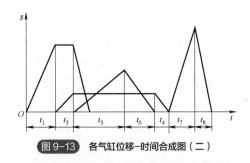

图 9-13　各气缸位移−时间合成图（二）

由图 9-13 可以看出，送料气缸的缩回动作是与钻孔气缸的伸出时间重叠在一起的。不难看出，整台机器完成一个工作循环的时间或节拍时间为

$$T_c = t_1 + t_3 + t_5 + t_6 + t_4 + t_7 + t_8 = 0.5 + 0.3 + 1.2 + 0.8 + 0.3 + 0.6 + 0.4 = 4.1 \text{（s）}$$

与前面的方法相比，这种方法将机器的节拍时间缩短了 0.3s。编写 PLC 程序时，还可以通过延时的方法使机器的部分辅助作业时间重叠，进一步缩短机器的节拍时间。

（4）分析总结

① 全自动化专机的节拍时间。在自动化专机中，机器的节拍时间通常并不单纯为各种工艺操作时间及辅助作业时间的简单累加，如果使部分动作在时间上重叠就可以缩短机器的节拍时间。

另外，考虑因为零件缺陷导致送料堵塞停机的时间损失后，实际的节拍时间会变长，机器的使用效率也随之下降，因此在自动化装配生产中提高零件的质量水平非常重要。

② 半自动专机的节拍时间。例 9-1、例 9-2 的实例分析主要是为了说明这种由各种直线运动系统组成的单工作站自动化装配专机的节拍设计过程与方法，通过这两个例子可以将上述设计方法引申到其他各种各样的自动化专机。例如，需要辅助人工操作的半自动化专机，它们的节拍设计过程与方法其实是非常类似的，唯一的区别在于：在半自动化专机上，作为辅助作业时间的部分上料、卸料动作由操作者人工完成，而在全自动化专机上，全部的辅助作业及工艺操作都由机器完成。

③ 两种最基本的节拍优化设计方法。通过例 9-2 可以看出，即使机器的机械结构完全一样也可能得到不同的节拍时间及生产效率，影响机器的使用效果。因此，在设计时要尽可能缩短机器的节拍时间，获得更高的生产效率。工程上在编制机器气缸位移-步骤图及 PLC 控制程序时通常采用以下两种最基本的节拍优化设计方法。

a. 时间同步优化。机器的节拍时间并不简单是上述各种动作时间的总和，有些情况下节拍时间等于各种动作时间的总和，但很多情况下并非如此。因为为了缩短机器的节拍时间，提高生产效率，部分机构的运动在满足工艺要求的前提下完全是可以重叠的，在可能的情况下使部分机构的动作（通常为辅助操作）尽可能地重叠或同时进行，这就是机构运动时间的同步优化。

b. 空间重叠优化。除机构运动时间方面的重叠优化外，有些情况下，部分机构的运动在空间上有可能发生干涉。为了缩短机器的节拍时间，可以使上述机构同时动作，使它们的运动轨迹在空间进行部分重叠。这种重叠是以相关机构不发生空间上的干涉为前提的，这就是机构运动空间的优化，这样设计的目的还是使机器的整个节拍时间更短。

④ 直接影响机器节拍时间的因素及相关设计原则。机器的节拍时间与机构的运动速度、工作距离直接相关，因此在设计各种机构时需要注意掌握以下设计原则：

　　a. 尽可能减少机构不必要的运动行程,这样可以缩短机器的节拍时间。选定气缸的标准行程及设计气缸的实际运动行程时需要注意这点。例如,图 9-8 中夹紧气缸的运动行程可以设计得非常小,减少多余的运动时间,而送料气缸的行程只需要比工件的移动距离稍大即可。机构多余的运动行程不仅浪费时间,加大了机器节拍时间,而且还会加大不希望的冲击与振动。

　　b. 在不影响机构工作效果的前提下,尽可能优化机构的运动速度。例如,气缸驱动的场合,气缸的工作行程运动速度可能受到振动冲击或工艺要求的限制不能调整到很高,但气缸非工作行程由于没有特殊的工艺要求限制可以调整到较高的运动速度。例如,图 9-12 中送料气缸伸出及钻孔气缸伸出时的运动速度就受到限制,尤其是钻孔气缸伸出时的运动速度受到钻孔加工工艺的限制,钻孔时的进给运动必须调整到较小的进给速度,而气缸缩回时则可以将运动速度调整得较快。这可以从图 9-9 所示各气缸的位移-时间图体现出来,送料气缸及卸料气缸的返回速度大幅高于伸出速度。对完全不受工艺限制的部分运动可以通过在气动回路中使用快速排气阀等措施实现最快的运动速度。

9.2.2　自动化装配生产线结构组成及节拍

（1）自动化装配生产线结构组成

1）自动化装配生产线组成

　　自动化装配生产线主要从事产品制造后期的各种装配、检测、标示、包装等工序,操作的对象包括多个各种各样的零件、部件,最后完成的是成品或半成品,主要应用于产品设计成熟、市场需求量巨大、需要多种装配工序、长期生产的产品制造场合。其优点有:产品性能及质量稳定、所需人工少、效率高、单件产品的制造成本大幅降低、占用场地最少等。适合自动化装配生产线进行生产的产品通常为:轴承、齿轮变速器、香烟、计算机硬盘、计算机光盘驱动器、电气开关、继电器、灯泡、锁具、笔、印刷电路板、小型电机、微型泵和食品包装等。自动化装配生产线上则由各种自动化装配专机来完成各种装配工序。其结构原理如图 9-14 所示。自动化装配生产线在结构上主要包括:输送系统、各种分料、挡停及换向机构、各种自动上下料装置、各种自动化装配专机、传感器与控制系统。除此之外,经常还可能有部分人工操作的工序,用于代替技术上极难实现自动化或在成本上并不经济的装配工序,组成同时包括机器自动操作与人工操作的混合型自动化装配生产线。

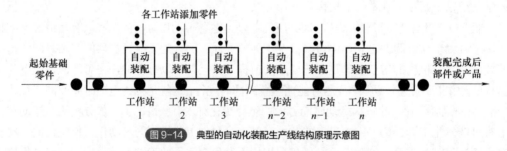

图 9-14　典型的自动化装配生产线结构原理示意图

　　① 输送系统。输送系统通常采用各种输送线,其作用一方面为自动输送工件,另一方面为将各种自动化装配专机连接成一个协调运行的系统。输送系统通常采用连续运行的方式。最典型的输送线如皮带输送线、平顶链输送线等。通常将输送线设计为直线形式,各种自动化装配

专机直接放置在输送线的上方。自动化专机及输送线都是在各种铝型材的基础上设计制造出来的，经过调试后，通过专用的连接件将自动化专机与输送线连接固定，使它们成为一个整体。

② 各种分料、挡停及换向机构。由于工件是按专机排列次序经过逐台专机的装配直至最后完成全部装配工序的，通常在输送线上每一台专机的前方都先设计有分料机构，将连续排列的工件分隔开，再设置各种挡停机构，组成各专机所需要的工件暂存位置。工件到达该挡停暂存位置后，经过传感器确认后专机上的机械手从该位置抓取工件放入定位夹具，然后进行装配工艺操作。最后，由专机上的机械手将完成装配操作的工件又送回输送线继续向下一台专机输送。在需要改变工件的姿态时，就需要设置合适的换向机构，改变工件的姿态方向后再进行工序操作。

③ 各种自动上下料装置。由于主要的装配工序都是由各种自动化装配专机完成的，各种自动化装配专机自然也相应需要各自的自动上下料装置，应用最多的就是振盘及机械手。振盘用于自动输送小型零件，如螺钉、螺母、铆钉、小型冲压件、小型注塑件、小型压铸件等；而机械手抓取的对象更广，既可以抓取很微小的零件，也可以抓取具有一定尺寸和重量的零件。

为了简化结构，在自动化专机的设计中，通常将自动上下料机械手直接设计成专机的一部分，而且通常的上下料操作只需要两个方向的运动即可实现。所以这种机械手采用配套的直线导轨机构与气缸组成上下、水平两个方向的直线运动系统，在上下运动手臂的末端加上吸盘或气动手指即可。

对于某些简单的工艺操作，专机不需要将工件从输送线上移出，可以在工件在输送线上的输送过程中直接进行，如喷码打标、条码贴标操作，这就使专机的结构大大简化；有些工艺需要使工件在静止状态下进行，这时就需要通过挡停机构使工件停留在输送线上，然后直接进行。而有些工序不仅需要工件在静止状态下进行，还需要一定的精度，如激光打标操作，这时如果仅仅将工件挡停在输送线上还不够，因为输送线通常是连续运行的，在输送线的作用下工件仍然会产生轻微的抖动，需要设计气动机构将工件向上顶升一定距离，使工件脱离输送皮带或输送链板后再进行工序操作，完成工序操作后再将工件放下到输送皮带或输送链板上继续输送。

④ 各种自动化装配专机。各种自动化装配专机的组成系统主要包括自动上下料装置、定位夹具、装配执行机构、传感器与控制系统等，其中定位夹具根据具体工件的形状尺寸来设计，装配执行机构则随需要完成的工序专门设计，而且大量采用直线导轨机构、直线轴承、滚珠丝杠机构等部件。通常在这类自动化装配专机上完成的工序有：自动粘接、零件的插入、半导体表面贴装、各种螺钉螺母连接、铆接、调整、检测、标示、包装等。除装配工序外，在这种自动化装配生产线上也可以采用部分简单的机械加工工序。

⑤ 传感器与控制系统。每台专机要完成各自的装配操作循环，必须具有相应的传感器与控制系统，除此之外，为了使各台专机的装配循环组成一个协调的系统，在输送线上还必须设置各种对工件位置进行检测确认的传感器。例如，工件确实存在且控制系统需要放行工件时分料机构才开始动作，工件暂存位置确实有工件且控制系统需要机械手抓取工件进行上料时机械手才开始取料，等等。

通常采用顺序控制系统协调控制各专机的工序操作，前一台专机的工序完成后才进行下一专机的工序操作，当前一台专机尚未完成工艺操作时相邻的下一台专机就必须处于等待状态，直到工件经过最后一台专机后完成生产线上全部的工艺操作，这与手工装配流水线的过程非常相似。

2）自动化装配生产线结构形式

自动化装配生产线最典型的结构形式就是如图 9-14 所示的直线形式，这样输送系统最简单，制造也更容易。除典型的直线形式外，为了最大限度地节省使用场地，有时还可以采用一种环形形式，如图 9-15 所示。由于平顶链输送线能够自由转弯，所以非常适合作为这种环形生产输送系统。

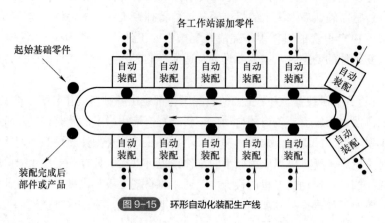

图 9-15　环形自动化装配生产线

（2）自动化装配生产线节拍

1）理论节拍时间

工件从输送线的一端进入，首先进入第一台专机进行装配工序操作，工序操作完成后才通过输送线进入相邻的下一台专机进行工序操作，直至最后一台专机完成工序操作后得到成品或半成品。由于各台专机的工序操作内容各不相同，工序复杂程度各异，因此各台专机完成工艺操作需要的时间（即各专机的节拍时间）也是各不相同的，在全部专机中必有一台专机的工艺操作时间最长，该专机的作用类似于手工装配流水线上的瓶颈工位。当某一台专机还未完成工序操作，即使下一台专机已经完成了工序操作也必须暂停等待。

由于自动化装配过程中存在一个特殊的现象，这就是因为零件质量一致性方面的缺陷会经常造成送料装置（如振盘的输料槽）堵塞停机的现象。一旦出现这种情况，不仅该台专机会暂停等待，而且该台专机后方的所有专机都会暂时停机，以下不考虑这种情况，只分析生产线在正常运行情况下的理论节拍时间。假设各专机的节拍时间是固定的，输送线连续运行，只要工件没有被阻挡就继续向前输送，则这种自动化装配生产线的节拍时间就等于节拍时间最长的专机的节拍时间，即

$$T_c=\max\{T_{si}\} \tag{9-17}$$

式中，T_c 为自动化装配生产线的理论节拍时间，min/件；T_{si} 为自动化装配生产线中各专机的节拍时间，min/件，$i=1, 2, \cdots, n$，n 为专机的台数，如果含有人工操作工位则同时包括人工操作工位数量。

由于某些原因，如自动化装配生产线经常是在手工装配流水线的基础上经过多年时间逐步改造而成的，某些手工操作工序确实很难改造为自动化操作或成本太高，因此实际的自动化装配生产线经常是自动化专机与部分人工操作组合而成的混合型装配生产线，而且决定生产线节拍时间的工位也可能是人工操作工位。

2）理论生产效率

自动化装配生产线的理论生产效率为

$$R_c = \frac{60}{T_c} = \frac{60}{\max\{T_{si}\}} \qquad (9\text{-}18)$$

式中，R_c 为自动化装配生产线的理论生产效率，件/h。

3）实际节拍时间与实际生产效率

由于自动化装配生产线会因为零件尺寸不一致导致送料堵塞停机，自动化专机及输送线也会因为机械或电气故障导致停机，上述时间损失直接降低了生产线的实际生产效率，因此在评估生产线的实际节拍时间及生产效率时需要考虑上述两种因素，并根据使用经验统计出现零件堵塞的平均概率及平均处理时间、机器出现故障的平均概率及平均处理时间，然后分摊到每一个工作循环。这种处理方法与前面在自动机械加工生产线中类似问题的处理方法是一样的。

实际平均节拍时间为

$$T_p = T_c + npT_d \qquad (9\text{-}19)$$

实际平均生产效率为

$$R_p = \frac{60}{T_p} \qquad (9\text{-}20)$$

式中，T_p 为自动化装配生产线的实际平均节拍时间，min/件；T_c 为自动化装配生产线上耗时最长专机的节拍时间，min/件；n 为自动化装配生产线中自动化专机的数量；p 为自动化装配生产线中每台专机每个节拍的平均停机频率，次/循环；T_d 为自动化装配生产线每次平均停机时间，min/次；R_p 为自动化装配生产线的实际平均生产效率，件/h。

[例 9-6] 某产品的装配由一条包含人工操作的混合型自动化装配生产线完成，目前生产线由 7 台自动化专机及 4 个人工操作工位组成，在所有的自动化专机及人工操作工位中，需要节拍时间最长的位置发生在一个人工操作工位上，该节拍时间为 35s/件。现计划用一台新的自动化专机替代该人工操作工位，替代后可以将生产线的节拍时间降低为 25s/件。每台专机每个节拍的平均停机频率为 0.01 次/循环，每次平均停机时间为 4.0min。

试计算：

① 目前的理论节拍时间、实际平均节拍时间、实际平均生产效率。

② 用专机替代该人工操作工位后的理论节拍时间、实际平均节拍时间、实际平均生产效率。

[解] ① 根据式（9-17）可知，目前的理论节拍时间为

$$T_c = 35\text{s/件}$$

根据式（9-19）可知，目前的实际平均节拍时间为

$$T_p = T_c + npT_d = 35 + 7 \times 0.01 \times 4.0 = 35.28 \text{（s/件）}$$

根据式（9-20）可知，目前的实际平均生产效率为

$$R_p = \frac{60}{T_p} = \frac{60}{35.28} \approx 1.7 \text{（件/min）} = 102 \text{（件/h）}$$

② 根据式（9-17）可知，替代后的理论节拍时间为

$$T_c = 25\text{s/件}$$

根据式（9-19）可知，替代后的实际平均节拍时间为

$$T_p = T_c + npT_d = 25 + 8 \times 0.01 \times 4.0 = 25.32 \text{（s/件）}$$

根据式（9-20）可知，替代后的实际平均生产效率为

$$R_p = \frac{60}{T_p} = \frac{60}{25.32} \approx 2.37 \text{（件/min）} = 142.2 \text{（件/h）}$$

4）提高自动化装配生产线生产效率的途径

自动化装配生产线的生产效率决定了生产线单位时间内所完成产品的数量，生产效率越高，分摊到每件产品上的设备成本也就越低，因此需要想方设法提高自动化装配生产线的生产效率。现将各种可能的途径总结如下：

① 提高整条生产线中节拍时间最长的专机的生产速度。自动化装配生产线的节拍时间由整条生产线中节拍时间最长的专机决定。因此，为了提高自动化装配生产线的生产效率，提高节拍时间最长的专机的生产速度无疑是关键的途径。可以考虑采用新的工艺方法、合理的机器结构，在时间与空间方面对专机的动作时序及机构进行优化，缩短基本工艺操作时间；另外尽可能缩短该专机的辅助操作时间，达到缩短该专机节拍时间的目的。

② 提高装配零件的质量水平。在自动化加工生产线上不存在这一问题，但在自动化装配生产线上这一问题就非常重要，因为零件质量问题会产生送料堵塞、停机，使专机和生产线使用效率下降。

③ 尽量平衡各专机的节拍时间。在整条生产线的工序设计过程中，应该对各专机的工序操作内容合理地进行分配，以尽量缩短各专机节拍时间之间的差距。不要将过多的工序操作集中在其中一台专机上，必要时要将复杂的工序操作分解为多个简单的工序由多台专机分别完成，这样可以减少其他专机待料等待的时间，提高生产线的利用率，同时也降低了专机的复杂程度，这对于提高专机及生产线的可靠性也是非常重要的。对专机的功能及结构不宜追求过于复杂化，或片面地认为机器越复杂越好，这种设计原理与手工装配流水线的设计原理是相同的。

④ 提高专机的可靠性。由于自动化装配生产线上任何一台专机出现故障都会使整条生产线停机，造成更大的损失，因此提高专机的可靠性比生产线的生产效率更为重要，这与自动化机械加工生产线是一致的，应通过设计及管理环节尽可能缩短停机时间和停机次数。提高专机可靠性的方法主要为：在同样功能的前提下将机器尽可能设计成最简单的结构，采用质量可靠的元器件、部件，提高设备维护水平。

⑤ 在专机的设计过程中要考虑设备的可维修性，简化设备结构。提高设备的可维修性，不仅可以减少故障出现的频率，而且一旦出现故障也可以减少维修占用的时间，因为生产线不可能不出现因故障而停机检修的情况。

9.2.3　自动化装配生产线工序设计

整条生产线的节拍时间与组成生产线的各专机的节拍时间尤其是个别专机的节拍时间密切相关，节拍设计是自动化生产线设计的重要内容之一。节拍设计就是在生产线总体方案设计阶段进行的，生产线的节拍时间不仅与装配专机本身的速度（节拍时间）有关，更与生产线的工序设计密切相关，自动化装配生产线的工序设计是节拍设计的基础。

（1）工序设计的重要性

总体方案设计是整个设计制造流程中最重要的环节，总体方案设计是否正确与合理，对生产线的节拍时间（或生产效率）、运行可靠性、设备复杂程度、成本造价、设计制造周期等起着

决定性的作用，因而也决定了整条生产线工程项目的成功与否。一旦总体方案设计考虑不周，直至工程后期才发现，将可能造成巨大的经济损失，所以在项目设计的前期就需要投入大量的时间和精力进行总体方案的规划设计。工程经验表明，自动化装配生产线设计制造项目的技术水平主要体现在以下两个方面：

① 装配专机的设计制造水平。装配专机的用途为在生产线上完成特定的工序操作，其技术含量并不仅仅是有形的设备硬件，更重要的是它所包含的工艺技术，如技术原理、采用的工艺方法、工具等。这些特定的工艺技术有些是经过了长时期的研究、使用验证、改进完善与提高过程，有些则属于新工艺，缺少可借鉴的理论与经验，需要从研究开始。一名优秀的设计人员不仅仅是一位自动机械设备的设计工程师，更必须是一位优秀的工艺工程师，需要具有丰富的工艺技术经验，只有这样才有可能设计出具有一流技术水平的自动化装配专机。

② 系统集成与优化水平。自动化生产线的设计不同于自动化专机的设计，仅仅具有技术水平较高的自动化专机并不一定能够组合得到综合性能优良的自动化生产线，因为自动化生产线的实际综合性能（实际节拍时间、实际生产效率、可靠性、可维修性、制造成本等）并不单纯取决于各台专机的性能。例如，工序次序安排不合理就有可能增加重复的换向等辅助操作，专机的节拍时间过于悬殊就会导致整条生产线部分装配专机的时间浪费。如果某台专机的工序安排不合理，导致可靠性较低，将可能直接导致整条生产线的使用效率大幅降低等，因此系统集成与优化能力在自动化装配生产线的设计过程中尤为重要。

在国外的自动化装备制造行业，装备制造商不仅在装备设计与制造领域具有丰富的工程经验和雄厚的技术开发实力，在产品的制造工艺领域，它们也同样具有丰富的设计与工程经验。很多著名的装备制造商既是自动化装备的开发生产商，同时又是各种制造工艺技术的研究开发生产商，如 SIEMENS、BOSCH、Fanuc、Honeywell、YOKOGAWA、日立制作所、三菱电机等，它们不仅能够设计制造出一流水平的自动化装备，同时还能为客户提出一流水平的工艺解决方案。

在国内自动化装备行业却存在一种特殊的现象，这就是装备制造领域的技术资源与工艺研究领域的技术资源大多是相互脱节的，装备制造企业缺乏产品工艺领域的经验，工艺领域的经验主要集中在产品制造企业，但它们又严重缺乏装备制造行业的资源与经验。国内通常是由产品的制造企业向装备制造商提出生产线的技术要求，包括生产能力（生产效率）、工艺流程、工序要求等，装备制造商根据上述要求进行自动化专机或自动化生产线的设计制造。

产品制造企业的技术人员熟悉产品的制造工艺、工序要求、质量控制要点等，这是他们的优势，但他们往往对自动化装备的了解和认识有限，因此他们完成的产品设计、工艺流程、工艺方法往往并不适合自动化生产模式，甚至可能在自动化生产条件下难以实现，或者虽然可以实现但设备制造成本非常昂贵。因此，自动化装备制造商必须针对产品制造企业提出的工艺方案进行更深入的研究，经常需要对用户提出来的工艺方案包括产品设计图纸进行修改。在上述过程中，装备设计人员需要与产品制造企业的工艺人员及设计人员进行充分的交流和合作，最终才能共同确定总体设计方案。

（2）工序设计的主要内容

在总体方案设计过程中，工序设计又是最主要的工作，工序设计的主要内容如下。

① 确定工序的合理先后次序。工序的先后次序既要满足制造工艺的次序，也要从降低设备

制造难度及成本、简化生产线设计制造的角度进行分析优化。

② 对每台专机的工序内容进行合理分配和优化。分配给每台专机的工序内容要合理，不要使某一台专机的功能过于复杂，这样既可能使该专机的节拍时间过长，还可能使其结构过于复杂，降低设备的可靠性及可维修性，一旦出现故障将导致整条生产线停机。

③ 分析优化工件在全生产线上的姿态方向。工件都是以确定的姿态方向在输送线上进行输送的，同样，在专机的操作中，工件的抓取、工艺操作、返回输送线时也都是以确定的姿态方向进行的。因为各专机的工序内容各不相同，工件在被抓取及工艺操作时的姿态方向也会各不相同，这就难免需要对工件的姿态方向频繁地进行改变，这些都需要专门的换向机构来实现，而且在输送线上需要设置各种相关的分料机构、挡停机构。工序设计时需要全盘考虑工件在生产线上的分料机构、换向机构、挡停机构，尽可能使这些机构的数量与种类最少，简化生产线设计制造。

④ 考虑节拍的平衡。与手工装配流水线的节拍原理类似，在各台专机中需要尽可能使它们各自的节拍时间均衡，只有这样才能充分发挥整条生产线的效益，避免部分专机的浪费。

⑤ 提高整条生产线的可靠性。从工序设计的角度进行分析优化，不仅要简化专机的结构，提高专机的可靠性，还要使整条生产线结构简单、故障停机次数少、维修快捷，提高整条生产线的可靠性。

由此可见，自动化装配生产线的工序设计不同于采用单机独立操作情况下的工序设计，自动化装配生产线工序设计的质量和水平直接决定了生产线上各专机的复杂程度、可靠性、整条生产线的生产效率、生产线制造成本等综合性能。

（3）工序设计实例

以下以国内某自动化装备企业完成的某塑壳断路器自动化装配检测生产线项目为例，说明自动化生产线的总体方案设计过程。

① 产品介绍。HSM1-125、HSM1-160 系列塑壳断路器（以下简称断路器）是国内某大型开关制造企业设计开发的新型断路器之一，具有结构紧凑、体积小、短路分断能力强等特点。其中，HSM1-125 系列产品外形尺寸为 120mm×76mm×70mm，质量为 900g；HSM1-160 系列产品外形尺寸为 120mm×90mm×70mm，质量为 1100g。图 9-16 所示为断路器的外形。为了满足产品大规模生产的需要，该企业需要委托自动化装备制造商专门设计制造该产品的自动化检测、装配、校核生产线，要求在生产线上同时实现上述两种系列断路器的瞬时检验、延时调试、延时检验三大类型装配检测工序。

图 9-16 HSM1-125、HSM1-160 系列塑壳断路器

② 节拍要求与设计。该企业提出的生产能力为单班产量 500 件。根据该生产能力，考虑设

备按90%的实际利用率计算有效工作时间，每条生产线的节拍时间计算如下：

$$每天有效工作时间=8h×0.9×3600s/h=25920（s）$$

$$节拍时间=\frac{25920}{500}≈52（s/件）$$

根据自动化生产线节拍时间的定义，计算结果表明，在该生产线上各专机的节拍时间必须都不能超过52s。为实现该节拍要求，在设计过程中进行了以下工作：一是在不影响产品制造的前提下根据用户提出的工艺方案重新调整设计了生产工艺流程；二是对少数初步估计专机占用时间超过52s的工序进行分解，将耗时长的复杂工序分解为两个或多个工序由多台专机进行。经过上述工作，最后确定生产线整体设计方案，工程完成后将整条生产线的节拍时间降低到45s/件，满足了企业提出的节拍要求。

③ 详细工艺流程。自动化生产线详细工艺流程为：条码打印及贴标→触头开距超程检测→脱扣力检测→瞬时测试→触头及螺钉装配→触头压力检测→条码阅读与产品翻转→单相延时调试①→缓存冷却降温→单相延时调试②→缓存冷却降温→单相延时调试③→缓存冷却降温→螺帽装配→自动点漆→三相串联延时校验→可靠性检测→耐压测试。

④ 总体设计方案。根据上述生产工艺流程，设计了以下总体设计方案：

a. 工件自动输送系统。采用平行设置的三条皮带输送线，用于产品的自动输送。其中两条输送线输送方向相同，由各台专机的机械手交替在这两条输送线上取料和卸料，取料的输送线作为待装配校检件上料道，卸料的输送线作为合格品下料道，简单的、占用时间较少的工序（如自动贴标、自动点漆等）则直接在同一条输送线上进行。第三条输送线专门用于不合格品的输送，其输送方向与另两条输送线相反，称为不合格品卸料道。

上述三条并行输送线由多段串联构成总长约25m的输送系统，很好地解决了工件输送与物流规划、合格品与不合格品分拣等关键技术，输送线上两侧的定位挡板可以非常方便地更换，调整工件定位宽度，使整条自动化生产线能够适应不同宽度尺寸的产品系列。

b. 输送系统与各专机的连接及控制。各专机按最后确定的工艺流程依次在输送线上方排布，调试完成后将各专机与输送线之间的相对位置通过铝型材连接固定。工件在通过输送线进入每台专机区域后先设置活动挡块或固定挡块，供各专机的取料机械手抓取工件。当抓取工件和卸下工件在同一条输送线上进行时，该挡块必须采用活动挡块；当抓取工件和卸下工件分别在两条输送线上进行时，该挡料机构就可以采用简单的固定挡块，在挡块上同时设置检测工件用的接近开关传感器。

各专机采用PLC控制系统控制专机的运行，采用MPI网完成生产线参数与专机状态的监控、上下载，网络监控系统主要通过MPI网络将各专机电控系统的PLC、触摸屏进行网络连接。

c. 工件的姿态方向控制。如果工件输送进来时的姿态方向与工件在该专机上进行工序操作时的姿态方向不同，则必须在皮带输送线上或取料机械手上设计必要的翻转换向机构，改变工件的姿态方向。但在生产线的总体设计时，必须全盘考虑各专机取料及卸料时工件的姿态方向，尽可能将工件在输送时姿态方向一致的工序连续安排在一起，使整体生产线上工件的换向次数及换向机构最少，以简化生产线设计与制造，同时又能够满足各工序的操作需要。

由于工件形状为标准的矩形，所以工件在输送线上始终以卧式、立式两种姿态输送。在整条生产线上设计采用了以下三种姿态换向机构：挡杆——在输送皮带上方设置固定挡杆，工件经过时因为重心位置发生改变自动由立式姿态翻转为卧式姿态；气缸翻转机构——气缸驱动定位夹具在工序操作前后绕回转轴实现 90°往复翻转；机械手手指翻转机构——在气动手指的夹块上设计轴承回转机构，通过在工件上选取适当的部位夹取工件，使工件在重力作用下实现180°自动翻转。

d. 工件的暂停与分隔控制。由于工件的质量较大，在机械手上采用气动手指夹取工件时非常方便工件的定位，所以整条生产线上各专机的上下料机械手全部采用气动手指夹取工件。

由于工件的外形接近标准的矩形，所以当工件在输送皮带上排列在一起时相邻的工件之间就没有空间。为了方便机械手夹取工件，在每台专机机械手的取料位置（工件暂停位置）必须设计一个挡料机构：如果专机完成工序操作后仍然由原输送皮带向前输送，该挡料机构就设计为活动挡块；如果专机完成工序操作后改由另一条输送皮带向前输送，该挡料机构就可以简单地设计为固定挡块；对于某些专机一次同时对三个工件进行工序操作，机械手一次同时抓取三个工件，则必须在工件暂停位置依次设置三个活动挡块。除设计挡料机构外，在工件进入挡料位置之前，还必须设计分料机构，保证每次只放行一个工件。根据上述要求，最后在输送线上采用 19 处固定挡块、8 处活动挡块、11 处分料机构，有关工件在输送线上的分料、阻挡、上下料及输送方法。

e. 部分人工操作工序的处理。在产品的整个生产流程中，部分零件的装配工序如果采用自动化装配方式，将会使设备过于复杂，设备造价太高，因此上述少数工序的装配采用人工操作，在输送线上留出人工操作的空间。考虑今后根据需要换为自动装配时，只要将相应的自动化装配单元安装在预留位置即可。所以，该生产线是以自动操作为主、人工操作为辅的半自动化生产线。

⑤ 专机机械结构设计。在总体方案设计完成后就直接进行各专机的详细机械结构设计。在总体方案设计中已经确定了各个专机的取料位置、取料时工件的姿态方向、专机工序操作的具体内容、操作完成后工件卸料的位置与姿态方向。设计人员分别根据上述条件进行各专机的详细机械结构设计，与通常自动化专机结构设计的区别为：在自动化生产线上需要将各专机取料与卸料位置、工件姿态方向控制、对工件的传感器检测确认等工作通过输送系统有机地组合成一个系统。

各专机按具体工艺要求独立地完成特定的工序操作，在专机的机械结构设计过程中，最典型的专机结构由输送线上方的 *X-Y* 两坐标上下料机械手、定位夹具、装配（或检测）执行机构、传感检测等部分组成，工件的输送、暂存、检测确认等功能则作为输送系统的内容一起设计完成。

最后制造完成的该自动化生产线，除自动打标贴标机、气动元件、直线导轨、直线轴承、滚珠丝杠、铝型材及连接件、传感器、PLC、触摸屏等专用电气部件可向专业公司定购外，其余结构均由公司技术人员自行设计、加工、装配、调试完成，目前已在企业正常生产运行十余年。

9.2.4　自动机械优化设计

在自动化生产线的设计过程中，工序设计及节拍设计直接影响到生产线的综合性能与设计制造成本。实际上，影响自动化专机及生产线综合性能的因素还不止这些，在自动机械的设计过程中，设计质量始终是影响项目成功与否的重要环节。对于目前国内大部分中小自动化装备制造企业而言，由于在设计技术方面与国外先进的装备制造企业存在较大的差距，设计环节的设计质量对设计人员的经验依赖性较大，难免在设计过程中出现各种缺陷甚至失误，这些缺陷或失误又往往在装配调试阶段才暴露出来，造成时间和经济上的损失。目前，比较成熟的经验就是大幅提高设计的标准化，即尽可能采用已经经过实践检验过的各种机构，使其逐步成为公司的标准化机构。全新设计的机构要经过充分验证后再采用，以此来减少设计缺陷与失误。这种方法虽然不利于设计人员的创新，但可以有效地减少设计缺陷与失误。

（1）采用先进设计方法的优点

随着现代设计技术的快速发展，目前国内外已经广泛存在各种产品，包括自动化装备的设计开发中采用先进的设计分析方法，这就是计算机辅助工程（CAE）。通过在设计过程中进行大量的仿真分析，可以实现以下目标：①在设计阶段就及早发现设计方案上的缺陷甚至错误，避免在装配调试阶段才发现而进行事后弥补；②在设计阶段就可以对不同的设计方案进行快速的分析对比，确定最佳设计方案；③对设计方案进行科学的优化，将过去的经验设计提升为真正的创新设计，逐步形成企业的自主创新设计能力。

（2）国内外自动化装备行业广泛采用的先进设计方法

① 全面采用三维 CAD 设计软件，避免或消除机构在空间尺寸方面的设计缺陷与失误。

② 采用运动仿真分析软件对设计方案进行机构运动分析，可以完成以下工作：生成动画；进行动态干涉检查；对相关运动结果进行仿真输出。例如，可以仿真机构的空间运动轨迹、力学特性（如位移、速度、加速度、力、力矩）、节拍时间等。因而可以对机器运动情况及工作效率进行全面的模拟仿真，同时相关输出结果可以对元件及部件的选型提供科学的理论指导。

③ 采用结构动力学仿真分析软件对机构进行结构动力学分析，对重要结构的刚度、强度、振动特性等进行校验、优化。

④ 采用气动仿真分析软件，对气动机构的运动过程进行模拟仿真。例如，德国 FESTO 公司开发的气动设计软件 FLUII-SIM 可以将 PLC 程序直接与气动系统连接起来进行运动模拟，在计算机中的气动系统中模拟运行 PLC 程序，检验其中可能的错误并及时修改程序，避免在装配调试阶段才发现程序设计错误，缩短设备调试时间。

⑤ 采用机器人运动仿真分析软件，在进行机器人运动编程的基础上，对机器人的运动轨迹进行模拟仿真分析。

这些先进设计技术的采用将大幅提高机器设计的质量，提高国内企业的自主创新设计能力及掌握核心技术的能力，提高设备的可靠性，缩短设计制造周期。

 思考题与习题

9-1 手工装配流水线具有哪些优点？

9-2 为什么在许多设备自动化程度较高的企业中仍然是自动化生产线与手工装配流水线同时并存使用？

9-3 什么叫工艺操作时间？什么叫再定位时间？

9-4 手工装配流水线上每个工位的时间由哪几部分组成？每个工位上的各部分时间有何区别？

9-5 什么叫瓶颈工位？瓶颈工位对手工装配流水线有何影响？

9-6　什么叫手工装配流水线的节拍时间？设计手工装配流水线时如何确定流水线的实际节拍时间？

9-7　设计手工装配流水线时主要设计哪些内容？

9-8　手工装配流水线上所需要的工人数量主要与哪些因素有关？

9-9　进行手工装配流水线的工序设计时需要注意哪些问题？

9-10　简述如何用网络图法确定手工装配流水线所需要的工人数量。

9-11　如何评价手工装配流水线的设计质量？

9-12　什么叫自动化专机或自动化生产线的节拍时间？自动化专机的节拍时间是否等于全部机构动作时间的总和？

9-13　什么叫时间同步优化方法？什么叫空间重叠优化方法？

9-14　在自动化生产线的设计过程中工序设计的内容主要有哪些？

9-15　在自动化生产线的设计过程中如何设计工件在生产线上的姿态方向？

9-16　在自动化生产线的设计过程中如何进行工序的平衡？

9-17　在自动机械设计过程中有哪些先进的设计方法？

第 10 章

面向装配的产品设计

 本章思维导图

扫码获取本书
配套资源

学习目标

（1）了解面向装配的设计概念；
（2）掌握面向装配设计的原则；
（3）掌握适于自动化的产品设计准则；
（4）掌握面向机器人装配的产品设计；
（4）熟悉面向高速自动装配设计的准则概要；
（5）了解数字孪生驱动的产品装配工艺。

面向装配的产品设计其实是一种思维方式，需要我们在产品设计时除了考虑用户需求之外，还需要考虑装配的需求。学习并应用面向装配的产品设计方法，有助于设计者在设计产品时一次就把事情做对，避免反反复复的设计修改，从而增加工程师的工作成就感，同时有助于提高产品质量、降低产品成本和缩短产品开发周期。

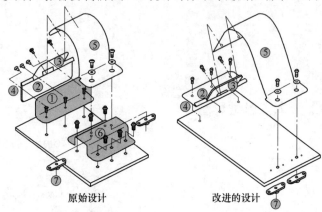

原始设计　　　　　改进的设计

如右图所示的产品，通过应用面向装配的产品设计指南，去除了 9 个螺钉（图中以黑色显示）和 2 个钣金件（图中以灰色显示），不但降低了零部件成本，而且使得装配效率大幅提高。

10.1　面向装配的设计概念

产品装配过程中最基本的元素是装配工序，一个产品的装配往往由一个或多个装配工序组成。一个典型的产品装配工序包括以下关键操作（人或者机器人）：识别零件，抓起零件，把零件移动到工作台，调整并把零件放置到正确的装配位置，零件固定，检测等。手工装配和自动化装配的工序会有少许不同。装配工序有好坏与优劣之分，不同的装配工序对产品的影响千差万别。从装配质量、装配效率和装配成本等方面来看，最好的和最差的装配工序的特征见表 10-1。

表 10-1　最好的和最差的装配工序

最好的装配工序	最差的装配工序
零件很容易识别	零件很难识别
零件很容易被抓起和放入装配位置	零件不容易被抓起，容易掉到任何位置
零件能够自我对齐到正确的位置	零件需要操作人员不断地调整才能对齐

续表

最好的装配工序	最差的装配工序
在固定之前，零件只有唯一正确的装配位置	①在固定之前零件能够放到两个或者两个以上的位置 ②很难判断哪一个装配位置是对的 ③零件在错误的位置可以被固定
快速装配，紧固件很少	螺钉、螺柱、螺母的牙型、长度、头型多种多样，令人眼花缭乱
不需要工具或夹具的辅助	需要工具或夹具的辅助
零件尺寸超过规格，依然能够顺利装配	零件尺寸在规格范围之内，但依然装不上
装配过程不需要过多的调整	装配过程需要反复调整
装配过程很容易、很轻松	装配过程很难、很费力

面向装配的设计是指在产品设计阶段使得产品具有良好的可装配性，确保装配工序简单、装配效率高、装配质量高、装配不良率低和装配成本低。面向装配的设计通过一系列有利于装配的设计原则（如简化产品设计、减少零件数量等），并同装配工程师合作，简化产品结构，使其便于装配，为提高产品质量、缩短产品开发周期和降低产品成本奠定基础。面向装配的设计的研究对象是产品的每一个装配工序，通过产品设计的优化，使得每个装配工序都是最好的装配工序。通过面向装配的设计，能够达到以下目的：简化产品装配工序；缩短产品装配时间；减少产品装配错误；减少产品设计修改；降低产品装配成本；提高产品装配质量；提高产品装配效率。

10.2　面向装配设计的原则

10.2.1　减少零件数量

产品的设计越简单越好，简单就是美，任何没有必要的复杂都是需要避免的。这是面向制造和装配的产品设计（Design for Manufacture and Assembly，DFMA）中最重要的一条设计原则和设计思想，几乎贯穿于 DFMA 的每一条设计指南中。一般来说，在产品中零件数量越多，产品制造和装配越复杂、越困难，产品制造费用和装配费用越高，产品开发周期就越长，同时产品发生制造和装配质量问题的可能性越高。在确保实现产品功能和质量的前提下，简化的设计、更少的零件数量能够降低产品成本，缩短产品开发周期，提高产品开发质量。减少零件数量、简化产品设计对提升产品质量、降低成本和缩短开发周期具有非常大的帮助：

① 更少的零件需要进行设计。

② 更少的零件需要进行制造。

③ 更少的零件需要进行测试。

④ 更少的零件需要进行购买。

⑤ 更少的零件需要进行存储。

⑥ 更少的零件需要进行运输。

⑦ 更少的产品质量问题出现可能性。

⑧ 更少的供应商。

⑨ 更少的装配工具或夹具。

⑩ 更少的装配时间。

对于产品设计工程师来说，减少零件数量、简化产品设计能够大幅减少工作量，减少设计失误。一个零件在其开发周期中的任务包括概念设计、概念讨论、详细设计、CAE 分析、DFMA检查等直到最后的零件承认一系列过程，如图 10-1 所示，无一不是繁重的任务，而其中任意一个环节的疏忽和错误都可能对产品的质量、成本和开发周期带来致命的危害。因此，减少零件数量、简化产品设计能够让工程师把更多的时间和精力放在提高产品设计质量上来。

图 10-1　产品开发中一个零件的开发周期

（1）考察每个零件，考虑去除每个零件的可能性

"最好的产品是没有零件的产品"，这是产品设计的最高境界。当然，不可能存在没有零件的产品，但产品设计工程师可以向这个目标努力和靠近，尽量以最少的零件数量完成产品设计。在产品设计中，考察每一个零件，在确保产品功能和质量的前提下，考虑是否可以和相邻的零件合并、是否可以共用产品中已经存在的零件或者以往产品中已经开发完成的零件、是否可以用更简单的制造工艺来实现等，从而达到去除零件、减少产品零件数量、简化产品结构的目的。

图 10-2 所示是一个减少零件数量的实例。在原始设计中，产品由零件 A 和零件 B 通过焊接装配而成，行使一个卡扣的功能。其中，零件 A 是钣金件，零件 B 是机械加工件。在改进的设计中，去除了零件 B，把卡扣的功能合并到钣金件上。同样是实现卡扣的功能，改进的设计中仅包含一个零件，而原始的设计中包含两个零件，而且两个零件还需要通过焊接装配而成。

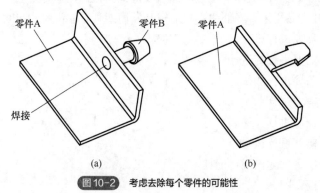

　　　　(a)　　　　　　　　　　　　　(b)

图 10-2　考虑去除每个零件的可能性

（2）把相邻的零件合并成一个零件

减少产品零件数量的一个重要途径是通过设计的优化，把任意相邻的零件合并成一个零件，判断相邻零件能否合并的准则如下：

① 相邻零件是否有相对运动？

② 相邻零件是否必须由不同材料组成？

③ 相邻零件的合并是否阻止了其他零件的固定、拆卸和维修等？

④ 相邻零件的合并是否造成零件制造复杂、产品整体成本增加？

如果上面 4 个问题的答案都是否定的，那么相邻零件就有可能合并成一个零件。图 10-2 所示就是把相邻的零件 A、B 合并成一个零件 A 的实例。

（3）把相似的零件合并成一个零件

在产品设计中，相似零件也是减少零件数量的重点关注对象。由于产品功能的需要，在产品中经常存在着两个或多个形状非常相似、区别非常小的零件。产品设计工程师需要尽量把这些相似的零件合并成一个零件，使得同一个零件能够应用在多个位置。当然，这可能会使得零件变得复杂，有时会造成零件应用在某个位置时出现一些多余的特征，带来一定的制造成本浪费。不过一般来说，相似零件合并所带来的制造成本浪费与节省的模具成本和装配成本相比不值一提。

如图 10-3 所示，零件 A 和零件 B 非常相似，唯一的区别是零件左端折边的位置不同，零件 A 的折边在左中侧，零件 B 的折边在左下侧。零件的相似性为零件的合并提供了基础。通过设计的优化，可以把零件 A 和零件 B 合并成零件 C，零件 C 把零件 A 的折边和零件 B 的折边合并成一个大的折边，使得零件 C 既能够应用在零件 A 的位置，同时又能够应用在零件 B 的位置。

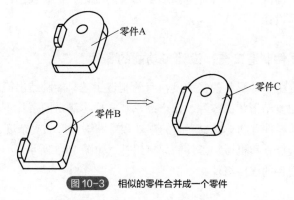

图 10-3　相似的零件合并成一个零件

合并相似的零件可以带来另外的一个好处，就是防错。在装配过程中相似的零件很容易被装配到错误的位置。如果无法把相似的零件合并成一个零件，则需要把它们设计得非常不同，夸大零件的区别。防错是 DFA 的另外一个要求。

（4）把对称的零件合并成一个零件

同相似的零件一样，对称的零件也是减少零件数量的重点关注对象，由于产品功能的要求，对称零件在产品设计中出现的概率也往往非常大。如图 10-4 所示，零件 A 和零件 B 是对称的，二者的区别是零件 A 的折边在零件中线的右侧，而零件 B 的折边在零件中线的左侧，通过设计的优化，把零件 A 和零件 B 合并成零件 C，零件 C 在零件的左侧和右侧均包含折边，这样零件 C 既能够应用在零件 A 的位置，同时又能够应用在零件 B 的位置。

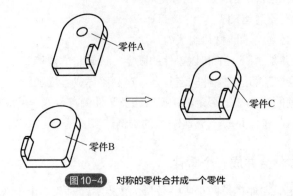

图 10-4　对称的零件合并成一个零件

合并对称零件的另外一个好处就是防错，因为对称的零件往往也比较相似，容易被装配到错误的位置。如果无法把两个对称的零件合并成一个零件，那么需要把它们设计得非常不对称，夸大零件的不对称性，这是防错的要求。

（5）避免过于稳健的设计

为了满足各种要求，产品设计应当是稳健的设计，但是稳健有一定的限度，过于稳健的设计会增加零件数量和产品的复杂度，造成产品成本的增加。例如，按照客户的要求，某设备需要承受 500N 的冲击力，为了保证符合要求，产品设计时通过增加零件厚度并添加新的零件来提高产品的力学性能，最后该设备实际测量下来能够承受 1000N 的冲击力。很显然，这种过于稳健的设计造成了巨大的浪费。工程师可以通过相关的理论分析和模拟，以及样品制作和测试来避免过于稳健的产品设计。

（6）合理选用零件制造工艺，设计多功能的零件

零件制造工艺决定了零件形状的复杂度，有的制造工艺只能制造出简单形状的零件，而有的制造工艺能够制造出复杂形状的零件。在产品功能和成本满足的条件下，选用合理的零件制造工艺，设计多功能的零件有助于减少产品的零件数量和降低产品复杂度。如图 10-2 所示，一个钣金件代替了一个钣金件和机械加工件的焊接组件。如图 10-5 所示，一个钣金件代替了一个钣金件和三个机械加工件的焊接组件。

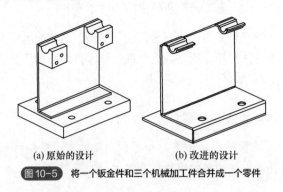

(a) 原始的设计　　　　　(b) 改进的设计

图 10-5　将一个钣金件和三个机械加工件合并成一个零件

如图 10-6 所示，一些电子产品的塑料外壳由于需要防电磁辐射功能，常常需要在外壳上再固定一个导电布或不锈钢弹片，此时可以将这两个零件合并成一个压铸件。

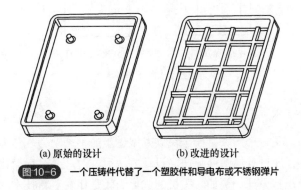

(a) 原始的设计　　　　　　　(b) 改进的设计

图 10-6　一个压铸件代替了一个塑胶件和导电布或不锈钢弹片

如图 10-7 所示，在很多产品中常常离不开线缆，而线缆需要通过束线带或线夹固定在产品中，此时可在塑胶零部件上增加特征来代替束线带或线夹。

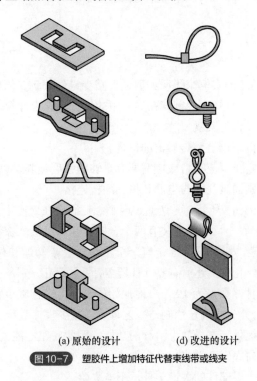

(a) 原始的设计　　　　　　　(d) 改进的设计

图 10-7　塑胶件上增加特征代替束线带或线夹

产品设计工程师应当掌握多种零件制造工艺，在产品设计时才会游刃有余，才能合理地选择零件的制造工艺，设计多功能的零件，从而简化产品设计。

（7）去除标签

产品的零部件上常常由于标识的需求，需要增加额外的标签，通过粘接、卡扣或紧固件固定等方式固定在零部件上。标签本身需要额外的成本，而把标签固定在零部件上也需要装配成本。在有些情况下，可以将标签的内容通过注射加工、压铸加工、冲压加工等方式显示在零部件上，继而可以去除标签，如图 10-8 所示。

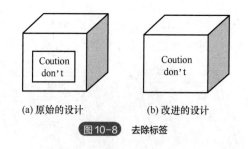

(a) 原始的设计　　　　　(b) 改进的设计

图10-8　去除标签

（8）使用全新技术

创新是第一动力，是一个国家、一个民族发展进步的不竭动力，是推动人类社会进步的重要力量。在有些时候，通过普通的简化产品设计方法很难对产品进行简化，此时可通过全新技术或创新技术来颠覆现有设计。例如，手机的进化史就是伴随着新技术的应用，原来复杂的机械零部件不断被电子元器件代替，继而被集成在一个芯片、一块印刷电路板上，手机结构从最开始的非常复杂、非常庞大进化到如今的非常简单、非常小，从最初的"大哥大""砖头"到现在可轻松放进裤兜里。

（9）实例

下面通过一个驱动马达的实例来说明如何通过减少零件数量、简化产品设计来优化产品设计。一个驱动马达组件用于感知和控制其在导轨中的位置，其设计要求包括：

① 马达被外壳覆盖以保证美观。

② 外壳的侧边可以拆卸以调整传感器的位置。

③ 马达和传感器固定于底座上，底座需要有足够的强度使其可以在导轨上滑行。

④ 马达和传感器分别通过线缆与电源和控制面板连接。

原始的设计如图10-9（a）所示，马达通过两个螺钉固定在底座上，传感器与底座上的侧孔配合通过止动螺钉固定于底座。底座上装有两个金属衬套以提供摩擦和耐磨特性。侧盖通过两个螺柱与螺钉固定于底座，侧盖顶部固定有一个塑料衬套，马达和传感器通过衬套与外部相连。最后，一个盒子状的外壳将上述所有零部件覆盖，两个螺钉分别从上侧将底座和侧盖固定。原始的设计共有12种零件，数量为19个。对原始的设计，进行减少零件数量、简化产品设计的分析，通过零部件的合并、合理选用制造工艺等方法减少零件数量。

① 底座：由于底座提供了在导轨上滑行的功能，因此底座不能去除。

② 金属衬套：可以与底座合并成一个零件。

③ 马达：马达是这个零部件的关键零件，不能去除。

④ 马达螺钉：理论上可以使用卡扣替代。

⑤ 传感器：传感器是这个零部件的关键零件，不能去除。

⑥ 止动螺钉：理论上可以通过卡扣替代，但此处不易设计卡扣，因此保留止动螺钉。

⑦ 螺柱：可以去除，使用卡扣替代。

⑧ 侧盖：侧盖可以和外壳合并成一个零件，使用塑胶材料而不是金属，这样可以设计卡扣以固定底座。

⑨ 侧盖螺钉：理论上可以使用卡扣替代。

⑩ 塑胶衬套：在外壳上直接开孔，孔的两侧增加光滑圆角避免线缆被刺破，线缆可直接从

孔通过，从而与外部连接。

⑪ 外壳：与侧盖合并成一个零件。

⑫ 外壳螺钉：理论上可以使用卡扣替代。

通过上面的分析，改进的设计仅仅由底座、马达、传感器、外壳、马达螺钉、止动螺钉共6 种合计 7 个零件组成，如图 10-9（b）所示。

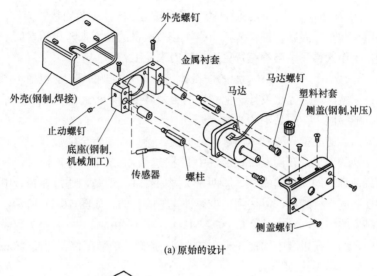

(a) 原始的设计

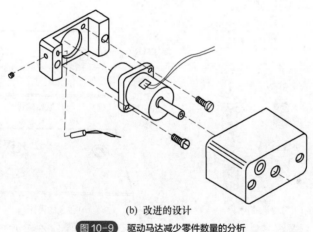

(b) 改进的设计

图 10-9　驱动马达减少零件数量的分析

10.2.2　减少紧固件的数量和类型

紧固件对零件仅起着固定的作用，对产品功能和质量并不带来额外的价值。一个紧固件的开发过程包括设计、制造、验证、采购、储存、拆卸（如果有需要）等，耗时耗力；同时，紧固件（特别是螺栓、螺母）的成本通常都比较高，而且紧固件的使用需要工具，非常不方便。因此，在产品设计中应尽量减少紧固件的使用。现在比较流行的消费类电子产品都要求"无工具设计"，即不需要专用的工具就可以完成产品的拆卸，为消费者提供产品快速装配和使用的方便性。

（1）使用同一种类型的紧固件

如果一个产品中有多种类型的紧固件，则需要考虑减少紧固件的类型，尽量使用同一种类型的紧固件。使用同一种类型的紧固件能够带来如下好处：

① 减少在设计和制造过程中对多种类型紧固件的管控。

② 给紧固件的购买带来批量上的成本优势。

③ 使用同一种类型的紧固件能够减少装配线上辅助工具的种类。很多企业都要求在同一条装配线上紧固件的类型不要超过一定数量，最好是仅使用一种紧固件。

④ 防止产生装配错误。太多的紧固件类型很容易造成操作人员用错紧固件，紧固件用错很容易带来产品质量和功能问题，操作人员不得不花费大量的精力来防止错误的产生，而且一旦装配错误发生，操作人员又不得不花费更大的精力来返工。

如图 10-10 所示，在一个产品中，原始的设计包含 4 种类型的螺钉，包括不同的螺钉长度、螺钉头型、螺钉牙型。通过优化设计，把螺钉的类型减少为一种最常见的 M3×6 螺钉，使得同一种类型的螺钉能够应用在产品不同的位置。

如何减少紧固件的类型需要具体问题具体分析。例如，在钣金件设计中，螺柱是常用的零件，有时因为功能的要求，在同一个钣金件中要求的螺柱高度不一样。此时，有的产品设计工程师往往就选择两种不同高度的螺柱，即两种类型的螺柱。但是，通过在钣金中增加凸台来调整高度就能够使用同一种螺柱，以达到减少螺柱类型的目的。如图 10-11 所示，原始的设计中需要两种不同高度的螺柱，M3×6 和 M3×7。M3×6 是最通用的螺柱，M3×7 则需要定制加工。在改进的设计中，通过在钣金中增加 1mm 的凸台，把螺柱的装配位置提高 1mm，从而在两个位置都可以使用同一种螺柱 M3×6。

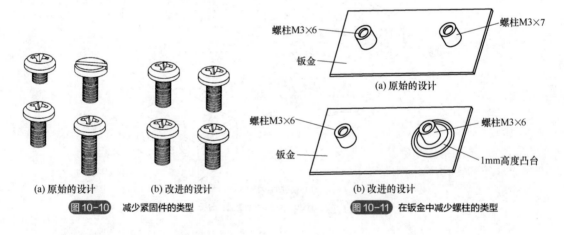

(a) 原始的设计　　(b) 改进的设计

图 10-10　减少紧固件的类型

螺柱M3×6　螺柱M3×7

钣金

(a) 原始的设计

螺柱M3×6　螺柱M3×6

钣金　　1mm高度凸台

(b) 改进的设计

图 10-11　在钣金中减少螺柱的类型

（2）使用卡扣、折边等代替紧固件

装配一个紧固件需要耗费比较多的时间，一个紧固件的装配成本往往是制造成本的 5 倍以上。如图 10-12 所示，常用的 4 种装配方式成本的高低由左向右排列，即卡扣成本最低，拉钉成本次之，螺钉成本较高，螺栓和螺母的成本最高。

卡扣装配是最经济、最环保的装配方式。相对于传统的螺钉固定，卡扣固定能够快速装配，节省大量装配时间，同时降低装配成本。如图 10-13 所示，两个塑胶件之间可以通过卡扣来装配。

在钣金件上则可通过折边压紧来减少紧固件数量，如图 10-14 所示。在原始的设计中，两个钣金件通过 4 个螺钉固定；在改进的设计中，通过在一个钣金件上增加折边（类似塑胶件中卡扣的功能）来固定，将螺钉的数量由 4 个减少到 2 个。

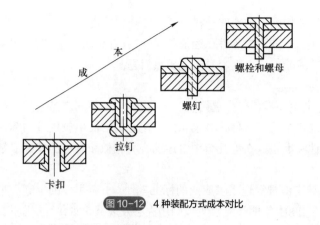

图 10-12　4 种装配方式成本对比

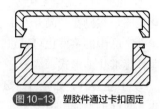

图 10-13　塑胶件通过卡扣固定

（3）避免分散的紧固件设计

把紧固件设计为一体，能够减少紧固件的类型，减少装配时间和提高装配效率，如图 10-15 所示。

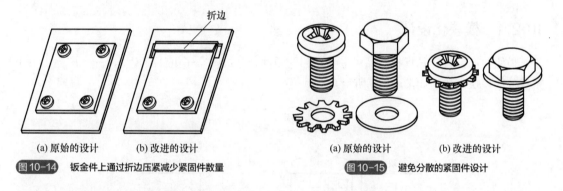

(a) 原始的设计　　(b) 改进的设计

图 10-14　钣金件上通过折边压紧减少紧固件数量

(a) 原始的设计　　　(b) 改进的设计

图 10-15　避免分散的紧固件设计

（4）使用自攻螺钉代替机械螺钉

在金属材料零件中，使用自攻螺钉代替机械螺钉可避免加工成本昂贵的攻螺纹工序。在塑胶零件中，使用自攻螺钉代替机械螺钉可避免在注塑时嵌入螺母，可减少零件数量，降低零件成本。当然，自攻螺钉仅用于零件不需要反复拆卸或者对紧固要求不高的场合。

（5）把螺柱和螺母作为最后的选择

同其他的装配方式相比，螺柱和螺母的制造成本最高，装配成本最高，装配效率最低。因此，除非零件的装配要求特别高，否则永远把螺柱和螺母作为最后的选择。

10.2.3　零件标准化

零件标准化、避免零件定制的优势：

① 零件标准化能够减少定制零件所带来的新零件开发时间和精力的浪费，缩短产品开发周期。

② 零件标准化能够带来零件成本的优势。标准化零件因为规模性往往成本较低。对于塑胶、钣金等需要通过模具进行制造的零件，使用标准化的零件能够节省模具的成本，零件成本

优势更加明显。在成本上，定制零件就如同定制衣服一样，通常都会比较贵。

③ 避免出现零件质量问题的风险。标准化的零件已经被广泛使用，并证明质量可靠。相反，定制的零件需要通过严格的质量和功能验证，否则容易出现质量问题。

企业实现零件标准化的主要途径：

① 企业应当制定常用零件的标准库和零件优先选用表，并在企业内部不同产品之间实行标准化策略，鼓励在产品开发中从标准库中选用零件，鼓励重复利用之前产品中应用过的零件。同一件产品中的零件也可以进行零件标准化，在前几节中讲述的合并相似和对称的零件就是一种零件标准化的形式。

② 五金零件，如螺钉、螺柱、导电泡棉等选用供应商的标准零件，五金零件的定制会带来成本和时间的增加。大卫·安德森在 2001 年的计算机集成制造大会发表演讲说："永远不要设计从产品目录之中买不到的零件"，意思是永远从供应商那里买现成的标准零件，国外称这样的零件是 off-the-shelf，而不是去定制零件。企业可以收集整理各种五金零件的供应商产品目录。目前有些企业已经建立了一些常用标准零件（如螺钉）的三维数据库，产品设计工程师设计时可以从数据库中直接调用，这对企业实施零件标准化策略很有帮助。

10.2.4 模块化设计

模块化产品设计是指把产品中多个相邻的零件合并成一个子组件或模块，一个产品由多个子组件或模块组成，如图 10-16 所示。

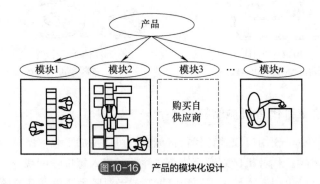

图 10-16 产品的模块化设计

模块化产品设计的优势有：

① 缩短产品总装配工序，提高总装配效率。应用模块化设计，复杂产品被分解为多个功能模块，从而可简化产品结构和减少产品总装配时的装配工序。

② 提高装配灵活性，在不同的模块合理使用手工装配或机械装配。

③ 质量问题尽早发现，提高产品质量。模块化的子组件能够在产品总装配之前进行质量检验，装配质量问题能够更早、更容易被发现，避免不合格的产品流入产品总装配线上，从而可提高产品装配效率和提高装配质量。

④ 避免因质量问题而造成整个产品返工或报废。当一个子模块在工厂装配或在使用中发生问题时，子模块很容易被替换，这有利于产品的维护，同时避免因为子模块的质量问题而造成整个产品报废，从而降低产品成本。

⑤ 提高产品的可拆卸性和可维修性（可靠的零件或模块最先装配，把较容易出现问题的零件或模块最后装配）。

⑥ 按单定制。模块化的产品设计能够帮助企业实现产品"按单定制",满足消费者个性化的需要。

10.2.5 稳定的基座

(1)稳定的基座

产品装配中一个稳定的基座能够保证装配顺利进行,同时可以简化产品装配工序,提高装配效率,减少装配质量问题。一个稳定的基座应当具备如下条件:

① 基座必须具有较大的支撑面和足够的强度以支撑后续零件,并辅助后续零件的装配。

② 在装配件的移动过程中,基座应当支撑后续零件的固定而不发生晃动以及脱落。

③ 基座必须包括导向或定位特征来辅助其他零件的装配。

图 10-17 所示为一个产品的基座零件。在原始的设计中,零件上大下小,很容易倾斜,不利于后续零件的装配;在改进的设计中,在零件底部增加了一个较大面积的平面,用于提供一个稳定的支撑面,使得后续零件的装配变得非常稳固,能够提高装配效率,减少装配质量问题。

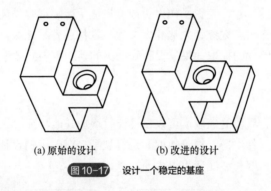

(a) 原始的设计　　　　(b) 改进的设计

图 10-17　设计一个稳定的基座

(2)最理想的装配方式

最理想的装配方式是金字塔式装配方式。一个大而且稳定的零件充当产品基座放置于工作台上,然后依次装配较小的零件,最后装配最小的零件;同时基座零件能够对后续的零件提供定位和导向功能,如图 10-18 所示。

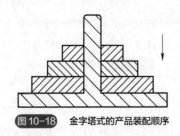

图 10-18　金字塔式的产品装配顺序

(3)避免把大的零件置于小的零件上进行装配

设计人员常犯的一个错误是把较大的零件(或组件)置于较小的零件 (或组件)上进行装配,这很容易造成装配过程不稳定、装配效率低,容易发生装配质量问题,而且有时装配不得不借助装配夹具的辅助。如图 10-19 所示，在原始的设计中，较大的零件放置于较小的零件上进行装配，装配过程不稳定，装配困难，容易出现装配质量问题；在改进的设计中，把较小的零件放置于较大的零件上，装配过程稳定、轻松，装配质量高。如果因为设计限制，大的零件不得不放置于小的零件上，那么在设计时也必须在小零件上添加额外的特征，以提供一个稳定的基座。

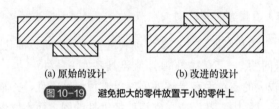

(a) 原始的设计   (b) 改进的设计

图 10-19　避免把大的零件放置于小的零件上

10.2.6　零件容易被抓取

（1）避免零件太小、太重、太滑、太黏、太热和太柔弱

零件需要具有合适的尺寸，使得操作人员或者机械手能够很容易地抓取零件，进行装配，零件不能太小、太重、太滑、太黏、太热和太柔软。零件越容易抓取，装配过程就越顺利，装配效率就越高；否则，零件的抓取如果需要特殊工具的辅助，装配效率就会大大降低。

（2）设计抓取特征

如果零件尺寸不适合零件的抓取，可以在设计时增加其他特征，如折边等。如图 10-20 所示，在原始的设计中，零件太薄，很难抓取和进行装配；在改进的设计中，增加了一个折边用于零件的抓取，零件的抓取和装配变得很容易。

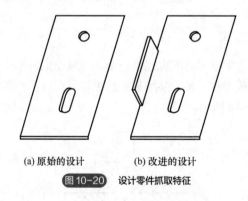

(a) 原始的设计   (b) 改进的设计

图 10-20　设计零件抓取特征

（3）避免零件的锋利边、角

需要特别注意的是，零件应避免具有锋利的边、角等，否则会对操作人员或消费者造成人身伤害；同时，在装配过程中，锋利的边、角也可能对产品的外观和重要的零部件造成损坏。因此，设计人员在进行产品设计时，对于零件上锋利的边、角需要进行圆角处理。例如，对于钣金冲压件，对操作人员或者消费者可能会接触的边，要求零件在冲压时增加压飞边的工序，防止锋利边的产生。

10.2.7　避免零件缠绕

（1）避免零件本身互相缠绕

如果零件缠绕在一起，操作人员在抓取零件时不得不耗费时间和精力把缠绕的零件分开，而且还可能造成零件的损坏。如果产品是自动化装配，那么零件互相缠绕在一起会造成零件无法正常进料。一些零件容易出现缠绕的设计以及相应的改进设计如图10-21所示。

（2）避免零件在装配过程中卡住

不合适的零件形状可能造成零件在装配过程中卡住，降低装配效率和产生装配质量问题，如图10-22所示。

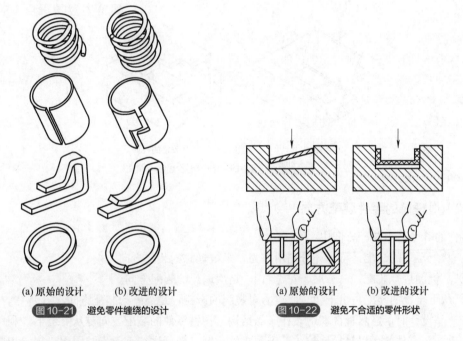

<table>
<tr><td>(a) 原始的设计</td><td>(b) 改进的设计</td><td>(a) 原始的设计</td><td>(b) 改进的设计</td></tr>
</table>

图 10-21　避免零件缠绕的设计　　图 10-22　避免不合适的零件形状

10.2.8　减少零件装配方向

零件的基本装配方向可以分为6个：从上至下的装配，从侧面进行装配（前、后、左、右），从下至上的装配。

（1）零件装配方向越少越好

对于产品装配来说，零件的装配方向越少越好，最理想的产品装配只有一个装配方向。装配方向过多造成在装配过程中对零件进行移动、旋转和翻转等动作，降低零件装配效率，使得操作人员容易产生疲惫，同时零件的移动、旋转和翻转等动作容易造成零件与操作台上的设备发生碰撞而产生质量问题。只有一个装配方向的零件装配操作简单，对于自动化装配来说，这也是最方便的。

如图 10-23（a）所示，原始的设计中具有两个装配方向，当下面两个零件固定好后，两个零件必须翻转 180°，再固定最上面的零件；改进的设计中只有一个装配方向，零件不需要翻转就可以把三个零件装配在一起，装配过程简单，如图 10-23（b）所示。原始的设计中，零件的装配方向是从上而下外加一个旋转方向，装配过程复杂，同时可能造成零件之间的碰撞而发生损坏；改进的设计中，零件从上而下进行装配，装配过程简单。

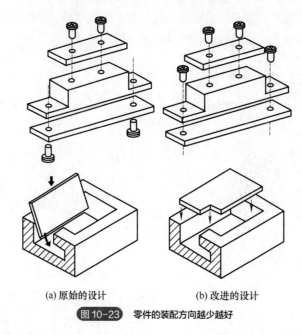

(a) 原始的设计　　　　　　　(b) 改进的设计

图 10-23　零件的装配方向越少越好

（2）最理想的零件装配方向

零件的 6 个基本装配方向中：

① 从上至下的装配，可以充分利用重力，是最理想的装配方向。

② 从侧面进行装配（前、后、左、右），是次理想的装配方向。

③ 从下至上的装配，由于要克服重力对装配的影响，是最差的装配方向。

在产品设计时，应尽量合理地设计产品结构，使得零件的装配方向是从上至下。利用零件自身的重力，零件就可以轻松地被放置到预定的位置，然后进行下一步的固定工序。相应的，从下至上的装配方向因为需要克服产品的重力，零件在固定之前都必须施加外力使之保持在正确的位置，这种装配方向最费时费力、最容易发生质量问题。如图 10-23 所示，改进的设计中，零件只具有一个从上至下的装配方向，零件装配效率和装配质量均比较高。如图 10-24 所示，改进的设计中，零件从上至下进行装配，装配效率和装配质量都比原始的设计有很大提高。

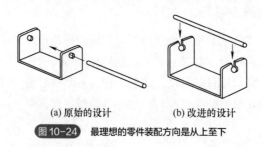

(a) 原始的设计　　　　　　　(b) 改进的设计

图 10-24　最理想的零件装配方向是从上至下

10.2.9　设计导向特征

（1）导向特征的设计

如果在零件的装配方向上设计导向特征，减少零件在装配过程中的装配阻力，零件就能够自动对齐到正确的位置，从而可以减少装配过程中零件位置的调整，减少零件互相卡住的可能性，提高装配质量和效率。如果在零件装配方向上没有设置导向特征，那么装配过程也必将磕磕碰碰。对于操作人员视线受阻的装配，更应该设计导向特征，避免零件在装配过程中被碰坏。

如图 10-25 所示，最差的设计中，零件在装配过程中没有导向［图 10-25（a）］，如果零件稍微没有对齐，则很容易被阻挡无法前进，造成装配过程中止。如果此时遇到不理智的操作人员使用蛮力来强行装配，很容易造成零件损坏。较好的设计是在基座零件上或者插入的零件上增加斜角导向特征，这样能够使得装配过程顺利进行［图 10-25（b）］。当然，最好的设计是在基准零件上和插入的零件上均增加斜角导向特征，这样零件的插入阻力最小，装配过程最为顺利，同时对零件相应的尺寸也可以允许宽松的公差［图 10-25（c）］。常用的导向特征包括斜角、圆角、导向柱和导向槽等，斜角的例子如图 10-25（b）和（c）所示。

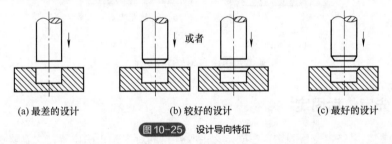

(a) 最差的设计　　　　(b) 较好的设计　　　　(c) 最好的设计

图 10-25　设计导向特征

连接器是电子电器产品中常用的一个零件，连接器成本高，但很脆弱，在产品装配过程中如果没有正确对齐就容易造成损坏而报废，因此连接器的导向特征设计至关重要。图 10-26 所示的连接器具有两个导向特征，一是导向柱，二是上下两侧的斜角。连接器的导向特征设计能够使连接器之间实现快速装配，避免装配损坏，确保装配质量和电子信号的顺利传输。需要注意的是，导向柱的长度不能太短，需要保证导向柱是两个零件最先接触点，导向柱才具有导向效果。

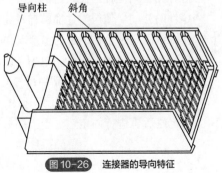

导向柱　　斜角

图 10-26　连接器的导向特征

（2）导向特征应该是装配最先接触点

在装配时，导向特征应该先于零件的其他部分与对应的装配件接触，否则不能起到导向作用，如图 10-27 所示。

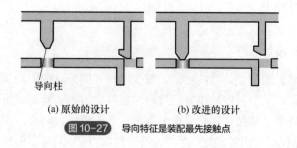

(a) 原始的设计　　　　(b) 改进的设计

图 10-27　导向特征是装配最先接触点

（3）导向特征越大越好

导向特征越大，越能容忍零件的尺寸误差，越能减少装配时的调整与对齐，导向效果越好，如图 10-28 示。

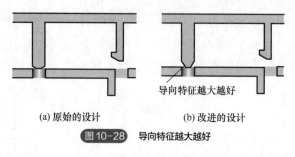

(a) 原始的设计　　　　(b) 改进的设计

图 10-28　导向特征越大越好

10.2.10　先定位后固定

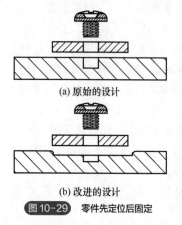

(a) 原始的设计

(b) 改进的设计

图 10-29　零件先定位后固定

零件的装配如果先定位后固定，在固定之前零件自动对齐到正确位置，这能够减少装配过程的调整，大幅提高装配效率。特别是对那些需要通过辅助工具（如电动螺钉旋具、拉钉枪等）来固定的零件，在固定之前零件先定位，能够减少操作人员手工对齐零件的调整，方便零件的固定，提高装配效率。如图 10-29 所示，在原始的设计中，零件不能自动定位，因此在螺钉固定的过程中零件不得不反复调整对齐到正确位置；在改进的设计中，基座零件上的凹槽限制了零件的移动，使得零件能够自动定位对齐到正确位置，避免了在螺钉固定时手动调整的多余动作。

在电子电器产品中，PCB（印刷电路板）是必不可少的一个组件，包含了整个产品中最核心的部件，因此 PCB 的装配非常重要。一般来说，由于 PCB 自身强度比较低，往往需要用多个螺钉来固定，因此 PCB 自动定位后再进行固定，对于提高装配效率非常有帮助，常用的方法有两种。

（1）四周增加限位

在塑胶底座的四周增加限位，在固定之前使得 PCB 自动对齐到正确位置，如图 10-30 所示。需要注意的是，PCB 与塑胶四周的限位间隙不可太小，否则容易造成 PCB 过约束；同时限位间隙不可太大，否则没有定位的效果。

（2）使用定位柱

使用定位柱（如果导向柱的精度较高，导向柱也可以被当成定位柱使用），在螺钉固定之前使 PCB 自动对齐到正确位置，如图 10-31 所示。对于钣金件来说，在钣金件上铆接定位螺柱可以起相同的作用。推荐这种方法，因为定位柱或者定位螺钉尺寸公差比较容易控制，这种固定方法可使得 PCB 的装配位置精度比较高。

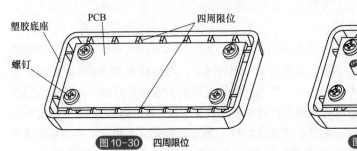

图 10-30　四周限位

塑胶底座　PCB　四周限位　螺钉

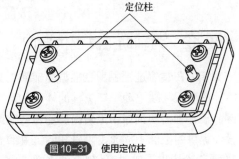

图 10-31　使用定位柱

定位柱

10.2.11　避免装配干涉

（1）避免零件在装配过程中发生干涉

避免零件在装配过程中发生干涉是产品设计最基本、最简单的常识，但这也是设计人员最容易犯的错误之一。零件的装配过程应该很顺利，装配过程中不应该出现阻挡和干涉的情况。但是在三维设计软件中进行三维建模时，产品是静态的，产品设计工程师常常忽略了产品的具体装配过程以及零件是如何装配到正确位置的。于是在零件制造出来后，零件品质很好，但零件很难装配在一起，此时只好求助于锉刀等工具。

避免这样的错误很简单，产品设计工程师在三维设计软件中进行简单的产品装配过程动态模拟就可以发现零件是否发生了装配干涉。事实上，对于整个产品的装配过程，都需要进行这样的动态模拟，确保零件装配顺利。这是面向装配的产品设计中最基本的要求。

（2）避免运动零件在运动过程中发生干涉

很多产品都包含运动零件，运动零件在运动过程中需要避免发生干涉，否则会阻碍产品实现相应的功能，造成产品故障，甚至损坏。例如，电脑的光驱支架，在光盘的放入和退出过程中，光驱支架是运动的，光驱支架在其运动行程中不能与其他零件发生干涉。对此，设计人员也可以通过运动过程模拟确保运动零件在运动过程中畅通无阻，避免发生运动干涉。

（3）避免用户在使用产品过程中发生干涉

设计人员也需要考虑在产品的具体使用过程中零部件的干涉问题，避免用户在使用产品时发生干涉问题。如图 10-32 示，在原始的设计中，电源插座的两相插孔和三相插口距离很近，这容易造成用户如果同时使用两相线缆和三相线缆时发生干涉，一个线缆插头插不进插口；在改进的设计中，只需将两相插孔和三相插孔做相应的偏移，增大二者的距离，即可解决此干涉问题。

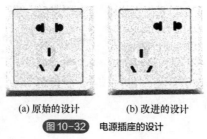

(a) 原始的设计　　(b) 改进的设计

图 10-32　电源插座的设计

10.2.12　为辅助工具提供空间

　　零件在装配过程中，经常需要辅助工具来完成装配。例如，两个零件之间通过螺钉固定，零件的装配需要电动螺钉旋具的辅助；两个零件通过拉钉来固定，那就需要拉钉枪来辅助。在产品设计中需要为辅助工具提供足够的空间，使得辅助工具能够顺利完成装配工序。如果产品设计提供的空间不够大，阻碍辅助工具的正常使用，势必会影响装配的质量，严重时甚至使得装配工序无法完成。由于现今的多数产品都倾向于在更小的尺寸空间内集成更多的功能，这就

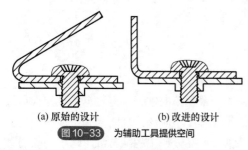

(a) 原始的设计　　(b) 改进的设计

图 10-33　为辅助工具提供空间

对产品设计提出了挑战，因此在产品装配中经常会出现辅助工具无法正常使用的状况。至于具体的空间多大才合适，这就需要了解辅助工具的尺寸及其工作原理，也可以向制造工程师寻求帮助。如图 10-33 所示，在原始的设计中，螺钉旋具没有足够的操作空间，在使用过程中会和零件发生干涉，螺钉无法拧入，零件不能固定；在改进的设计中，螺钉旋具有足够的操作空间，零件能够顺利固定。

10.2.13　为重要零部件设计装配止位特征

　　产品中一般包括很重要但同时又比较脆弱的零部件，如电脑中的硬盘、电源以及一些印刷电路板等，这些零部件极容易损坏，产品设计时需要确保这些重要的零部件在装配和使用过程中不被损坏。最容易发生的失效方式是这些重要零部件装配到正确位置后，由于操作人员或者消费者用力不当，使得零部件继续前进，碰到其他零件而损坏，因此，有必要在产品中设计止位特征，阻止重要零部件装配到正确位置后继续前进。在另外一种情况下，产品设计也需要阻止零件装配到正确位置后继续前进，防止损坏已经装配好的其他重要零部件。

　　某产品电源的仰视图如图 10-34 所示，前端是电源连接器，电源的装配方向如图中箭头所示。在电源前端有一 U 形止位槽，同机箱中的螺柱相配合，可以阻止电源装配到正确位置后继续前进，避免损坏

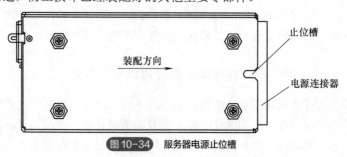

止位槽

装配方向

电源连接器

图 10-34　服务器电源止位槽

电源连接器或者与电源配合的印刷电路板及其上面的重要零件。

10.2.14　防止零件欠约束和过约束

空间上任何一自由物体共有 6 个自由度，分别是沿着 X、Y、Z 坐标轴移动的自由度和绕着 3 个坐标轴转动的自由度，如图 10-35 所示。

① 完全约束：如果零件在 6 个自由度上均存在约束，称之为完全约束。

② 欠约束：如果零件在 1 个或 1 个以上的自由度上不存在约束，称之为欠约束。

③ 过约束：如果零件在 1 个自由度上有 2 个或者 2 个以上的约束，称之为过约束。

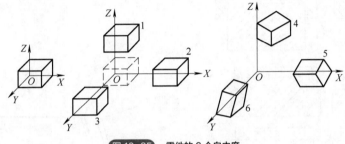

图 10-35　零件的 6 个自由度

产品设计需要避免零件欠约束和过约束，只有当零件完全约束时，零件才能在产品中正确地装备以及行使应有的功能。

① 避免零件欠约束。如果零件欠约束，那么在零件装配好后，零件会在欠约束的自由度方向上出现不该有的运动，妨碍零件功能的实现。值得注意的是，如果零件尺寸比较大，那么零件的约束需要尽量覆盖零件的整个范围，而不仅仅是在某一个角落对零件进行约束。

② 避免零件过约束。零件发生过约束，要么零件很难进行装配，要么产生装配质量问题，或者装配好之后零件之间存在应力。

如图 10-36 所示，在原始的设计中，零件 A 与零件 B 在 X 方向上有两个约束，因此零件在 X 方向上过约束。由于零件制造公差的存在，此时很容易发生第一个柱子插入到第一个孔后，第二个柱子很难插入到第二个孔中，而且由于无法判定哪一个柱子与孔决定了零件 A 的位置，很难通过尺寸管控来提高产品装配质量。在改进的设计中，零件 A 的第二个孔为长圆孔，避免了在 X 方向过约束，零件 A 能够轻松地插入到零件 B 中；同时，零件 B 的第一个柱子和零件 A 的第一个孔决定了零件 A 的位置，通过管控相应的尺寸就能够轻松地管控零件 A 的位置。其他常见的零件过约束设计及其改进的设计如图 10-37 所示。

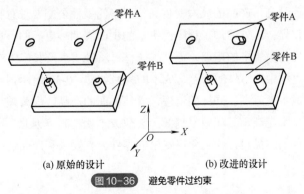

(a) 原始的设计　　　　　(b) 改进的设计

图 10-36　避免零件过约束

当零件之间通过多个螺钉固定时，产品设计工程师常发现最后几个螺钉与螺钉孔总是没有对齐，很难把螺钉固定上。在这种情况下，可以把一个螺钉孔设计为小孔（即孔的直径比螺钉直径稍大），另外一个孔设计为长圆孔（即孔的直径与小孔直径一样大，长度稍长，需要注意的是长圆孔的长度方向平行于小孔与长圆孔之间的直线），其余的均是大孔（即孔的直径比螺钉直径大得多），如图 10-38 所示。其中，小孔与长圆孔起着定位的作用，而大孔的设计则避免了零件过约束。这既保证了零件的装配位置精度，又保证了零件的顺利装配。不过这样的设计需要在零件装配时指明固定螺钉的顺序，小孔先固定，然后是长圆孔，最后是其他的大孔。

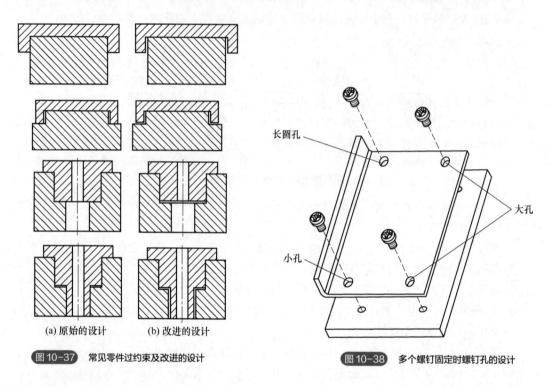

(a) 原始的设计　　(b) 改进的设计

图 10-37　常见零件过约束及改进的设计

图 10-38　多个螺钉固定时螺钉孔的设计

10.2.15　宽松的零件公差要求

人们常常误以为严格要求零件公差就可以提高产品质量，而为了提高产品质量，唯一的途径是通过对零件公差作出严格的要求。事实上，严格的零件公差只能表示单个的零件生产质量高，并不一定表示产品质量高，产品质量只能通过产品装配才能体现出来。但是，零件公差越严格，零件制造成本就越高，产品的成本就越高。严格的零件公差要求意味着：更高的模具费用；更精密的设备和仪器；额外的加工程序；更长的生产周期；更高的不良率和返工率；要求更熟练的操作员和对操作员更多的培训；更高的原材料质量要求及其产生的费用。

在传统机械加工过程中，零件的公差与成本的关系如图 10-39 所示，可以看出，零件的公差要求越高，零件的成本就越高。同样的道理，零件之间的产品装配公差越严格，装配质量管控要求越高、装配不良率越高、装配效率越低，装配成本就越高。因此，在满足产品功能和质量的前提下，面向装配的产品设计应当允许宽松的零件公差要求和产品装配公差要求，从而降低产品的制造成本。

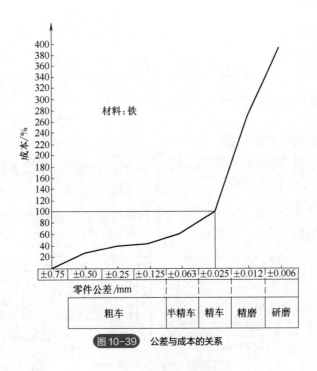

图 10-39　公差与成本的关系

（1）设计合理的间隙

设计合理的间隙，防止零件过约束，避免对零件尺寸的不必要的公差要求。不合理的零件间隙设计会带来对零件不合理的公差要求。在产品的装配关系中，有些情况下零件之间平面与平面是接触、紧贴在一起的，此时平面与平面之间不应该有间隙。而在另外的一些情况下，平面与平面之间需要设计一定的间隙，防止装配干涉或者产品装配尺寸超出规格。如果间隙设计得过小或者没有间隙，为了避免零件的干涉和保证装配尺寸，就必须对相关的零件尺寸提出严格的公差要求。至于多大的间隙是合理的，可以通过公差分析计算出来，一般来说，在不影响产品功能和质量的情况下，间隙尽可能地大。一个合理间隙设计的例子如图10-40所示，当通过螺钉固定几个零件时，中间零件的螺钉孔稍微扩大，保证该零件与螺钉有一定的间隙，从而可以避免对该零件螺钉孔不必要的严格的公差要求。

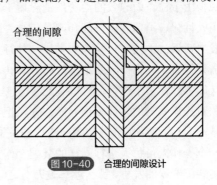

图 10-40　合理的间隙设计

（2）简化产品装配关系

简化产品装配关系，减少尺寸链的数目从而减少累积公差。在同一个尺寸链中，尺寸数目越多，最终所带来的产品的累积公差就越大。如果因为产品质量和功能的要求，产品的累积公差不能大于一定数值，那么就不得不对尺寸链中的尺寸进行比较严格的公差要求。因此，对于那些重要的装配尺寸，在产品最初设计阶段就要重点加以关注，简化产品的装配关系，避免重要装配尺寸涉及更多的零件，从而减少尺寸链中尺寸的数目，达到减少累积公差的目的，则能够允许零件有宽松的公差要求。

（3）使用定位特征

在零件的装配关系中增加可以定位的特征，如图 10-31 所示的定位柱等。定位特征能够使得零件准确地装配在产品之中，产品设计只需要对定位特征相关的尺寸公差进行制程管控，对其他不重要的尺寸就可以允许宽松的公差要求。

（4）使用点或线与平面配合

当两个零件之间通过平面与平面配合并具有相对运动关系时（可以是装配过程中的相对运动，也可以是使用过程中的相对运动），可以使用点或线与平面配合的方式代替平面与平面的配合方式，避免平面的变形或者平面较高的表面粗糙度值阻碍零件的顺利运动，从而可以不对零件的平面度和表面粗糙度提出严格的公差要求，继而允许宽松的公差，如图 10-41 所示。

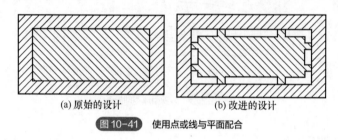

(a) 原始的设计　　　　　(b) 改进的设计

图 10-41　使用点或线与平面配合

10.2.16　防错的设计

防错法是指通过产品设计和制造过程的管控来防止错误的产生。日本丰田公司第一次提出了防错的概念。防错法的目的：减少错误，提高产品利润率；减少时间浪费，提高生产效率；减少由于检查而导致的浪费；消除返工及其引起的浪费；提高产品质量和可靠性；提高产品使用人性化、消费者满意度和产品信誉。防错的设计意味着：不需要注意力——即使疏忽也不会发生错误；不需要经验和知觉——外行人也可以做；不需要专门知识——谁做都不会出错；不需要检查——第一次就把事情做好。在产品进行装配时，如果零件存在着一个以上的装配位置（即零件在多个位置都可以装配），但是只有一个正确位置，传统的方法是通过装配过程的管控和对操作人员的培训来指导操作人员把零件装配到正确位置。但是，残酷的事实告诉人们，在某一天，零件终将会被装配在错误的位置，这可能仅仅是因为操作人员的一次心不在焉。试想，一个操作人员每天进行同样的装配工作上百次、上千次甚至上万次，如果产品设计不能提前预防装配错误的发生，那么就算是万分之一的概率，操作人员稍微不留神，错误就发生了。因此，产品设计必须进行防错的设计，提前预防装配过程中可能发生的错误。

USB 接口是计算机中最常用的一种接口方式，广泛应用于数码相机、数码摄像机、移动硬盘、U 盘、鼠标和键盘等与计算机的连接。USB的接口设计是一种典型的防错设计。只有当 USB 插头插入方向正确时，USB 插头才能够插入到计算机的 USB 接口中；当 USB 插头插入方向错误时，USB 接口中孔槽的不对称设计会阻止 USB 设备的进一步插入。USB 接口和 USB 插头的设计

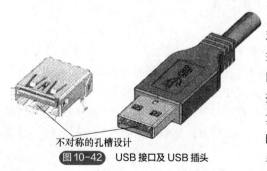

不对称的孔槽设计

图 10-42　USB 接口及 USB 插头

如图 10-42 所示。

根据 USB 接口中孔槽的不对称防错设计，在 USB 插头接触到 USB 接口之前，USB 插头有两种插入方向：一种是正确的方向，USB 插头和 USB 接口中的不对称孔槽刚好对应，USB 插头能够顺利插入到 USB 接口中；另外一种是错误的方向，USB 插头和 USB 接口中的不对称孔槽不对应，USB 接口阻止 USB 插头的插入，此时必须调整 USB 插头的插入方向。理论上来说，每次插入 USB 都有 50%的可能性插入方向不对。消费者期望闭着眼睛、漫不经心地就可以把USB 设备插入到计算机中，这才是人性化的设计。因此，USB 的接口设计是一个好的防错设计，但不是最理想的防错设计，因为它不人性化。换句话说，最理想的防错设计不但能够防止错误的发生，还能够防止你产生错误的念头。

在面向装配的产品设计中，防错的设计不仅仅是满足产品制造过程中防错的要求，还需要满足消费者使用产品过程中的防错要求。消费者使用产品的过程也是产品装配过程的一部分，更为重要的是，消费者对于防错的要求更高，不但要做到防错，还需要做到使用人性化。因为不可能去教育消费者"你应该这样做""你应该那样做"，作为很多产品（如电脑、电视机、空调等）的消费者，他们根本不会花时间去阅读产品使用手册。

防错的设计可以分为设计防错和制程防错，如图 10-43 所示。传统的防错设计关注的是产品的装配阶段，为此，企业不得不花费大量的人力和物力来培训操作人员和花费大量的金钱来购买自动化设备。而面向装配的产品设计优先考虑产品的设计防错，只有当设计防错很难实现或者代价高时，才考虑制程防错。防错设计的对象包括两种：

① 单个零件本身的防错，即零件在正确的装配位置旋转一定角度后，如 90°、180°等，零件是否还可以继续装配，如上文所说的 USB 接口的防错。

② 零件与零件之间的防错。一个零件在产品中应当只能在一个装配位置进行装配，如果一个零件在另外一个装配位置也可以进行装配，那就会带来装配错误问题。

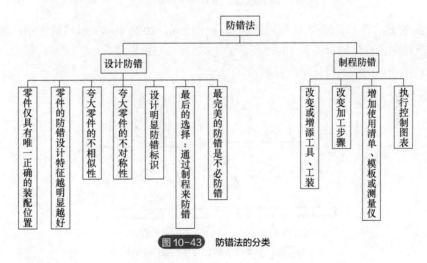

图 10-43　防错法的分类

（1）零件仅具有唯一正确的装配位置

任何一个零件在产品装配中只能具有唯一正确的装配位置，只有当零件装配位置正确时，零件才能被固定。如果零件有多个装配位置，产品或者零件上应当具有特征来阻止零件被装配到错误的位置。前面说到的 USB 接口就是一个例子，USB 接口有且只能有一个正确的装配位置，当 USB 插头插入方向不对时，USB 接口上的不对称孔槽就会阻止 USB 插头的继续插入。

在三维设计软件中，把零件绕着零件中心轴旋转 90°、180°，进行简单的装配过程模拟就能够判断零件是否具有唯一正确的装配位置。在产品设计中，最容易发生的装配错误是零件由两个点固定时。如图 10-44 所示，零件 A 通过两个螺钉固定在零件 B 上。原始设计中，在进行实际的装配时，零件 A 有图 10-45 所示的 4 种可能的装配位置，显然这很容易引起装配错误；在改进的设计中，零件 A 增加了两个凸台，零件 B 增加了一个凸台，使得零件 A 不可能装配到图 10-45（b）、（c）、（d）所示的错误位置，零件 A 仅具有唯一正确的装配位置。

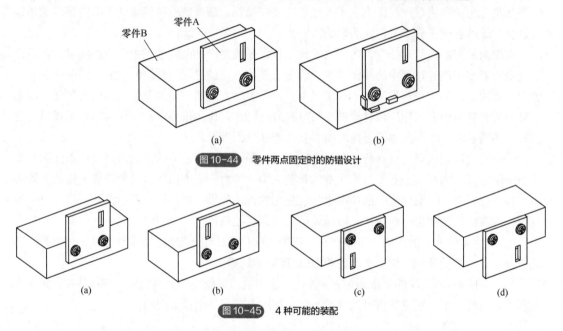

图 10-44　零件两点固定时的防错设计

（a）　　　　　　　　　　　　　（b）

（a）　　　　　（b）　　　　　（c）　　　　　（d）

图 10-45　4 种可能的装配

非对称的孔、槽和凸台等是常用的防错设计特征，如图 10-43 所示的 USB 接口设计、图 10-44 所示的凸台防错以及图 10-47 所示的 PS/2 接口防错设计。如图 10-46 所示，零件与零件之间通过不相同的形状特征来进行防错。

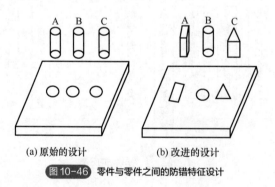

（a）原始的设计　　　　　（b）改进的设计

图 10-46　零件与零件之间的防错特征设计

（2）零件的防错设计特征越明显越好

在允许的情况下，零件的防错特征设计得越明显越好。非对称的孔、槽和凸台越不对称越好。PS/2 接口的防错设计不是一个很好的防错设计，正是因为其防错特征不够明显。在 USB 接口出现之前，PS/2 接口是键盘和鼠标的通用接口。如图 10-47 所示，PS/2 接口和 PS/2 插头的防错设计具有两个防错特征：其一是 PS/2 接口中长方形的孔与 PS/2 插头中间的长方形柱子；其二是 PS/2 接口四周不对称的三个孔与 PS/2 插头四周的三个金属凸起。只有当以上两个防错特征一一对齐时，PS/2 插头才能正确插入。但是，两个防错特征尺寸都比较小，在实际操作过程中要对齐非常困难，必须把 PS/2 插头和接口完全对齐，才能保证正确插入，稍有偏差都不能成功。因此，PS/2 的防错设计不是一个理想的防错设计。

图 10-47　PS/2 接口及 PS/2 插头

（3）夸大零件的不相似处

　　尽量合并相似的零件。针对相似的零件，在进行防错设计时，尽量把它们合并成一个零件。如果在产品装配的生产线上，有两个相似的零件需要装配在不同的位置实现不同的功能，它们的唯一判别方式是零件料号，那么这就存在着两个零件互相装错位置的风险。如果操作人员不仔细查对零件的料号，很容易误把一个零件当成另外一个零件，产生装配错误，带来返工，造成时间和成本的浪费。如果当零件的固定不可拆卸时，如焊接、铆合、热熔等，就会造成整个产品的报废，带来更大的成本损失。针对相似的零件，如果不能合并成一个零件，则夸大零件的不相似处。

　　对于相似的零件，最理想的防错设计是把它们合并成一个零件。如果不能，则需要把零件的不相似处设计得很明显，尽量使得两个零件看上去完全不一样，这就可以避免在装配过程中，零件被错误地装配到其他位置。如图 10-48 所示，如果两个零件不能合并成一个零件，那么就需要把这两个零件设计得明显不同，使得操作人员能够很清楚地认识到两个零件的区别，从而避免产生装配错误。

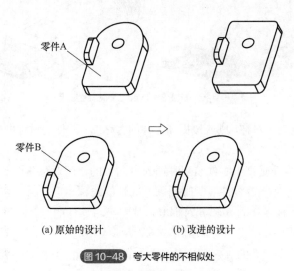

零件A

零件B

(a) 原始的设计　　　　　　(b) 改进的设计

图 10-48　夸大零件的不相似处

（4）夸大零件的不对称性

完美的零件是完全对称的零件，这是因为：

① 零件完全对称，任何角度都可装配，可以减少操作人员的装配调整时间，减少产品整体装配时间。

② 零件完全对称，可以进行盲装，大幅提高装配效率。

③ 有关消费者操作的零件如果完全对称，消费者操作时根本无须仔细对齐和调整即可正确操作到位，可提高使用人性化，提高用户体验度。

如图 10-49 所示，人们日常生活中使用的音频接口和音频插头在轴线上是完全对称的，因此把音频插头插入到音频接口中，无论插头怎么旋转，都不会插错，而且插入时无须调整对齐，使用非常人性化。

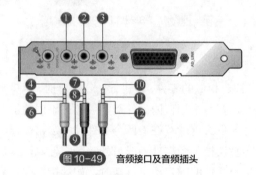

图 10-49　音频接口及音频插头

最好的防错设计是根本不需要防错，这是防错设计的最高境界。完全对称的零件符合这样的要求，产品设计时根本不需要担心防错问题。USB 接口因为其不对称性使得其操作非常不方便、不人性化。USB3.1 TypeC 的设计（见图 10-50）考虑到了这一点，从 USB 的对称性入手，将 USB 的接口设计得上下都对称，正反一样，正反插都能保证有效连接，解决了原来的"USB永远插不对"的问题，提高了使用人性化。

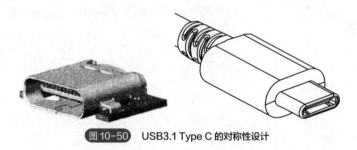

图 10-50　USB3.1 Type C 的对称性设计

如果零件无法做到完全对称，则应该提高零件的对称度，零件的对称度包括两种，如图 10-51 所示。

① α 对称度：指零件垂直于零件装配时插入方向轴的首尾对称角度。

② β 对称度：指零件绕着零件装配时插入方向轴的对称角度。

图 10-52 显示了各种零件的 α 和 β 对称度，从左至右零件的综合对称度从低至高，零件的装配效率也从低至高。

图 10-53 所示为一个零件的 β 对称度从低到高的实例，很显然，零件的装配效率随着 β 对称度的提高而逐渐提高。图中所示的 4 种情况分别如下：

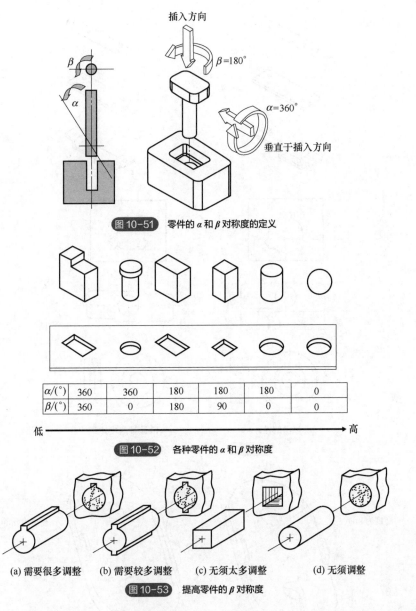

图 10-51　零件的 α 和 β 对称度的定义

$\alpha/(°)$	360	360	180	180	180	0
$\beta/(°)$	360	0	180	90	0	0

低 ⟶ 高

图 10-52　各种零件的 α 和 β 对称度

(a) 需要很多调整　(b) 需要较多调整　(c) 无须太多调整　(d) 无须调整

图 10-53　提高零件的 β 对称度

① 操作人员抓取零件后，需要很多调整，仔细对齐对应零件上的槽，才能装配到位。
② 操作人员抓取零件后，需要较多调整，仔细对齐对应零件上的槽，才能装配到位。
③ 操作人员抓取零件后，无须太多调整对齐，即可装配到位。
④ 操作人员抓取零件后，无须调整，直接插入对应零件的孔中，即可装配到位。

图 10-54 所示为一些具体提高零件 α 和 β 对称度的实例。

零件如果存在微小的不对称性：一是容易装错；二是需仔细对齐，增加装配时间，降低装配效率。如果零件因为设计限制无法做到对称，则需要夸大零件的不对称性，零件的不对称性越明显越好。如图 10-55 所示，在原始的设计中，零件左右两侧凸台的高度一侧为 4mm，一侧为 5mm，相差 1mm，但这是零件的功能要求，无法更改，零件相对于两孔中心连线的对称性无法获得；在改进的设计中，增加左侧凸台的长度，夸大零件的不对称性，零件的不对称性非常明显，从而避免装配错误的产生。

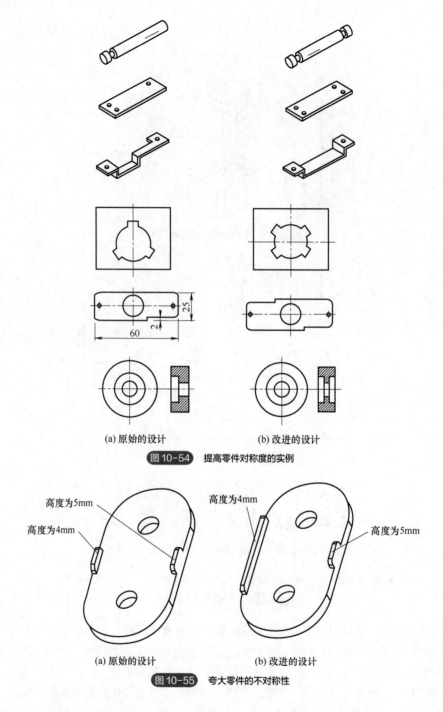

(a) 原始的设计　　　　　　　(b) 改进的设计

图 10-54　提高零件对称度的实例

高度为5mm　　　　　高度为4mm

高度为4mm　　　　　　　　　　　　高度为5mm

(a) 原始的设计　　　　　　　(b) 改进的设计

图 10-55　夸大零件的不对称性

（5）设计明显的防错标识

　　如果零件防错特征很难设计，至少需要在零件上做出明显的防错标识，以指导操作人员的装配，或者告诉消费者如何使用，这些标识包括符号、文字和鲜艳的颜色等。图 10-56 所示的零件是一个左右对称的零件，因为设计的限制，零件无法添加不对称的孔、槽以及凸台等防错特征，那么产品设计工程师至少需要在零件上添加明显的标识（如符号或文字）来指导操作人员的装配或者消费者的使用。

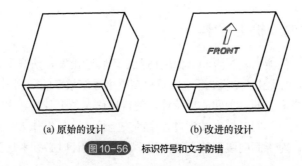

(a) 原始的设计   (b) 改进的设计

图 10-56 标识符号和文字防错

PS/2 的接口防错设计也是一个典型的颜色防错的实例。鼠标的 PS/2 接口和插头是绿色，键盘 PS/2 接口和插头是紫色，使用同一种颜色来告诉消费者哪一个接口该插鼠标，哪一个该插键盘，防止消费者把鼠标插头插到键盘接口上或者把键盘插头插到鼠标接口上。同时，在鼠标和键盘插头上分别有鼠标和键盘的符号，在电脑上相应的接口处也有鼠标和键盘的符号，这也是防错的特征。当然这些符号太小，不容易引起消费者的注意。

需要注意的是，这一类的防错特征不是理想的防错设计方法，必须获得操作人员或者消费者的注意才能够保证防错设计的成功，这不是防错设计的最佳方法。

（6）最后的选择：通过制程来防错

当通过产品设计进行防错造成产品成本高昂，甚至无法通过设计进行防错时，可以通过产品的制程管控来防错。当然，通过制程管控来防错是防错设计最后的选择。此时，产品设计工程师应当把防错的要求准确、清晰地告诉装配工程师。

制程防错的方法包括以下几种：

① 改变或增添工具、工装。

② 改变加工步骤。

③ 增加使用清单、模板或测量仪。

④ 执行控制图表。

（7）最完美的防错是不必防错

从产品的装配效率和装配质量等方面来看，不同的防错方法有着不同的级别。在产品防错设计时，应尽量提高产品的防错级别，向着防错的最高级别"不必防错"靠近。最完美的防错方法如下：

① 零件根本就不必防错。

② 装配效率高，装配质量高。

③ 不仅可以阻止错误的产生，还可以阻止产生错误的念头。

④ 真正做到防呆的设计，就算一个真正的"呆子"来操作也不会发生错误。

⑤ 最人性化的设计，具有高用户体验度的设计。

因此，对于防错设计的要求是：

① 不仅要做到防错，而且要做到最完美的防错。

② 如果无法实现完美的防错，也需要尽量提高防错的级别。

10.2.17 装配中的人机工程学

人机工程学是从人的能力、极限和其他生理及心理特性出发，研究人、机、环境的相互关系和相互作用的规律，以优化人、机、环境以及提高整个系统效率的一门科学。在产品设计中，产品设计工程师必须考虑人的生理和心理特性，使得操作人员更容易、更方便、更有效率地进行操作，提高装配的效率，同时提高装配过程中的安全性、降低操作人员的疲劳度和压力、增加操作人员的舒适度。对于面向装配的人机工程学，产品设计时必须考虑到以下各个方面。

（1）避免视线受阻的装配

在产品的每一个装配工序中，操作人员应当可以通过视觉对整个装配工序过程进行掌控，需要避免发生操作人员视线被阻挡的情况，或者操作人员不得不弯下腰、偏着头或者仰着脖子等非正常方式才能看清楚零件的装配过程，甚至通过触觉来感受装配过程、通过反复的移动调整才能对齐到正确的位置，这样的装配效率非常低，而且容易出现装配质量问题。

如图 10-57 所示，原始的设计中，视线被阻挡，很难进行固定螺钉的装配；改进的设计中，操作人员能够对整个操作过程进行掌控，螺钉的装配非常顺利。当然，原始的设计还有一个装配问题，就是需要为辅助工具提供空间。

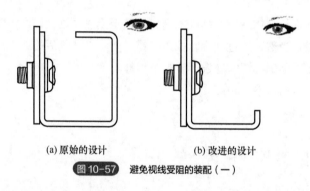

(a) 原始的设计　　　　　　　(b) 改进的设计

图 10-57　避免视线受阻的装配（一）

如之前所述，为了帮助零件能够自动对齐到正确位置，在零件上增加导向特征，导向特征必须设置在操作人员容易看见的位置。如图 10-58 所示，零件 A 具有两个导向柱，零件 B 具有两个相应的导向孔。在原始的设计中，零件 A 放在零件 B 上面进行装配，在把导向柱和导向孔对齐时，操作人员的视线很容易被零件 A 本身所阻挡；在改进的设计中，零件 A 放在零件 B 的下面，操作人员对零件的对齐过程一目了然，两个零件很容易装配。

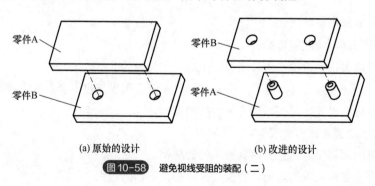

(a) 原始的设计　　　　　　　(b) 改进的设计

图 10-58　避免视线受阻的装配（二）

　　一般来说，较小的零件是放在较大的零件上进行装配的。如果把较大的零件放在较小的零件之上进行装配，较小零件的视线就完全被较大零件阻挡，操作人员不得不通过多次的调整才能对齐，装配效率很低。

（2）避免装配操作受阻的装配

　　在进行装配操作时，操作人员会有诸如抓取零件、移动零件、放置零件、固定零件等动作。产品设计应当为这些动作提供足够的操作空间，避免受到阻碍，从而造成装配错误，甚至造成装配无法进行。例如，为了产品拆卸和装配的方便，手拧螺钉应用于经常需要拆卸的产品中，但是手拧螺钉的周围需要保证足够的空间，否则操作人员（或者用户）在拆装产品时，手很容易被周围的零件阻碍，造成手拧螺钉无法正常拧紧或拧松，同时可能造成操作人员的手受到伤害。一般来说，手拧螺钉的圆心周围至少保证有 25mm 的空间，以保证手拧螺钉的正常拧紧或拧松，如图 10-59 所示。

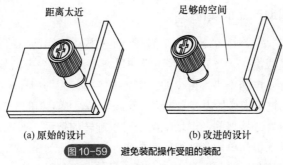

(a) 原始的设计　　　　　　(b) 改进的设计

图 10-59　避免装配操作受阻的装配

　　在开阔的空间装配，操作人员的装配操作不容易受阻，装配效率高，装配时不易出现质量问题，如图 10-60 所示。

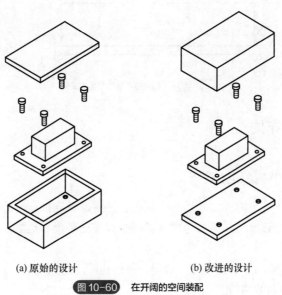

(a) 原始的设计　　　　　　(b) 改进的设计

图 10-60　在开阔的空间装配

（3）避免操作人员（或消费者）受到伤害

在产品装配过程中必须保障操作人员（或消费者）的安全，不正确的产品设计很可能给操作人员（或消费者）的人身造成伤害。例如，钣金机箱中如果有锋利的边、角，就很容易刮伤操作人员（或消费者）的手指，造成伤害。因此，对于机箱中操作人员（或消费者）容易接触的边、角，在产品设计时必须增加压飞边工序，以保障操作人员（或消费者）的安全。

（4）减少工具的使用种类，避免使用特殊的工具

装配线上工具的种类过多会增加装配的复杂度，同时会造成操作人员使用错误的工具，引起产品装配错误。例如，一个产品中设计 M3、M4 和 M5 等不同种类的螺钉，这就要求产品装配线上使用不同种类的螺钉旋具，这往往不利于提高装配效率和装配质量。特殊的工具会增加装配线的复杂度，同时操作人员熟悉特殊的工具也需要一定的时间。例如，产品设计中，除非客户指明要求，否则不必使用 Torx 螺钉，使用普通的 Philips 十字螺钉即可，因为 Torx 螺钉需要专用的螺钉旋具。

（5）设计特征辅助产品的装配

操作人员的推、拉、举、按等施力动作都有一定的极限，当产品的装配所需操作人员的施力超出极限或者容易造成操作人员疲劳时，应当通过产品设计减少产品装配过程中所需的施力，辅助产品的装配。内存是电脑中必不可少的一个重要零件。因为内存形状的关系，在拆卸时操作人员或消费者只能通过手指抓住内存来施力，这很容易造成手指的酸痛，甚至无法拔出内存。为解决这个问题，在内存连接器的两侧增加两个可以旋转的把手，通过往下按动把手，把力转化为向上的拔出力，从而很简单顺利地把内存拔出，完成拆卸动作，如图 10-61 所示。利用把手的结构，内存的装配也相当简单，只需把内存往下施力即可固定。

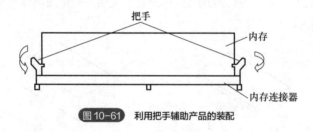

图 10-61　利用把手辅助产品的装配

10.2.18　线缆的布局

（1）减少线缆的种类和数量

线缆用于产品中传输电力或信号，将产品中各种零部件连接在一起，是大多数产品中不可或缺的一部分。在产品设计时，需要考虑尽量减少线缆的种类和数量，因为过多的线缆种类和数量会带来以下问题：

① 增加成本。线缆的成本比较高，特别是一些传输信息的线缆。

② 带来电磁辐射和散热问题。

③ 增加装配的复杂度，使得产品装配效率低，容易出现质量问题。

④ 增加产品维修难度。

工程师可以通过产品内部结构优化，使用板对板连接、合并印刷电路板等方法来减少线缆

的种类和数量，如图 10-62 所示。

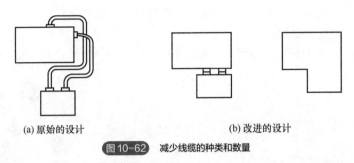

(a) 原始的设计　　　　　　(b) 改进的设计

图 10-62　减少线缆的种类和数量

　　再如，在原始的设计中，两个印刷电路板通过一个线缆连接。通过优化，将两个电路板合并为一个电路板，避免了线缆的使用。

（2）合理的线缆布局

　　现代化的产品倾向于在有限的空间内集成更多的功能，于是产品的内部空间变得异常拥挤，而产品中的线缆经常需要从产品的一端布置到产品的另一端，非常耗费时间和精力，同时线缆的存在容易干扰风流，影响产品内部散热效果，而且线缆也容易带来电磁辐射的问题。如图 10-63 所示，一个普通的台式机机箱内部包含了电源线、光驱线、硬盘数据线、主板数据线、前置 USB 接口线等，非常复杂。如果在产品设计之初不对线缆的走向和布局进行规划，那么机箱内部肯定乱成一团，更不用谈计算机的散热效果及其带来的电磁辐射问题。

　　因此，在产品的设计阶段，产品设计工程师需要规划线缆的走向和布局，同时通过简化产品结构，减少线缆的种类、数量和长度，优化线缆的走向和布局，从而可以大幅提高产品装配效率、避免线缆引起的机箱散热或电磁辐射问题。如图 10-64 所示，通过合理布局电路板中连接器的位置，可以优化线缆的布局，减小线缆的长度。

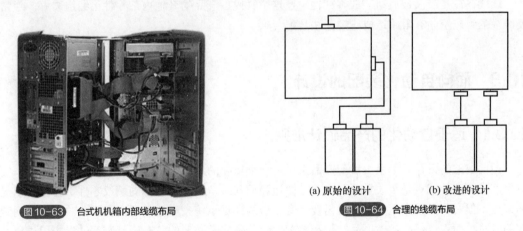

图 10-63　台式机机箱内部线缆布局

(a) 原始的设计　　　　(b) 改进的设计

图 10-64　合理的线缆布局

　　在线缆的走线方向上，可通过线夹、束线带（图 10-65），或者零部件上的特征来辅助控制线缆的走线。另外，工程师应当在产品三维图中完整绘制出线缆及其走向。

（3）对线缆进行保护

　　在线缆走向周围需要防止零件锋利的边、角刮伤线缆。线缆被刮伤容易造成短路，进而损坏产品中的电子元器件。例如，电脑机箱一般由钣金件组成，在线缆的走向上钣金件需要压飞边或反折压平或加上塑胶护线套，以保证线缆不被刮伤。如图 10-66 所示，在钣金件上线缆通过处反折压平对线缆进行保护。

如图 10-67 所示，可以在钣金件缺口上添加线缆护线套对线缆进行保护。

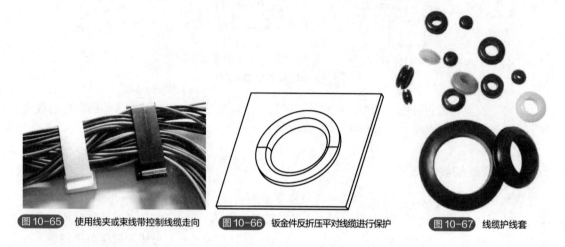

图 10-65　使用线夹或束线带控制线缆走向　　图 10-66　钣金件反折压平对线缆进行保护　　图 10-67　线缆护线套

（4）对线缆的防错

线缆的防错需要考虑以下两方面的内容：

① 单个线缆的连接器需要防错，使得线缆只有一个正确的插入方向，避免线缆插反。

② 各种线缆的连接器接口设计应当不同，以防止线缆插错。

（5）为线缆的装配提供足够的空间

线缆往往是产品最后组装的零部件，在这个时候，产品的其他内部零件已经组装好，经常使线缆的组装空间有限，造成线缆无法装配。

10.3　面向自动化装配的设计

10.3.1　适于自动化的产品设计准则

面向装配的设计对于手工装配产品来说是一个重要的考虑因素，并能获得巨大的收益，它对于产品自动装配更是至关重要。在手工搬运和插入时，稍微不对称的螺纹零件不会引起明显的问题，但对于自动搬运来说，就需要一套昂贵的视觉系统来辨识其方向。因此，对于自动装配的经济性而言，仔细考虑产品结构和零部件设计是非常必要的。在产品装配过程中引进自动化的优点是它促使重新考虑产品的设计，不仅获得了自动化的好处，也改良了产品的设计。从产品的重新设计带来的节省往往大于自动化本身的节省。

在产品设计阶段，满足装配工艺的最明显的方式就是把不同零件的数量减少到最低程度。当考虑到面向自动化的产品设计时，考虑单个零件数量的减少显得更为重要。例如，取消某一零件有可能省去一台装配机上的一整个工位，包括零件给料器、专用工作头和一些相关传送机构。因此，当产品结构简化时，预计投资上的减少将会相当明显。除了产品简化，导向槽和倒角的引入也有利于自动化。

另一个在设计中应该考虑的因素是每件零件放置在上一件零件之上，并允许多层装配。这个方法的最大好处是在零件进给和放置过程中能有效地利用重力。在装配工位上方同样要有工作头和进给装置，这样易于排除因缺陷零件导致的故障。当水平面内的动力可能会趋于移动部件时，在机器分度周期内，从上面装配同样能使部件保持在正确的位置上。在这种情况下，通过适当的产品设计，在零件自定位时，重力足够保持住零件稳定，直到零件紧固或固定。

如果不能从上面进行装配，最好的办法是将组件分解为部件。例如，图 10-68 所示为一个英制电源插头的分解图，在这个产品的装配过程中，从下面定位和旋入导线夹片螺钉相当困难，而从上面则能很顺利地把其他零件（除了主紧固螺钉以外）安装到底座上。此例中，两个螺钉、导线夹片和插座可以被视为一个用前面主装配机处理的部件。

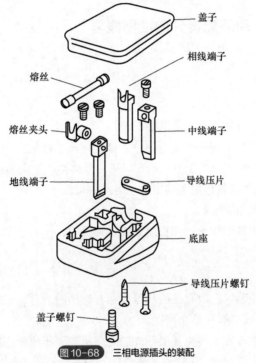

图 10-68　三相电源插头的装配

在自动装配时，总是需要有一个能在其上进行装配的基础件，这个基础件上必须具有快速和准确地定位在工件托盘上的特征。对于图 10-69（a）给出的基础件，很难设计一个合适的工件托盘与其相配。在这种情况下，如果在 A 处施加一个力，除非提供适当夹紧，否则零件将会转动。确保基础件稳定的一个方法是将基础件的重心设计在水平表面之内。例如，在图 10-69（b）中，在零件上加工一个小凹坑，就可以作为有效的工件托盘。

水平面上基础件的定位通常采用安装在工件托盘内的定位销来实现。为了简化基础件在工作托盘上的安装，通常

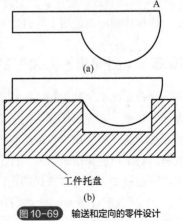

图 10-69　输送和定向的零件设计

251

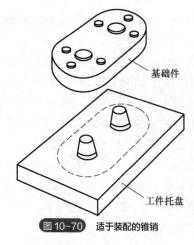

基础件

工件托盘

图 10-70　适于装配的锥销

把定位销设计为锥形，从而便于导向，具体例子如图 10-70 所示。

在自动装配中，会使用多种类型的零件给料器。但是大多数给料器所适合进给的零件形状非常有限。通常没有对适合于进给和定向的零件设计进行相应的分析和讨论。大多数通用零件给料器为振动盘给料器，本节主要讨论在此类给料器中便于进给和定向的零件设计。但这里提出的许多观点同样适合于其他类型的进给机构。三个基本设计原则如下：一是避免设计易缠结、套接或错位的零件；二是设计零件对称；三是如果零件不能设计成对称，避免微小、不对称或由于非几何特征导致的不对称。

10.3.2　面向高速自动装配设计的准则概要

（1）产品设计准则

① 尽量减少零件的数量。

② 确保产品有一个合适的基础件供其装配使用。

③ 确保该基础件具有易于在水平面内定位到稳定位置的特征。

④ 如果可能，将产品设计成多层方式装配，每一零件都从上面装配，并能明确定位。这样在机器分度周期内，在水平荷载作用下的零件不容易移动。

⑤ 通过倒角或锥度来辅助装配。

⑥ 避免昂贵和耗时的紧固作业，如螺纹紧固、焊接等。

（2）零件设计准则

① 避免能引起零件分散状态放置在给料器中相互缠结的凸台、孔或狭槽，可以通过把孔或狭槽设计成小于凸台的方式来解决这个问题。

② 尽量将零件设计成对称，避免需要额外的定向机构和相应的进给效率上的损失。

③ 如果设计时无法实现对称，可以放大零件的不对称特征来方便定向，或者采用另一种方法，即设计相应的能用于零件定向的不对称特征。

10.3.3　面向机器人装配的产品设计

许多面向手工装配和高速自动化装配的产品设计准则也同样适用于面向机器人装配的产品设计。然而，在评价所提出的面向机器人装配的产品设计方案的适用性时，还需要仔细考虑对于专用设备（如专用夹具或给料器等）的需求。在产品的整个生命周期内，设备成本必须分期收回，对于可能采用机器人装配的中等批量产品，这将会大大增加装配成本。在产品设计过程中，应遵循如下一些特殊规则：

① 减少零件数量，这是与所使用的装配系统无关的减少装配、制造和管理成本的主要策略。

② 使零件具有在装配时能自对准的特征，如导条、凸缘和倒角等，因为与专用工作头机构相比，许多机器人操作器的装配操作的可重复性相对较差，所以这些特征对于确保零件连续且无故障插入来说是极其重要的。

③ 确保插入后不能立刻紧固的零件也能在组件类自定位。对于多工位机器人装配系统或者单臂单工位机器人系统来说，这是一个基本的设计准则。未临时固定的零件不能由单臂机械手取出，因此需要专用夹具，这个夹具必须由机器人控制器触发，这样就增加了专用工具，从而也增加了装配成本。对于一个双臂单工位机器人系统，原则上一个机械臂夹紧一个未紧固的零件，而另一个机械臂继续进行装配和紧固操作。在实际应用中，需要把一个臂端的工具变换为一个夹紧装置，当一个臂保持稳定时，系统则以 50% 的效率进行工作。

④ 把零件设计成能利用同一个机器人夹具抓取和插入。导致机器人装配系统效率低的一个主要原因就是需要夹具或工具的更换。即使用快速夹具或工具转换系统，在一个专用夹具和标准夹具之间的每次转换等于两次装配操作。应该注意，螺纹紧固件的使用往往需要工具转换，这是因为机器人肘节很少能转动超过一周。

⑤ 把产品设计成自正上方（Z 轴装配）层叠式装配，这能够确保采用最简单、最经济、最可靠的四自由度机械手完成装配工作，同时也能简化专用工装和夹具设计。

⑥ 避免需要个别组件的重新定向或操纵先前装配的零件。这些操作增加了机器人装配的周期而没有增加装配价值。此外，如果个别组件在装配过程中必须翻转到不同姿势，那么这会造成工件夹具的成本增加，同时还需要使用更为昂贵的六自由度机器人。

⑦ 设计零件时，应尽量使其容易从分散状态进行搬移。为达到这个要求，要避免零件发生如下状况：a. 在分散状态时套接或缠结在一起；b. 柔软易弯曲；c. 具有当沿进给轨道移动时会堆叠或"错位"的薄边或锥形边缘；d. 过于精细或较脆使得在给料器内再循环时会导致破损；e. 具有黏性或磁性，使得零件分离时需要一个大于其自身重力的力；f. 外廓粗糙，可能磨损自动搬移系统的表面；g. 质量太轻（密度小于 1.5N/m³ 者 0.01b/in³），使得空气阻力影响到零件的输送。

⑧ 如果零件采用自动给料器输送时，要确保零件使用简单工具就能定向，遵循之前讨论的易于零件定位的规则。但是要注意的是，在机器人装配中很少需要高速进给和定向。需要重点考虑的是要确定零件方向的特征，要能很容易识别。

⑨ 如果零件采用自动给料器输送时，要确保零件输送的方向，使其不需要任何操作就可以抓取和插入。不应出现零件必须翻转后才能插入进给状态。这样会需要六自由度的机器人和专用夹具或特殊的 180° 翻转输送轨道。这些方法都会导致成本增加。

⑩ 如果零件在储料仓或托盘内输送，那么要确保零件有一个稳定的静止姿态，这个姿态使机器人在无须任何操纵下就能抓取和插入零件。应该说明的是，如果生产条件允许，利用机器人夹持优于利用专用工作头，同时部分设计规则可以放宽。例如，机器人可以通过编程来从输送阵列中获取零件，这种阵列可以是人工装填的随行工作台，或者是零件托盘，从而避免了从散件中利用自动进给所产生的许多问题。然而，当进行经济性对比分析时，储料仓的手工装填成本必须被考虑进去。

10.3.4　数字孪生驱动的产品装配工艺

随着航天器、飞机、船舶、雷达等大型复杂产品向着智能化、精密化和光机电一体化的方向发展，产品零件结构越来越复杂，装配与调整已经成为复杂产品研制过程中的薄弱环节。这些大型复杂产品具有零部件数量种类繁多、结构尺寸变化大且形状不规整、单件小批量生产、装配精度要求高、装配协调过程复杂等特点,其现场装配一般被认为是典型的离散型装配过程,即便是在产品零部件全部合格的情况下,也很难保证产品装配的一次成功率,往往需要经过多次选择试装、修配、调整装配,甚至拆卸、返工才能装配出合格产品。目前,随着基于模型定义(Model Based Definition,MBD)技术在大型复杂产品研制过程中的广泛应用,三维模型作为产品全生命周期的唯一数据源得到有效传递,促进了此类产品从"设计-工艺-制造-装配-检测"每个环节的数据统一,使得基于全三维模型的三维装配工艺设计与装配现场应用越来越受到关注与重视。

全三维模型的数字化工艺设计是连接基于 MBD 的产品设计与制造的桥梁,而三维数字化装配技术则是产品工艺设计的重要组成部分。三维数字化装配技术是虚拟装配技术的进一步延伸和深化,即利用三维数字化装配技术,在无物理样件、三维虚拟环境下对产品可装配性、可拆卸性、可维修性进行分析、验证和优化,以及对产品的装配工艺过程包括产品的装配顺序、装配路径以及装配精度、装配性能等进行规划、仿真和优化,从而达到有效减少产品研制过程中的实物试装次数,提高产品装配质量、效率和可靠性。基于 MBD 的三维装配工艺模型承接了三维设计模型的全部信息,并将设计模型信息和工艺信息一起传递给下游的制造、检测、维护等环节,是实现基于统一数据源的产品全生命周期管理的关键,也是实现装配车间信息物理系统中基于模型驱动的智能装配的基础。

信息物理融合系统(Cyber-Physical System,CPS)实现人、设备与产品的实时连通、相互识别和有效交流,从而构建一个高度灵活的智能制造模式。为实现复杂产品的三维装配工艺设计与装配现场应用的无缝衔接,面向智能装配的信息物理融合系统是实现复杂产品"智能化"装配的基础,其核心问题之一是如何将面向产品实际装配过程的物理世界与三维数字化装配过程的信息世界进行交互与共融。随着新一代信息与通信技术(如物联网、大数据、工业互联网、移动互联等)和软硬件系统(如信息物理融合系统、无线射频识别、智能装备等)的高速发展,数字孪生(Digital Twin)技术的出现为实现制造过程中物理世界与信息世界的实时互联与共融、实现产品全生命周期中多源异构数据的有效融合与管理以及实现产品研制过程中各种活动的优化决策等提供了解决方案。因此,借助数字孪生技术,构建基于数字孪生驱动的产品装配工艺模型,实现装配车间物理世界与数字化装配信息世界的互联与共融,是有效减少工艺更改和设计变更,保证装配质量,提高一次装配成功率,实现装配过程智能化的关键。

(1)基于数字孪生的产品装配工艺设计基本框架

数字孪生驱动的装配过程将基于集成所有装备的物联网,实现装配过程物理世界与信息世界的深度融合,通过智能化软件服务平台及工具,实现零部件、装备和装配过程的精准控制,对复杂产品装配过程进行统一高效的管控,实现产品装配系统的自组织、自适应和动态响应,具体的实现方式如图 10-71 所示。

通过建立三维装配孪生模型,引入了装配现场实测数据,可基于实测模型实时高保真地模拟装配现场及装配过程,并根据实际执行情况、装配效果和检验结果,实时准确地给出修配建议和优化的装配方法,为实现复杂产品科学装配和装配质量预测提供了有效途径。数字孪生驱动的智能装配技术将实现产品现场装配过程的虚拟信息世界和实际物理世界之间的交互与共融,构建复杂产品装配过程的信息物理融合系统,如图 10-72 所示。

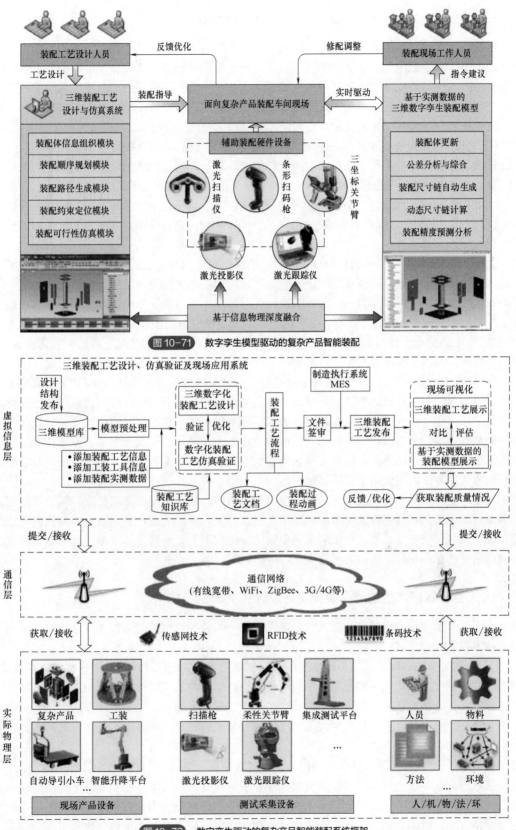

图 10-71　数字孪生模型驱动的复杂产品智能装配

图 10-72　数字孪生驱动的复杂产品智能装配系统框架

（2）基于数字孪生的产品装配工艺设计方法特点

传统（现有）的产品数字化装配工艺设计方法大多基于理想数模，该模型可在装配工艺设计阶段用于检查装配序列、获取装配路径、装配干涉检测等环节，然而对于单件小批量生产的大型复杂产品现场装配而言，现阶段的三维数字化装配工艺设计并不能完全满足现场装配发生的修配或调整等实时工艺方案的变化，主要是由于在装配工艺设计阶段未考虑来自零件制造误差以及装配过程误差等因素造成的，导致产品装配工艺设计时存在以下不足：

① 装配工艺设计阶段没有充分考虑实物信息和实测数据。基于 MBD 技术的三维装配工艺设计提供了一种以工艺过程建模与仿真为核心的设计方法，利用集成的三维模型来完整表达产品定义，并详细描述了三维模型的工艺信息（可行装配序列和装配路径等）、装配尺寸、公差要求、辅助工艺等信息。然而，上述模型并不考虑制造过程，更不考虑实际装配过程模型的演进，因此，将产品装配制造过程模型和理想数模相结合，在装配工艺设计阶段就充分考虑实物信息，可高保真度地仿真复杂产品实物装配过程，提高其一次装配成功率。

② 不能实现虚拟装配信息与物理装配过程的深度融合。目前的虚拟装配技术主要是基于理想几何模型的装配过程分析仿真与验证，面临着如何向实际装配应用层面发展的瓶颈问题。由于虚拟装配技术在装配误差累计、零件制造误差对装配工艺方案的影响等方面缺乏分析和预见性，导致虚拟装配技术存在"仿而不真"的现象，无法彻底解决在面向制造/装配过程中的工程应用难题。上述问题的核心是虚拟装配技术无法支持面向生产现场的装配工艺过程的动态仿真、规划与优化，无法实现虚拟装配信息与物理装配过程之间的深度融合。

③ 现有三维装配工艺设计无法高效准确地实现装配精度预测与优化。大型复杂产品装配过程中，经常采用修配法或调整法进行现场产品装配作业，如何对装配过程误差累积进行分析，在产品实际装配之前预测产品装配精度，如何根据装配现场采集的实际装配尺寸实时设计合理可靠的装调方案，是当前三维装配工艺设计的难点之一。当前的三维装配工艺设计技术由于没有考虑零件实际制造精度信息以及实际几何表面的接触约束关系等影响因素，导致现有装配精度预测与优化方法很难运用于实际装配现场。

综上所述，相对于传统的装配，数字孪生驱动的产品装配呈现出新的转变，即工艺过程由虚拟信息装配工艺过程向虚实结合的装配工艺过程转变，模型数据由理论设计模型数据向实际测量模型数据转变，要素形式由单一工艺要素向多维度工艺要素转变，装配过程由以数字化指导物理装配过程向物理、虚拟装配过程共同进化转变。

（3）基于数字孪生的产品装配工艺设计关键理论与技术

实现数字孪生驱动的智能装配技术，构建复杂产品装配过程的信息物理融合系统，亟须在以下技术问题取得突破：

① 在数字孪生装配工艺模型构建方面。研究基于零件实测尺寸的产品装配模型重构方法，基于零件实测尺寸重构产品装配模型中的零件三维模型，并基于零件的实际加工尺寸进行装配工艺设计和工艺仿真优化。课题组前期研究了基于三维模型的装配工艺设计方法，包括三维装配工艺模型建模方法，三维环境中装配顺序规划、装配路径定义的方法，装配工艺结构树与装配工艺流程的智能映射方法。

② 在基于孪生数据融合的装配精度分析与可装配性预测方面。研究装配过程中物理、虚拟数据的融合方法，建立待装配零件的可装配性分析与精度预测方法，并实现装配工艺的动态调整与实时优化。研究基于实测装配尺寸的三维数字孪生装配模型构建方法，根据装配现场的实际装配情况和实时测量的装配尺寸，构建三维数字孪生装配模型，实现数字化虚拟环境中三维

数字孪生装配模型与现实物理模型的深度融合。

（4）在虚实装配过程的深度整合及工艺智能应用方面

建立三维装配工艺演示模型的表达机制，研究三维装配模型的轻量化显示技术，实现多层次产品三维装配工艺设计与仿真工艺文件的轻量化。研究基于装配现场实物驱动的三维装配工艺现场展示方法，实现现场需要的装配模型、装配尺寸、装配资源等装配工艺信息的实时精准展示。研究装配现场实物与三维装配工艺展示模型的关联机制，实现装配工艺流程、MES系统及装配现场实际装配信息的深度集成，完成装配工艺信息的智能推送。

（5）案例展示：部装体现场装配应用平台示例

为实现面向装配过程的复杂产品现场装配工艺信息采集、数据处理和控制优化，构建基于信息物理融合的现场装配数字孪生智能化软硬件平台，该平台可为数字孪生装配模型的生成、装配工艺方案的优化调整等提供现场实测数据。

该平台系统示意图如图10-73所示，它包括产品装配现场硬件系统（如关节臂测量仪、激

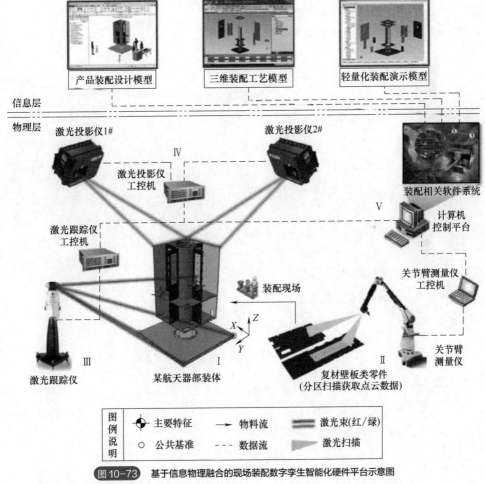

图10-73 基于信息物理融合的现场装配数字孪生智能化硬件平台示意图

Ⅰ—装配部装体（局部）；Ⅱ—关节臂测量仪设备及工控机；Ⅲ—激光跟踪仪设备及工控机；
Ⅳ—激光投影仪设备（组）及工控机；Ⅴ—计算机控制平台和相关软件系统

光跟踪仪、激光投影仪设备、计算机控制平台等）和三维装配工艺设计相关软件（如三维装配工艺设计软件、轻量化装配演示软件等）。基于数字孪生的产品装配工艺设计流程为：首先，将产品三维设计模型、结构件实测状态数据作为工艺设计的输入，进行装配序列规划、装配路径规划、激光投影规划、装配流程仿真等预装配操作，推理生成面向最小修配量的装配序列方案，将修配任务与装配序列进行合理协调；然后，将生成的装配工艺文件经由工艺审批后下放至现场装配车间，通过车间电子看板指导装配工人进行实际装配操作，并在实际装配前对初始零部件状态进行修整；最后，在现场装配智能化硬件设备的协助下，激光投影仪设备可实现产品现场装配活动的高效准确激光投影，避免错装漏装，提高一次装配成功率，激光跟踪仪可采集产品现场装配过程的偏差值，并实时将装配过程偏差值反馈至工艺设计端，经由装配偏差分析与装配精度预测可给出现场装调方案，实现装配工艺的优化调整与再指导，高质量地完成产品装配任务。

 思考题与习题

10-1 面向装配设计的原则有哪些？

10-2 如何尽可能减少零件数量？

10-3 如何减少紧固件的数量和类型？

参考文献

［1］ 李绍炎. 自动机与自动线［M］. 3 版. 北京：清华大学出版社，2022.

［2］ 陈继文，王琛，于复生，等. 机械自动化装配技术［M］. 北京：化学工业出版社，2019.

［3］ 马凯，肖洪流. 自动化生产线技术［M］. 北京：化学工业出版社，2018.

［4］ 张冬泉，鄂明成. 制造装备及其自动化技术［M］. 北京：科学出版社，2017.

［5］ 钟元. 面向制造和装配的产品设计指南［M］. 北京：机械工业出版社，2016.

［6］ 杰弗里·布斯罗伊德，彼得·杜赫斯特. 面向制造及装配的产品设计［M］. 林宋，译. 北京：机械工业出版社，2015.

［7］ 何用辉. 自动化生产线安装与调试［M］. 北京：机械工业出版社，2015.

［8］ 周骥平，林岗. 机械制造自动化技术［M］. 北京：机械工业出版社，2014.

［9］ 张春芝. 自动生产线组装、调试与程序设计［M］. 北京：化学工业出版社，2011.

［10］ 刘文波，陈白宁，段智敏. 火工品自动装配技术［M］. 北京：国防工业出版社，2010.

［11］ 杰弗里·布斯罗伊德. 装配自动化与产品设计［M］. 北京：机械工业出版社，2009.

［12］ 李玉和，刘志峰. 微系统自动化装配技术［M］. 北京：电子工业出版社，2008.

［13］ 理查德·克劳森. 装配工艺——精加工、封装和自动化［M］. 熊永家，娄文忠，译. 北京：机械工业出版社，2008.

［14］ 刘德忠，费仁元. 装配自动化［M］. 2 版. 北京：机械工业出版社，2007.

［15］ 张辉，王辅辅，娄文忠，等. 微装配技术在微机电引信中的应用综述［J］. 探测与控制学报，2014，36（4）：1-4，8.